计算机网络实验指导

主　编　谢文佳　汤　奋
副主编　郑文斌　陈克斌　许子熙
主　审　曾广军

国防工业出版社
·北京·

内 容 简 介

本书是计算机网络课程的配套实验教材，按照先环境搭建后实验实施，先交换后路由，最后综合组网的思路，由浅入深、由易到难，设计了实验环境搭建、交换机配置、路由配置、协议分析、网络业务配置、综合组网实验等14个实验任务。每个实验按照实验内容、实验目标、实验环境、实验任务分解、实验步骤、现象分析等内容进行编排，结构清晰、内容全面。不同专业可以根据教学需要选做实验。

本书面向高等职业教育计算机网络课程，适合作为计算机网络原理相关课程的实验教材，也可作为指导专业技术人员计算机网络技术学习实验的参考书籍。

图书在版编目(CIP)数据

计算机网络实验指导 / 谢文，汤奋主编. — 北京：国防工业出版社，2025. 6. — ISBN 978-7-118-13703-3

Ⅰ. TP393-33

中国国家版本馆CIP数据核字第2025A1M455号

※

国防工业出版社 出版发行

（北京市海淀区紫竹院南路23号　邮政编码100048）

三河市天利华印刷装订有限公司印刷

新华书店经售

*

开本 787 × 1092　1/16　**印张** 14¾　**字数** 311千字

2025年6月第1版第1次印刷　**印数** 1—1500册　**定价** 58.00元

（本书如有印装错误，我社负责调换）

国防书店：(010)88540777　　书店传真：(010)88540776

发行业务：(010)88540717　　发行传真：(010)88540762

前　　言

计算机网络课程是信息网络技术、网络安全等专业的一门专业基础课，在整个专业建设和课程体系中占据重要地位。为了帮助学生进行计算机网络基础理论学习和实践技术操作，编写出版《计算机网络实验指导》作为计算机网络相关课程教学使用的配套教材。

本教材主要包括14个实验内容：实验1和实验2介绍讲解与指导eNSP模拟软件操作与练习，以及VRP系统操作与配置；实验3使用Wireshark捕获接口报文，观察并分析IEEE802和以太网数据帧结构；实验4掌握虚拟局域网的基本配置方法；实验5观察并掌握PPP协议、HDLC协议帧结构；实验6掌握路由器的基本配置方法；实验7理解并掌握静态路由的工作原理及配置步骤；实验8理解并掌握RIP路由协议的工作原理及配置命令；实验9理解并掌握OSPF协议的工作原理及配置命令；实验10理解并掌握IP协议与ICMP协议帧结构；实验11理解并掌握TCP协议与UDP协议工作原理；实验12理解并掌握Telnet协议远程管理设备的配置命令；实验13理解并掌握FTP协议与DNS协议配置；实验14能够根据具体任务要求，设计网络结构，完成设备配置，实现综合能力运用；附录为规范实践过程提供了统一的实验报告模板。

考虑到未来网络设备的自主可控要求日益提高，国产化设备在现行网络中使用得越来越多，本教材实验采用了华为eNSP软件完成网络设备操作和配置，同时使用Wireshark软件实现数据抓包和协议分析。为了更好地达到教学目标，教材编写突出以应用为基础，紧密联系实际，以协议在网络中的实际应用与分析为主线来设计实验；以理论为指导，理解协议，使用协议，紧密围绕协议来设计实验；以问题为导向，在实验分析和思考问题中，从“为什么”出发，倒推协议格式及运行过程来设计实验；以体验验证实验为主，内容安排由浅入深、由易及难来引导学生的学习与实验。

全书由谢文佳、汤奋负责统稿，曾广军负责审校工作。郑文斌、陈克斌和许子熙参加了编写工作。在本教材编写过程中受到了国防科技大学信息通信学院相关领导、专家、同事的支持指导和帮助，在此表示由衷的感谢。

鉴于计算机网络技术发展迅速，书中疏漏和不足之处在所难免，敬请广大读者在使用过程中予以指正。

编者

2025年4月

前言

目　录

实验1　eNSP软件操作与配置

1.1　实验介绍

1.1.1　关于本实验

eNSP是华为自主开发的图形化网络设备模拟软件，通过使用eNSP能够不受真实设备的局限，快速熟悉华为数通产品的配置和排错方法，也能够通过对网络环境（拓扑）的设计和实施，进一步理解网络中各种应用的功能和实现方法。

华为官方开发的免费软件eNSP，可以很方便地在个人计算机上运行，模拟出各种各样的网络环境，无须真实设备就能进行各种实验，是学习华为网络技术最重要的工具之一。本实验会介绍eNSP的下载、安装、拓扑搭建等基本操作。

1.1.2　实验目标

掌握从华为官网下载eNSP的方法；
掌握在计算机上安装eNSP的方法；
掌握使用eNSP搭建简单的拓扑图的方法；
通过eNSP练习常用命令。

1.1.3　实验拓扑图

本实验无相关拓扑。

1.1.4　地址规划

本实验无须规划IP地址。

1.1.5　所需资源

1台较高配置的PC（采用Windows7、Windows10操作系统的计算机）；
Internet宽带连接。

1.1.6　实验任务列表

实验任务列表如表1-1所列。

1.1.7　路由器常用模块及线缆介绍

现行网络中网络设备逐渐国产化，这里主要以华为公司的AR系列路由器为例，介绍路由器的外观及接口特性。

表 1-1　实验任务列表

序号	任务	子任务	应用场景
1	下载eNSP	N/A	学习和工作过程中最重要的一个配套工具，每个学生都要掌握的技能
2	安装eNSP	N/A	
3	用eNSP完成2个实验	N/A	

1.设备外观

AR3200系列设备的正面与背面如表1-2和表1-3所列。

表 1-2　AR3200系列设备外观(正面)

设备型号	设备图片		
AR3260(配置350W交流电源模块)	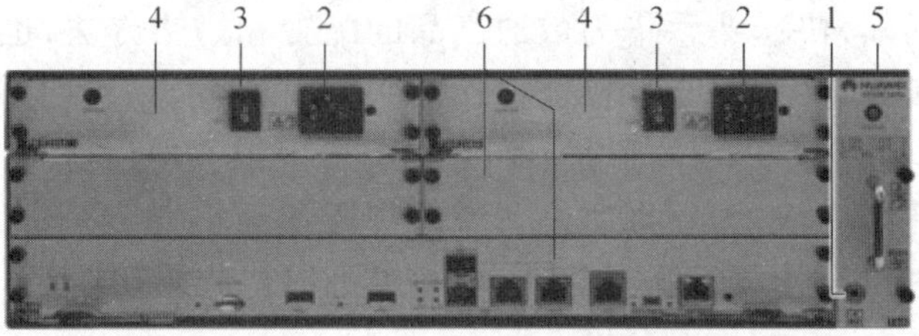		
AR3260(配置350W直流电源模块)	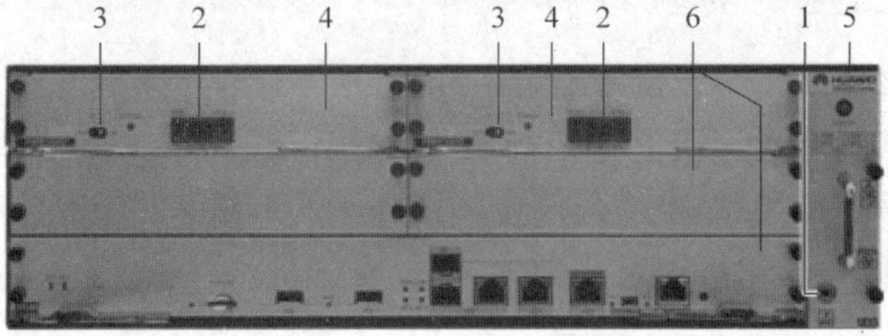		
1.ESD插孔 对设备进行维护操作时，需要佩戴防静电腕带，防静电腕带的一端要插在ESD插孔里	2.电源接口 采用交流电源线或直流电源线将设备连接到外部电源	3.电源开关	4.电源模块槽位 可插入350W交流电源模块或350W直流电源模块，交流/直流电源模块不能混插
5.AR3260风扇模块槽位	6.SRU主控板槽位		

表 1-3　AR3200系列设备外观(背面)

设备型号	设备图片
AR3260	

续表

设备型号	设备图片	
1.可插拔的单板槽位	2.ESD插孔 对设备进行维护操作时,需要佩戴防静电腕带,防静电腕带的一端要插在ESD插孔里	3.接地点 采用接地线缆将设备可靠接地,防雷、防干扰

设备槽位分布图如图1-1所示。

图1-1　AR3200系列槽位分布图

说明:

2个SIC槽位可以通过拆卸滑道合并为1个WSIC槽位。

2个SIC槽位+下面的WSIC槽位可以通过拆卸滑道合并为1个XSIC槽位。

2个XSIC槽位可以通过拆卸滑道合并为1个EXSIC槽位。

槽位能合不能拆。

槽位合并后的新槽位号取两者中的较大者。

从V200R002C00版本开始，XSIC槽位可以插1块WSIC卡，插在XSIC槽位的下半边，WSIC卡的槽位号还是原XSIC槽位号。

MFS：Multiple Function Slot，多功能插槽。

AR3200系列产品的槽位可以进行合并操作：

槽位1和槽位2合并为新槽位2。

槽位3和槽位4合并为新槽位4。

新槽位2和槽位5合并为新槽位5。

新槽位4和槽位6合并为新槽位6。

槽位7和槽位8合并为新槽位8。

槽位9和槽位10合并为新槽位10。

槽位13和槽位14可以合并为新槽位14，作为预留双主控升级能力的备用主控板槽位。

2.设备接口编号

AR路由器采用“槽位号/子卡号/接口序号”定义接口。

槽位号：表示单板所在的槽位号。

·AR1200、AR2220L和AR2220的主控板是一体化的，因此，其主控物理槽位号统一取值为0。

·遇到槽位合并时，物理槽位号取较大槽位编号，如槽位1和槽位2合并后，取新槽位号2。

子卡号：AR路由器各单板都不支持子卡，因此统一取值为0。

接口序号：表示单板上各接口的编排顺序号。

·接口板面板上只有一排接口，如图1-2所示，最左侧接口从0起始编号，其他接口从左到右依次递增编号。

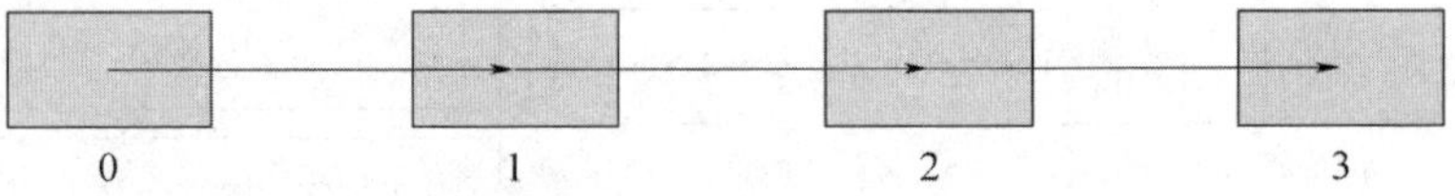

图1-2　一排接口编号规则

·接口板面板上有两排接口，如图1-3所示，左下接口从0起始编号，其他接口从下到上，再从左到右依次递增编号。

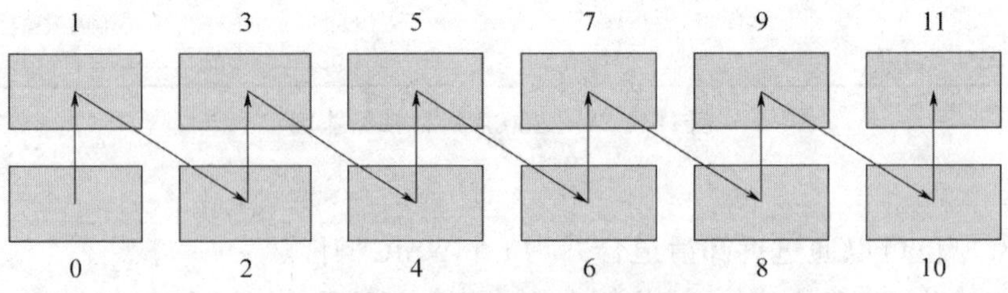

图1-3　两排接口编号规则

3.设备单板分类

AR产品支持的单板汇总如表1-4所列。

表1-4　AR产品支持的单板汇总表

单板类别	单板名称	单板描述
主控板	SRU40	业务路由单元40板
	SRU60	业务路由单元60板
	SRU80	业务路由单元80板
Ethernet LAN接口卡	8FE1GE	8端口百兆-RJ45+1端口千兆-RJ45-L2/L3以太网交换电接口卡
	24GE	24端口千兆-RJ45-L2/L3以太网交换电接口卡
	4GE-2S	4端口1000BASE-SFP-L2以太网接口卡
WAN接口卡	1GEC 	1端口-GE COMBO WAN接口卡
	2FE 	2端口-FE WAN接口卡

续表

单板类别	单板名称	单板描述
WAN 接口卡	1E1T1-M/2E1T1-M/4E1T1-M/8E1T1-M 1E1T1-M外观图 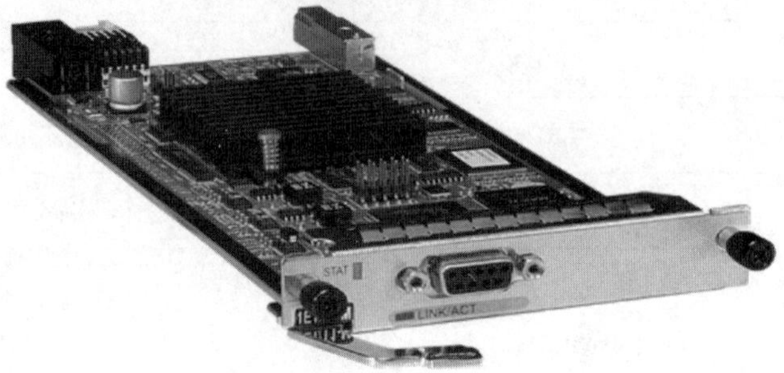 2E1T1-M外观图 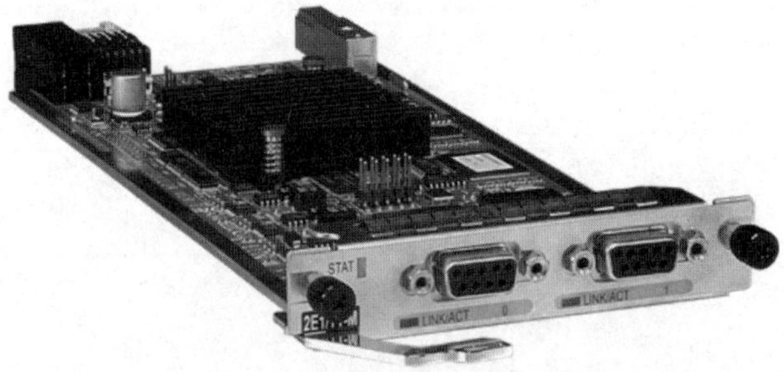 2E1T1-M-W外观图 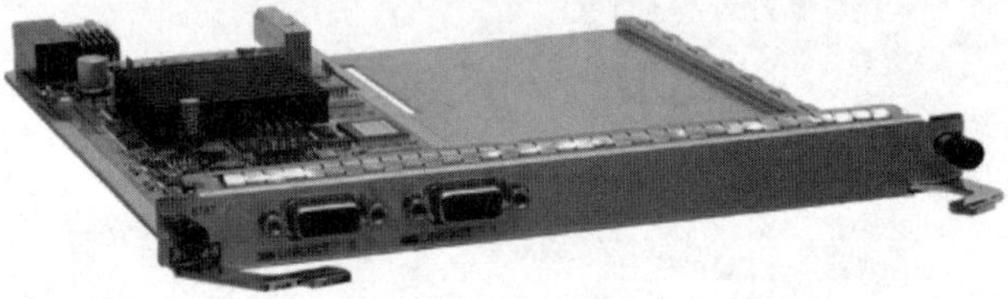 4E1T1-M外观图  8E1T1-M外观图 	1/2/4/8端口-通道化E1/T1/PRI/VE1多功能接口卡

续表

单板类别	单板名称	单板描述
WAN 接口卡	1E1T1-F/2E1T1-F/4E1T1-F/8E1T1-F 1E1T1-F外观图 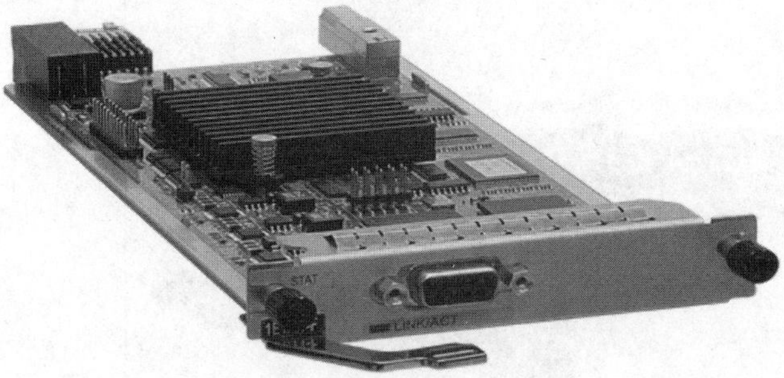 2E1T1-F外观图  4E1T1-F外观图  8E1T1-F外观图 	1/2/4/8端口-部分通道化E1/T1 WAN接口卡

续表

单板类别	单板名称	单板描述
WAN 接口卡	1SA/2SA 1SA外观图  2SA外观图  	1/2 端口-同/异步 WAN 接口卡
	8AS 	8端口-异步WAN接口卡
	1BST  	1端口-ISDN S/T WAN 接口卡

续表

单板类别	单板名称	单板描述
WAN接口卡	1CPOS-155M　1CPOS-155M-W 1CPOS-155M单板外观图  1CPOS-155M-W单板外观图 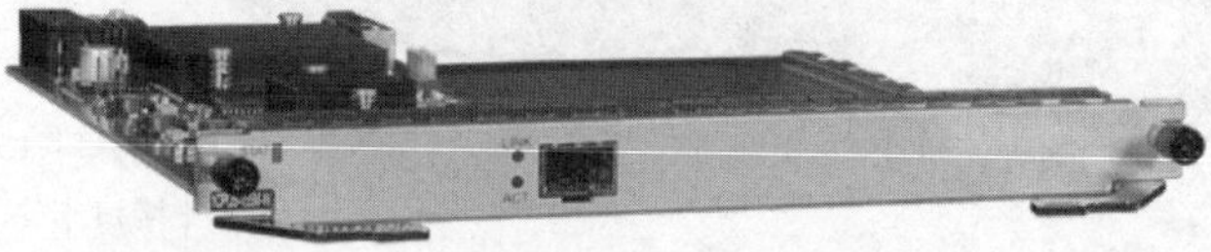	1端口-通道化POS接口卡
	3G-HSPA+7 	3G WAN接口卡
	4GEW-T 	4端口-GE电口WAN接口卡

续表

单板类别	单板名称	单板描述
WAN 接口卡	4GEW-S 	4 端口 -GE 光口 WAN 接口卡
	1STM1/1STM4 1STM1 单板外观图  1STM4 单板外观图 	1 端口 155M/622M POS 光接口卡
	4E1-IMA 	4 端口 -E1 ATM 反向复用接口卡
语音 接口卡	2BST	2 端口 -ISDN S/T 语音接口卡
	4FXS1FXO	4 端口 FXS+1 端口 FXO 语音接口卡
	16/32/64/128 路 DSP 模块	DSP 语音模块
	16/32FXS	16/32 路 FXS 语音接口卡
	4FXO	4 路 FXO 语音接口卡

续表

单板类别	单板名称	单板描述
xDSL/xPON接口卡	ADSL-A/M和ADSL-B	1端口-ADSL2+ ANNEX A/M和B WAN接口卡
	4G.SHDSL	1端口-4线对G.SHDSL WAN接口卡
	1PON	1端口-GPON/EPON双模接口卡
	VDSL2	1端口-VDSL2 over POTS WAN接口卡

4.设备常用线缆

1）Console通信线缆

Console通信线缆的外观结构如图1-4所示。

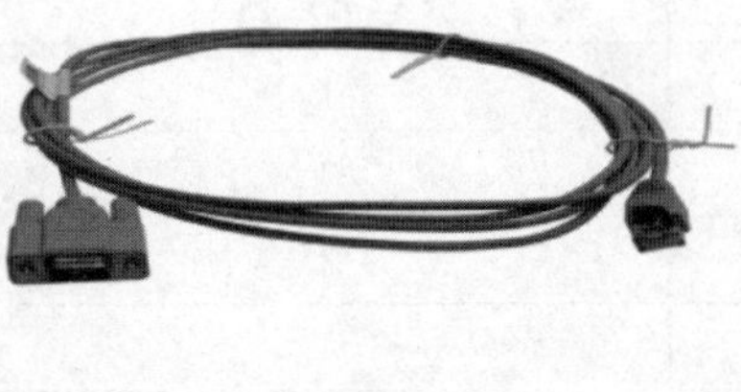

Console通信线缆外观图

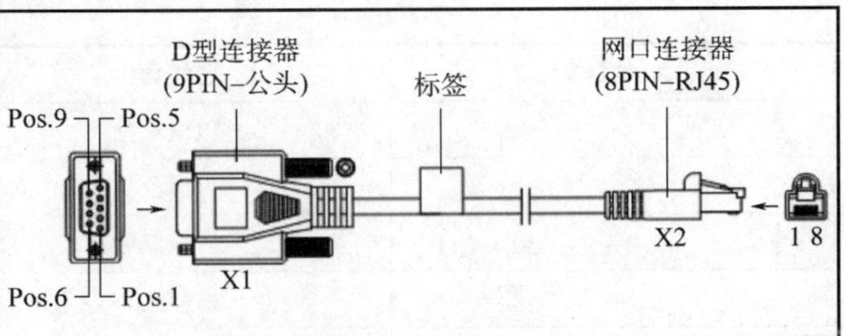

Console通信线缆结构图

图1-4　Console通信线缆图示

Console通信线缆的针脚定义如表1-5所列。

表1-5　Console通信线缆针脚关系表

连接器	X1(DB9)	X2(RJ45)
连接器的针脚对应关系	2	3
	3	6
	5	5

Console通信线缆用于连接设备的Console口和控制台的串口，传送设备配置数据信号。具体使用屏蔽还是非屏蔽需要视地区具体情况而定。Console通信线缆的连接关系如下：

一端为8PIN的RJ45连接器（俗称水晶头），连接到设备的维护串口，即Console口；

一端为DB9公接插件，连接维护终端，维护终端一般是计算机。

2）网线

网线分为直通网线（straight through cable）和交叉网线（crossover cable）两种。

直通网线:两端RJ45接头压接的双绞线的线序完全相同。

交叉网线:两端RJ45接头压接的双绞线的线序不相同。

网线的外观如图1-5所示。

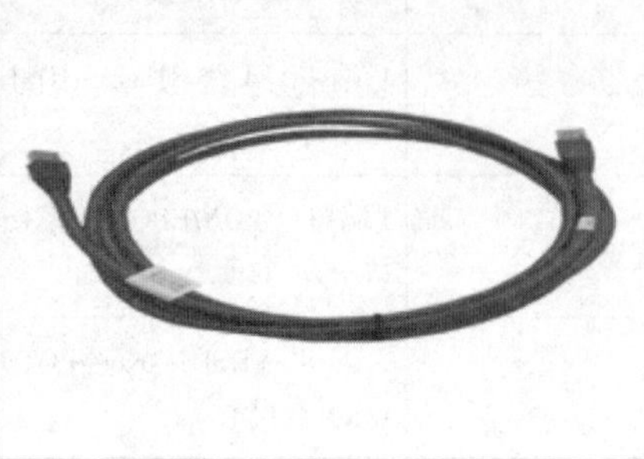

网线外观图

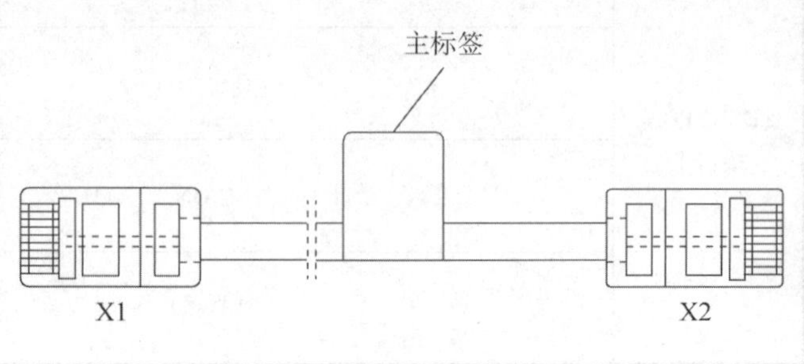

网线的结构

图1-5　网线的外观

直通网线的针脚定义如表1-6所列。

表1-6　直通网线的针脚定义

X1的针脚	芯线颜色	X2的针脚
1	白橙双色	1
2	橙色	2
3	白绿双色	3
4	蓝色	4
5	白蓝双色	5
6	绿色	6
7	白棕双色	7
8	棕色	8

交叉网线的针脚定义如表1-7所列。

表1-7　交叉网线的针脚定义

X1的针脚	芯线颜色	X2的针脚
1	白橙双色	3
2	橙色	6
3	白绿双色	1
4	蓝色	4
5	白蓝双色	5
6	绿色	2
7	白棕双色	7
8	棕色	8

网线可用于连接维护终端和主控板的维护网口,用于本地维护或者远程维护。

直通网线:用于终端设备(如PC、交换机等)和网络之间通信。

交叉网线:用于两个终端设备(如PC、交换机等)之间直接通信。

3)光纤

光纤的种类如表1-8所列。

表1-8　光纤的种类

序号	线缆名称及用途	设备端	对端	线缆
1	设备接口线路板到ODF架光纤	LC/PC	FC/PC	单模室内光缆
2	设备间接口线路板光纤互连	LC/PC	LC/PC	单模/多模室内光缆
3	设备接口线路板到其他设备的光纤	LC/PC	SC/PC或LC/PC	单模/多模室内光缆

单模光纤和多模光纤外观相同,但颜色不同,黄色的是单模光纤,橙色的是多模光纤。单模和多模光纤的接口外观图如图1-6所示(对应彩图见图中右下角二维码)。

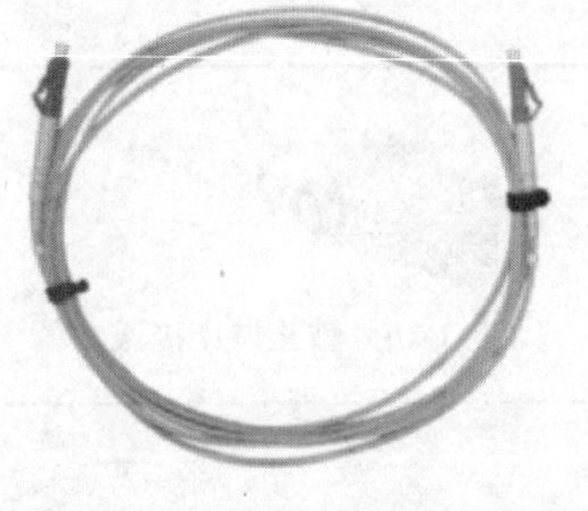

LC/PC类型连接器单模光纤外观图

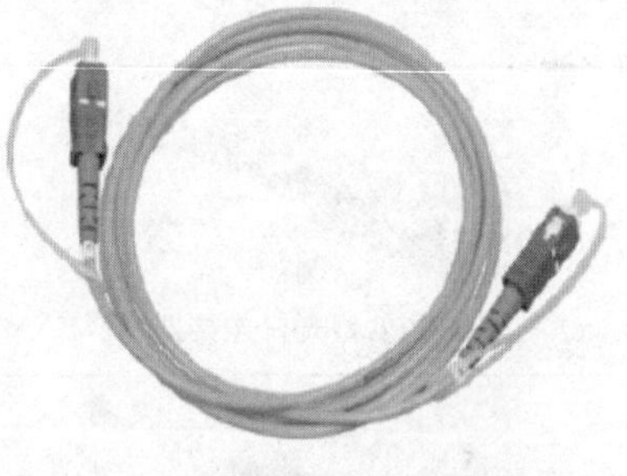

SC/PC类型连接器单模光纤外观图

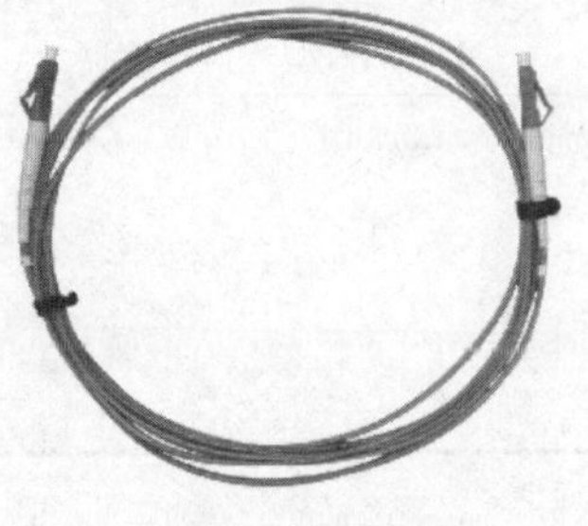

多模光纤的接口外观图

彩图二维码

图1-6　单模和多模光纤的接口外观图

光纤的针脚定义如表1-9所列。

表1-9　光纤的针脚定义

设备侧的光纤接线位置	信号方向	对端设备侧的光纤接线位置
光口Tx端子	发送	光口Rx端子
光口Rx端子	接收	光口Tx端子

光纤作为光信号的传输载体,应用于光信号的近距离传输场合,接线关系如下:

一端连接单板的光接口;

另一端连接光纤配线架(ODF)、上行设备光接口或其他设备光接口。

光纤选择依据如表1-10所列。常见光口连接器如图1-7所列。

表1-10 光纤选择依据

参数	选择依据
长度	勘测结果
单模/多模	光模块的类型: 多横模的光发送模块需要采用多模光纤; 单纵模和多纵模的光发送模块需要采用单模光纤。 说明: 与对端设备连接时,如应用光纤跳线连接方式,需保证设备侧接口类型为LC/PC型,另一端接口类型与对接设备保持一致
光纤接头类型	方形接头:SC/PC、LC/PC、MTRJ/PC 圆形接头:ST/PC、FC/PC

 SC/PC型光口连接器	 LC/PC型光口连接器
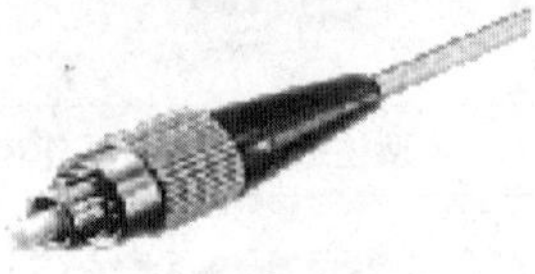 FC/PC型光口连接器	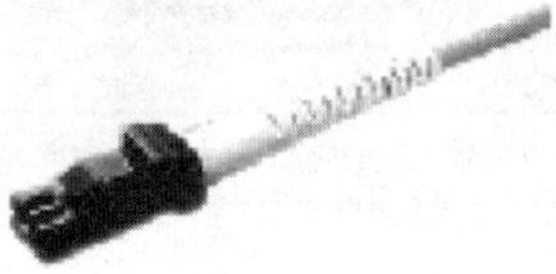 MTRJ/PC型光口连接器
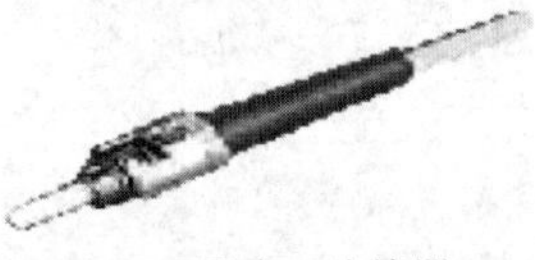 ST/PC型光口连接器	—

图1-7 常见光口连接器

4)同/异步串口线缆

根据连接线路的不同,同/异步串口线缆的种类如表1-11所列。

表1-11 同/异步串口线缆的种类

同/异步串口线缆	设备端连接器	网络端连接器
V.24 DTE线缆	DB28连接器	DB25(公)连接器
V.24 DCE线缆		DB25(母)连接器
V.35 DTE线缆		DB28(公)连接器

续表

同/异步串口线缆	设备端连接器	网络端连接器
V.35 DCE线缆	DB28连接器	DB28(母)连接器
X.21 DTE线缆	DB28连接器	DB15(公)连接器
RS449 DTE线缆	DB28连接器	DB28(公)连接器
RS449 DCE线缆	DB28连接器	DB28(母)连接器
RS530 DTE线缆	DB28连接器	DB25(公)连接器
RS530 DCE线缆	DB28连接器	DB25(母)连接器

V.35 DTE线缆外观如图1-8所示。

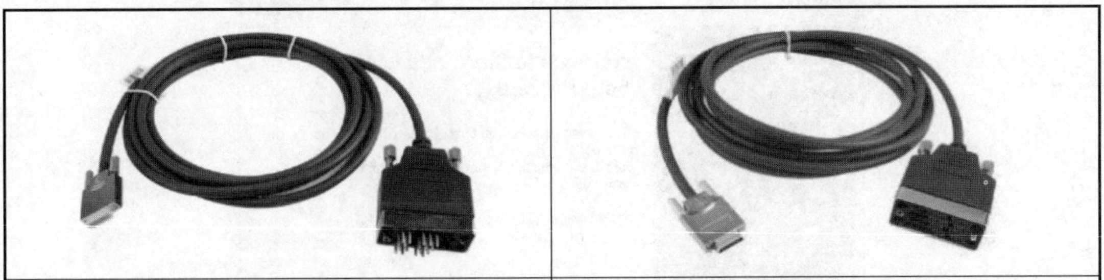

V.35 DTE线缆外观图　　V.35 DCE线缆外观图

图1-8　V.35 DTE线缆外观

同/异步串口线缆的连接关系如下：

一端为DB28连接器，连接到单板上的DB28接口；

另一端根据线路的特性连接到以下设备。

如果广域网是DDN线路，请将线缆与CSU/DSU的接口相连；如果广域网是拨号线路，请将线缆与模拟Modem的串口相连。

1.2 实验任务

1.2.1　配置思路

本实验首先介绍如何从官网下载eNSP软件，以及如何将其正确安装到计算机上，随后使用eNSP搭建拓扑并进行简单的命令配置练习。

1.2.2　任务一——下载eNSP

步骤1　打开华为官方网站http://www.huawei.com。

步骤2　在搜索栏输入eNSP。

步骤3　选择搜索结果中的“eNSP软件下载”。

步骤4　选择最新的版本。

网页会列出所有可用的版本，推荐使用第一个最新的版本。

步骤5 选择eNSP下载。

进入最新版本的下载链接后，会有多个文件，请下载eNSP的安装文件。

注意：下载文件需要登录到华为官网（需要用户名和密码）。

1.2.3 任务二——安装eNSP

在完成下载之后，用户需要对软件进行解压获得eNSP_Setup.exe安装程序，然后双击进行安装，安装的过程包括以下几个步骤。

步骤1 使用相关程序解压安装文件。

步骤2 运行安装包。

运行解压后得到的安装文件，如图1-9~图1-12所示。

图1-9 安装配套软件WinPcap

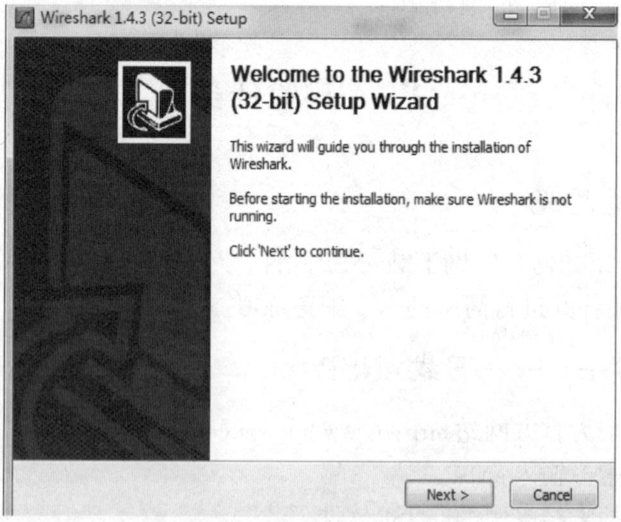

图1-10 安装配套软件Wireshark

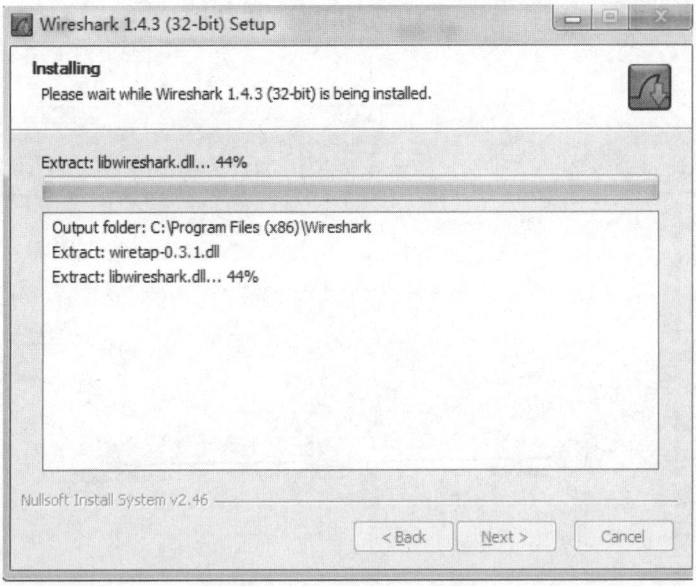

图1-11　正在安装Wireshark

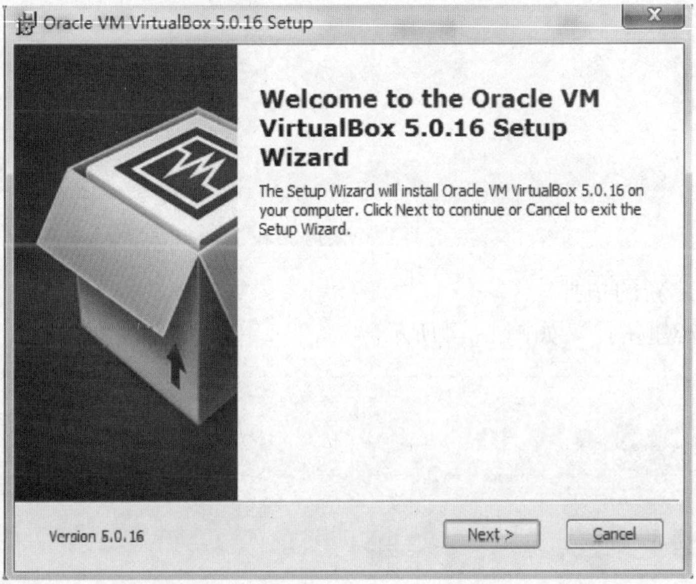

图1-12　安装配套软件VirtualBox

至此为止，eNSP的安装已顺利完成。在后面配置任务中，我们会介绍这款软件的使用方法。

1.2.4　任务三——路由器创建

在后续的学习中，eNSP是最重要的一个学习工具，这里暂且演示一个最简单的实验，学生在这里要掌握eNSP软件的基本使用方法，使用过程中有任何疑问，可以使用软件自带的帮助功能查询解决办法。

这里先练习如何自己搭建一个拓扑，要搭建的拓扑图如图1-13所示，下面介绍具体步骤。

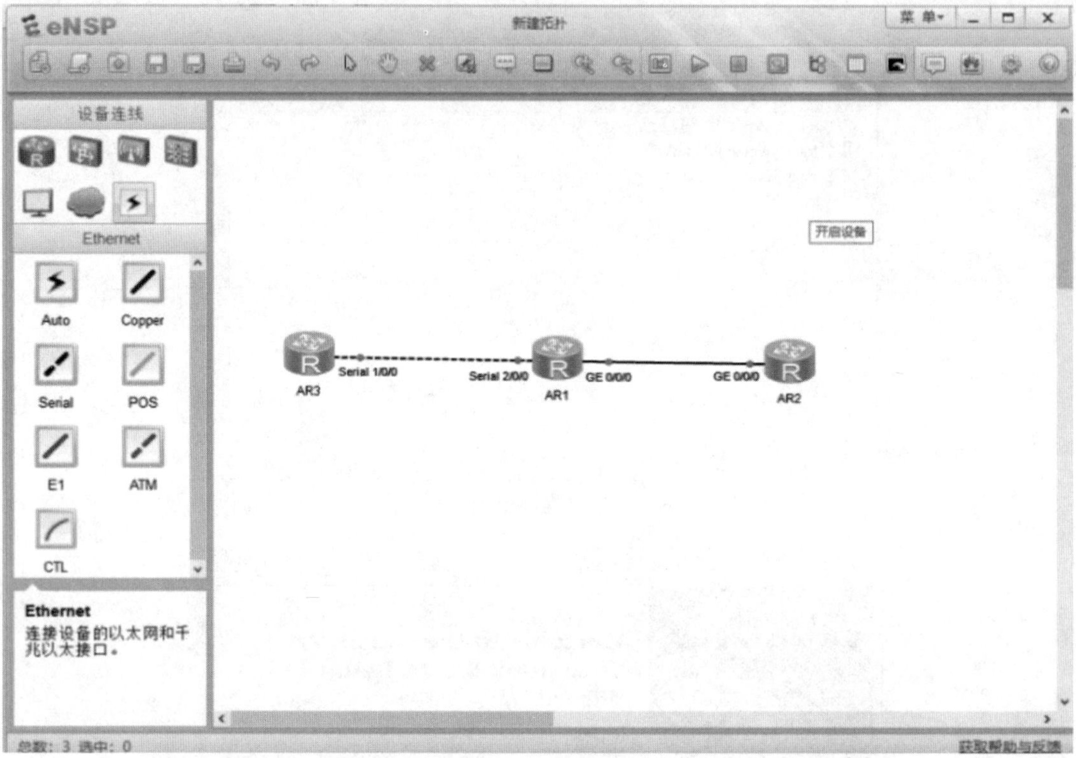

图1-13　实验拓扑

步骤1　搭建新的拓扑。

（1）选择“新建拓扑”，如图1-14所示。

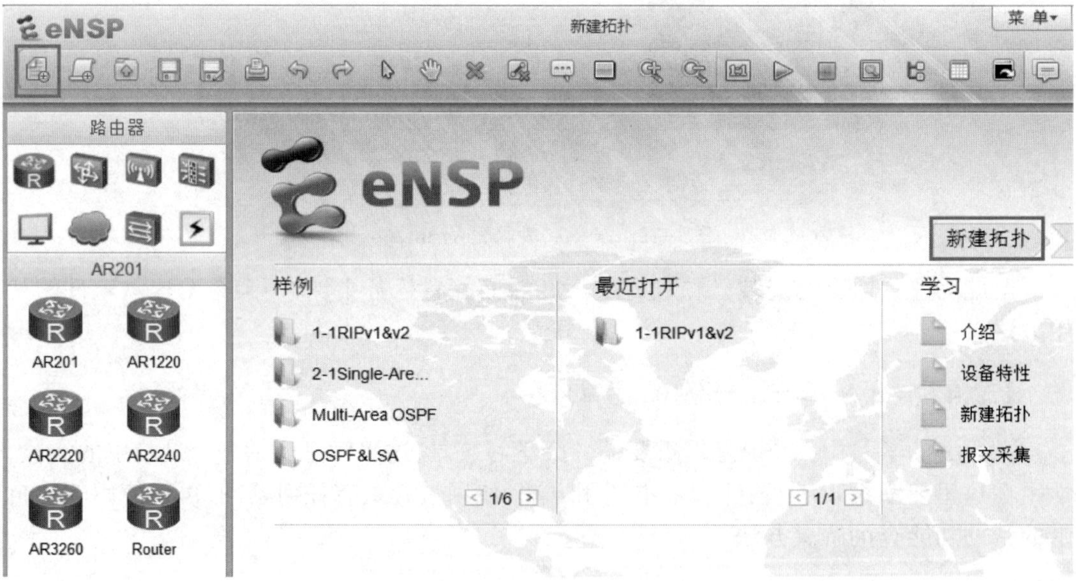

图1-14　两个方框所示都是新建拓扑的选项

（2）选择左边功能区的路由器，再选择AR2220路由器，就可以在右边对话框中使用此路由器了，如图1-15所示。

图1-15　选择相应路由器

（3）在右侧空白处单击3次，就会生成3台路由器，再单击右键，取消增加路由器，如图1-16所示。

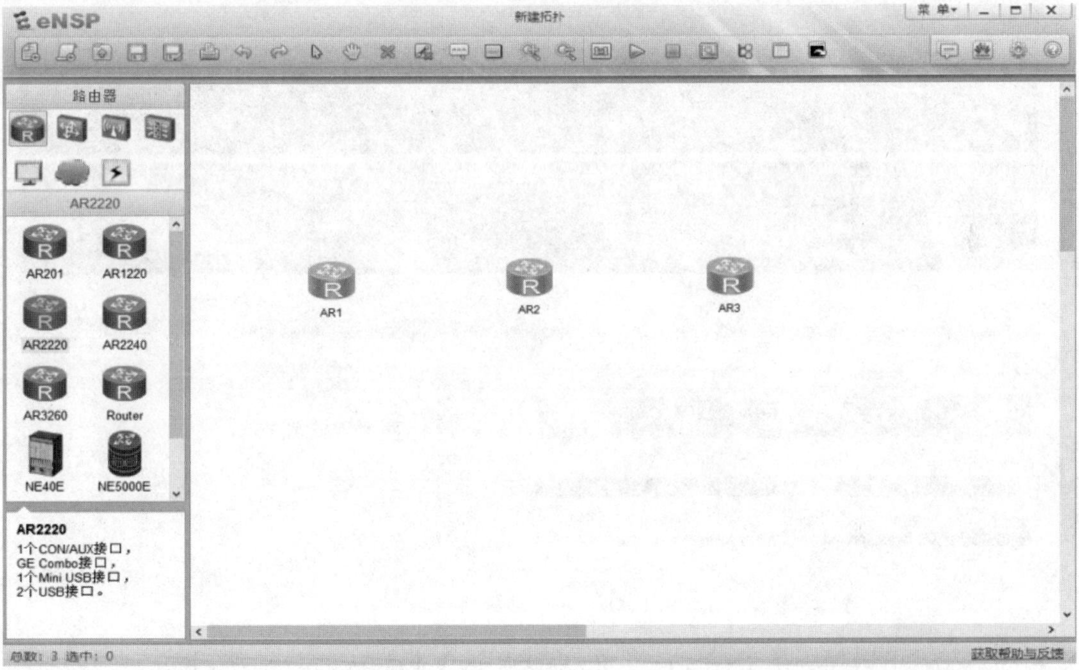

图1-16　使用3台路由器

（4）接下来需要为AR1、AR2路由器安装相应的模块：右键单击路由器，在弹出的对话框中选择“设置”，如图1-17所示。

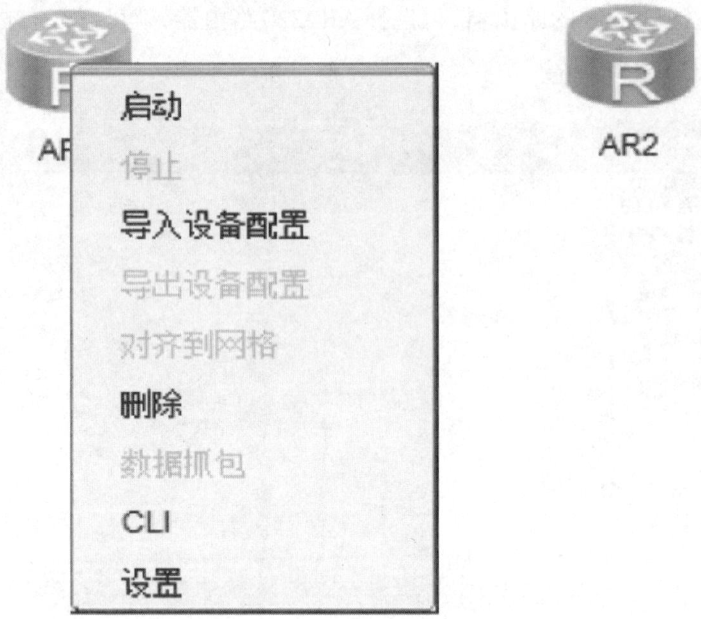

图 1-17　选择设置选项

（5）选择“设置”后，用户会进入如图 1-18 所示的对话框。

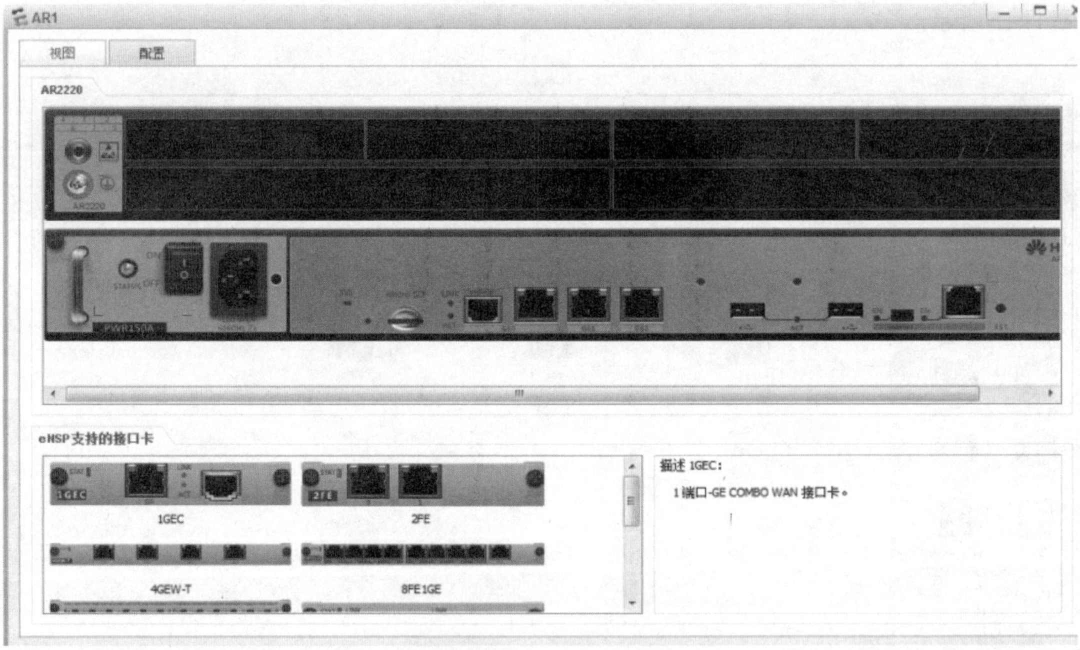

图 1-18　模块选择对话框

（6）在这里选择一个 2SA 接口模块，当我们选中此模块的时候，图上方空框内可用的框就会显示为黄色，表示这个模块可以插入的位置，如图 1-19 所示。

（7）把模块放进最右边的插槽，如图 1-20 所示。

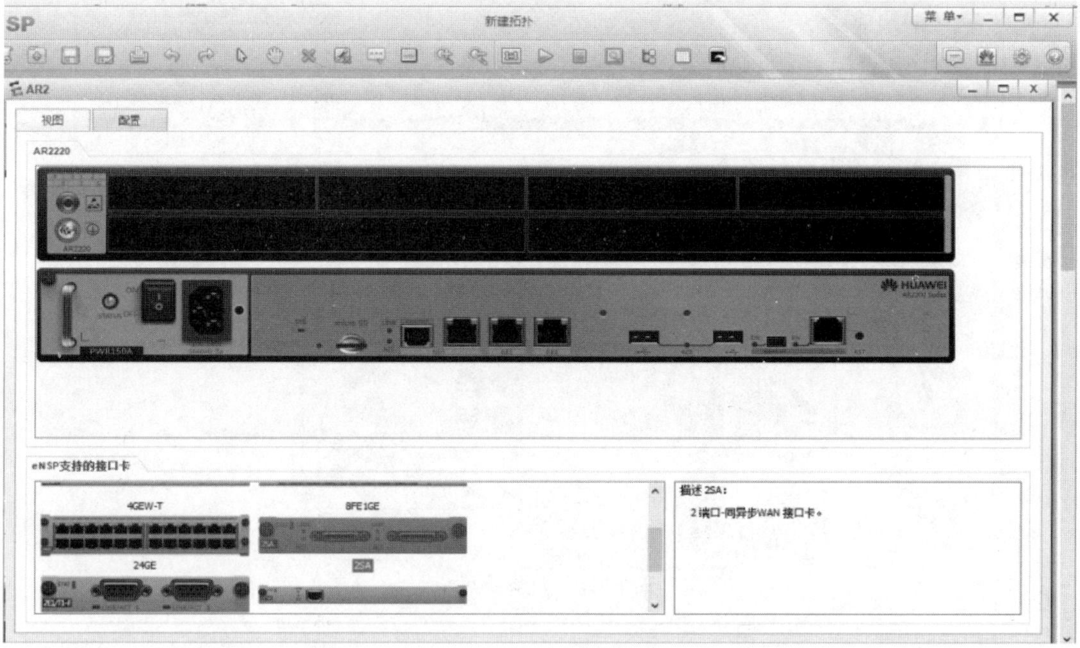

图1-19　选择2SA模块

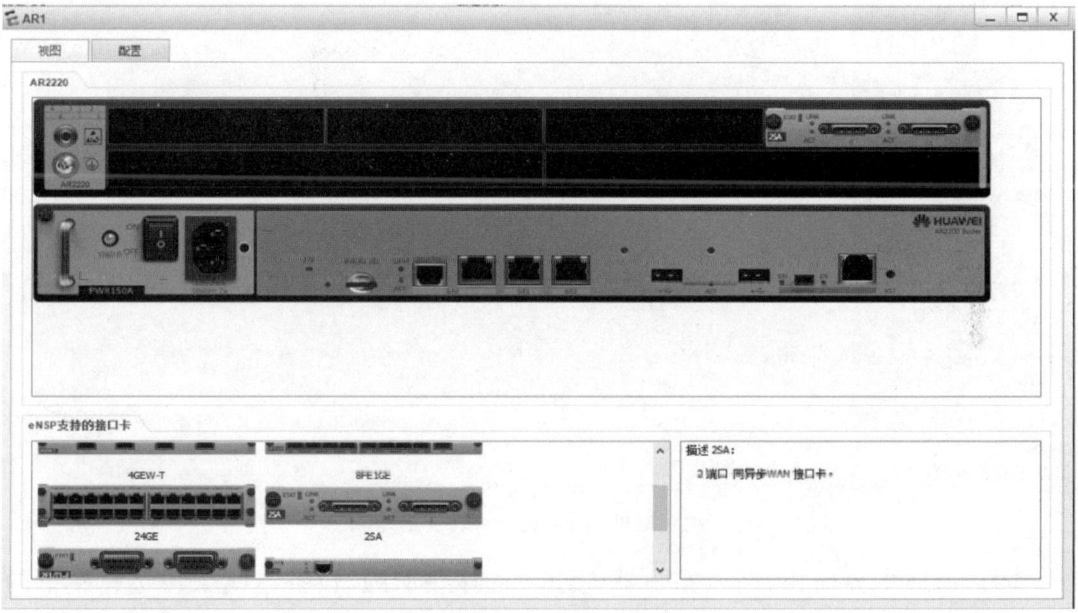

图1-20　把2SA模块插入最右边的插槽

（8）返回主界面，为两台路由器连线。选择左上的“设备连线”，再选择左下的“Serial线”来连接这两台路由器。然后单击路由器，就会看到当前可用的接口。如图1-21所示，图中有5个接口，其中前3个是路由器自带的3个接口，后两个是上一步中插入的2SA模块所带的接口，选择一个接口把两台路由器连接起来，如图1-22所示。

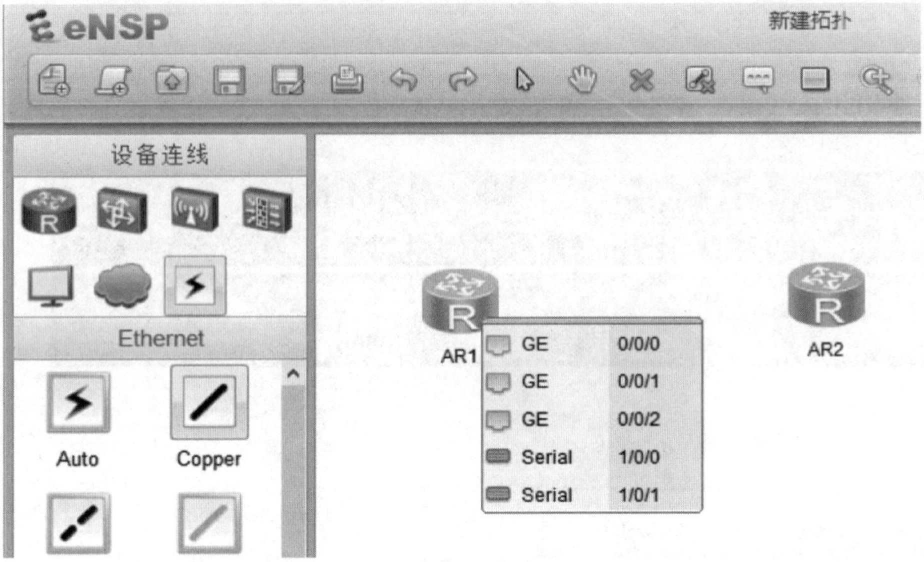

图 1-21　为设备连线

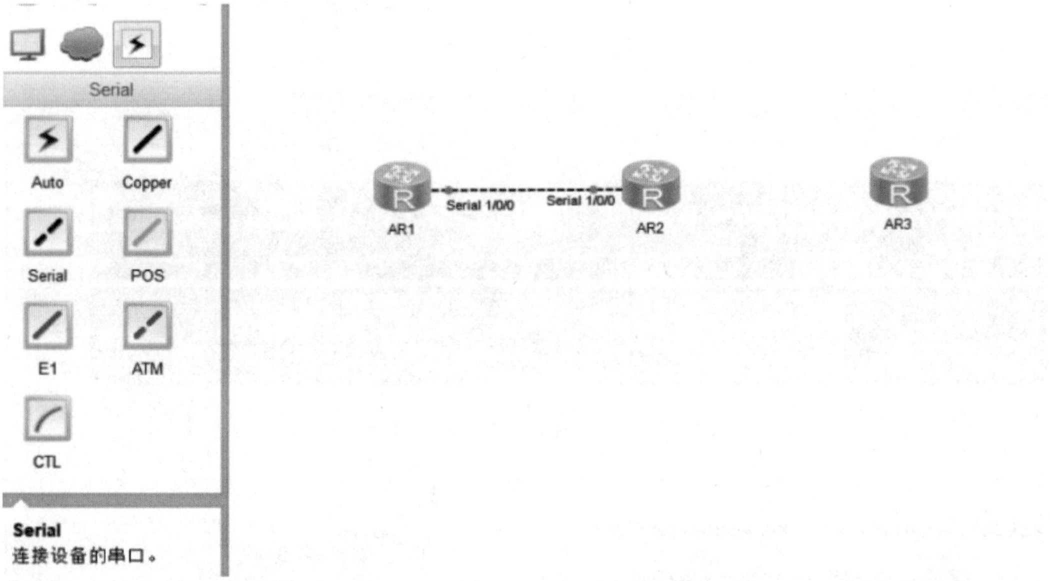

图 1-22　使用 S1/0/0 接口连接两台路由器

（9）返回主界面，为两台路由器连线。选择左上的"设备连线"，再选择左下的"Copper线"来连接AR2、AR3两台路由器。然后单击路由器，就会看到当前可用的接口，如图1-23所示。

步骤2　开启设备。

拓扑搭建完成后，选择工具栏的开启设备，如图1-24所示。

步骤3　连接到设备中。

直接双击设备，即会弹出连接对话框，在连接对话框里，即可对设备进行配置，如图1-25所示。

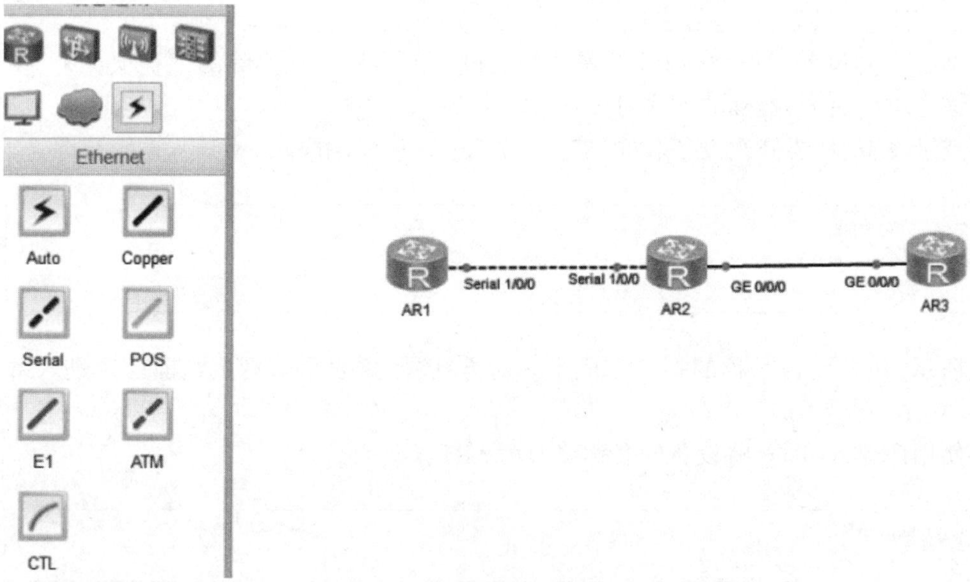

图1-23　设备连线

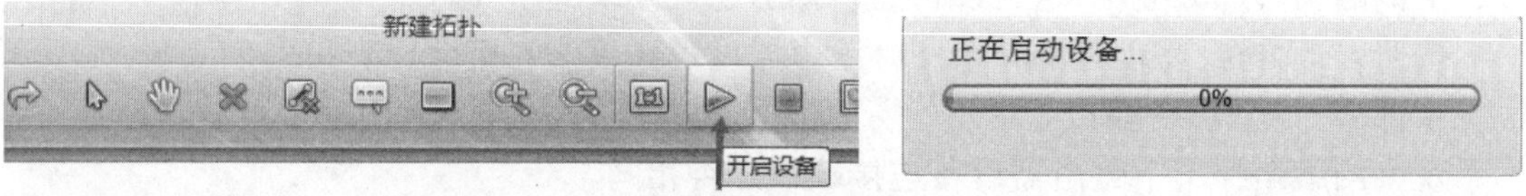

图1-24　开启设备

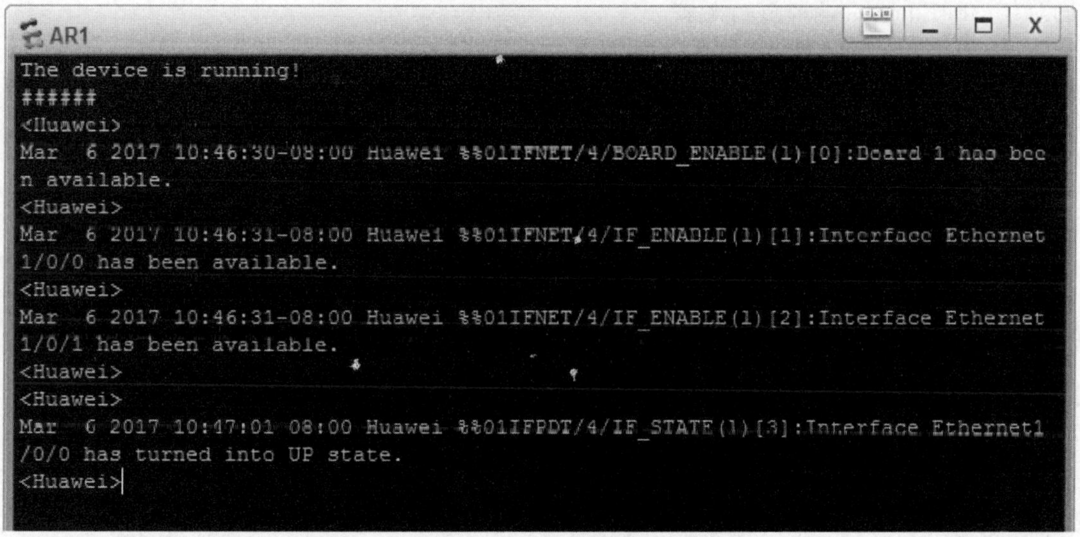

图1-25　连接设备

1.2.5　任务四——基本配置

接下来,在1.2.4小节配置任务的基础上,通过登录后的用户界面,输入一些最基本的配置命令,直观地感受如何配置华为设备。这些命令虽然非常简单,但都十分重要。为方便命令输入,模拟器提供命令帮助功能与快捷键。

步骤1　配置设备名称。

为了区分不同设备，管理员通常都需要修改设备的名称。在实际的工程项目中，技术人员应该力求用简洁、准确的方式对设备进行命名。

（1）登录设备后，要修改设备名称，需要首先使用命令system-view进入系统视图。

```
<Huawei>system-view
Enter system view, return user view with Ctrl+Z.
[Huawei]
```

如上所示，包含设备名称的括号变成了一对方括号，这表示管理员当前已经进入系统视图。

（2）使用命令sysname将设备的名称修改为AR1。

```
[Huawei]sysname AR1
[AR1]
```

上例的阴影部分显示，这台设备的名称已经被修改为了AR1。

按照以上方法，将创建的其余两台路由器设备修改为对应名称。

步骤2　配置设备端口。

观察网络拓扑图中路由器设备连接端口是否相同。

AR1与AR2通过Serial端口连接，AR2与AR3通过GigabitEthernet端口连接，这里我们对GigabitEthernet端口进行配置。

（1）使用命令interface进入AR2与AR3连接的GigabitEthernet0/0/0端口，使用命令ip address 为其配置IP地址与子网掩码。

```
[AR2]interface GigabitEthernet0/0/0
[AR2-Ethernet0/0/0]ip address 12.1.1.1 24
```

（2）按照同样方法，配置AR3与AR2连接的GigabitEthernet0/0/0端口的IP地址与子网掩码。

```
[AR3]interface GigabitEthernet0/0/0
[AR3-Ethernet0/0/0]ip address 12.1.1.2 24
```

步骤3　测试连通性。

在AR2或者AR3路由器设备的系统视图界面，使用ping命令测试端口间是否连通。此处以AR2路由器为例进行说明。

```
[AR2-Ethernet0/0/0]ping 12.1.1.2
  PING 12.1.1.2: 56  data bytes, press CTRL_C to break
  Reply from 12.1.1.2: bytes=56 Sequence=1 ttl=255 time=710 ms
  Reply from 12.1.1.2: bytes=56 Sequence=2 ttl=255 time=190 ms
```

```
  Reply from 12.1.1.2: bytes=56 Sequence=3 ttl=255 time=60 ms
  Reply from 12.1.1.2: bytes=56 Sequence=4 ttl=255 time=50 ms
  Reply from 12.1.1.2: bytes=56 Sequence=5 ttl=255 time=60 ms
--- 12.1.1.2 ping statistics ---
   5 packet(s) transmitted
   5 packet(s) received
   0.00% packet loss
   round-trip min/avg/max = 50/214/710 ms
```

观察显示结果可知，此时，AR2与AR3已经实现了数据互通。

步骤4　保存当前配置。

以上配置的所有命令，默认情况下仅保存在内存中，如果设备意外断电或重启，所有配置的命令都将丢失。所以，在对设备进行有效配置后，切记要对所作配置进行保存，这是一个必须要养成的好习惯。管理员可以输入命令save来手动保存配置。

```
<AR1>save
  The current configuration will be written to the device.
  Are you sure to continue? (y/n)[n]:y
  It will take several minutes to save configuration file, please wait...
  Configuration file had been saved successfully
  Note: The configuration file will take effect after being activated
<AR1>
```

默认情况下，通过save命令保存的配置会被存储到flash的根目录中，文件名为vrpcfg.zip。

1.2.6　任务五　FTP服务器创建

在eNSP软件中除路由器设备外，还有多种不同的终端设备，接下来演示如何使用终端设备创建FTP服务器，并利用该FTP服务器备份路由器设备配置文件，如图1-26所示。

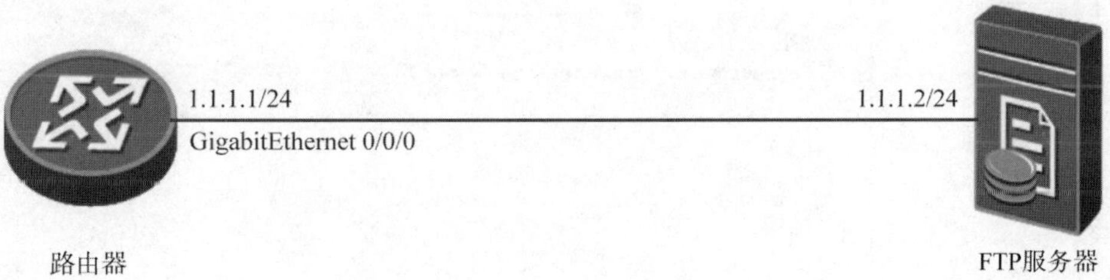

图1-26　FTP服务器实验拓扑

步骤1　新建拓扑。

（1）从网络设备区拖拽路由器：AR1220。

（2）从网络设备区拖拽终端设备：Server。

步骤2　建立连线。

使用AR1的G0/0/0接口连接FTP服务器的E0/0/0接口。

步骤3 启动并配置设备。

（1）启动终端设备Server，在基础配置标签页中设置IP地址为1.1.1.2，子网掩码为255.255.255.0，如图1-27所示。

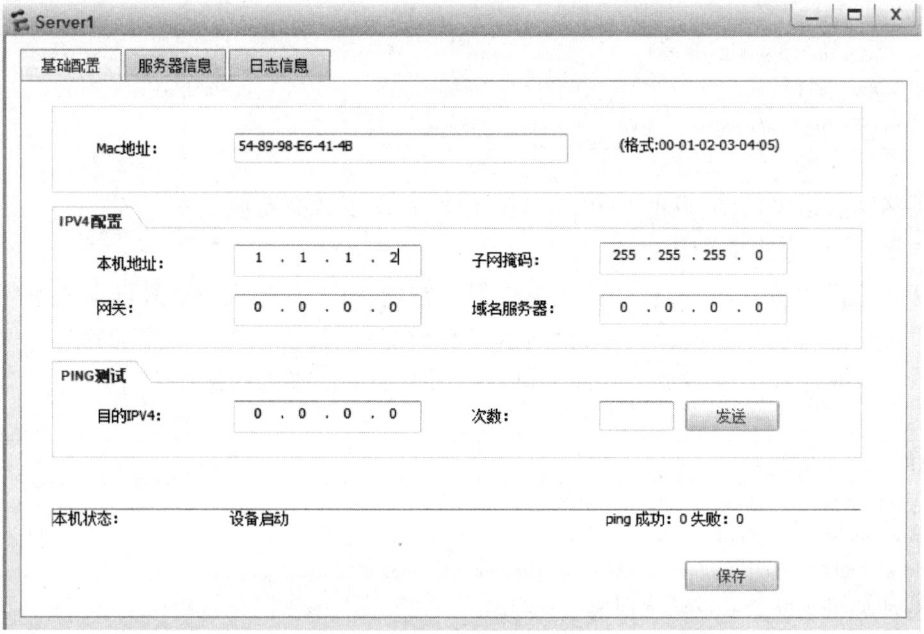

图1-27 FTP服务器IP地址配置

（2）在信息标签页中，选择服务器类型为FtpServer，并设置文件根目录后，点击启动按钮，如图1-28所示。

图1-28 FTP服务器类型选择

步骤4 配置路由器。

（1）按照1.2.5节中方法，配置路由器设备AR1的IP地址为1.1.1.1，子网掩码为24。

（2）使用ping命令测试AR1与Server的连通性。

（3）保存AR1配置。

（4）在用户视图中使用dir命令，列出AR1当前文件系统，查看其中是否存在刚保存的vrpcfg.zip配置文件。

```
<Huawei>dir
Directory of flash:/
 Idx  Attr       Size(Byte)   Date          Time(LMT)   FileName
   0  drw-               -    Jun 03 2016   06:06:03    dhcp
   1  -rw-         121,802    May 26 2014   09:20:58    portalpage.zip
   2  -rw-           2,263    Jun 03 2016   06:05:26    statemach.efs
   3  -rw-         828,482    May 26 2014   09:20:58    sslvpn.zip
   4  -rw-             249    Jun 03 2016   06:34:36    private-data.txt
   5  -rw-             542    Jun 03 2016   06:34:36    vrpcfg.zip
1,090,732 KB total (784,452 KB free)
```

（5）使用FTP命令，与FTP服务器建立FTP控制连接。

```
<Huawei>ftp 1.1.1.2
Trying 1.1.1.2...
Press CTRL+K to abort
Connected to 1.1.1.2.
220 FtpServerTry FtpD for free
User(1.1.1.2:(none)):
331 Password required for  .
Enter password:
230 User  logged in , proceed
```

（6）向FTP服务器上传配置文件“vrpcfg.zip”。

```
[Huawei-ftp]put vrpcfg.zip
200 Port command okay.
150 Opening BINARY data connection for vrpcfg.zip

100%
226 Transfer finished successfully. Data connection closed.
FTP: 542 byte(s) sent in 0.170 second(s) 3.18Kbyte(s)/sec.
```

（7）查看为FTP服务器配置的文件根目录，若可找到vrpcfg.zip文件，则表示已成功通过FTP服务器实现了路由器设备配置文件的备份。

思考题

1. 使用eNSP网络仿真软件搭建的网络中可以包含哪几类设备?
2. 在使用eNSP动手做实验时,eNSP里的网络设备能不能正常访问互联网?

实验2　VRP系统操作与配置

2.1　实验介绍

2.1.1　关于本实验

本实验的目的是帮助学生熟悉VRP系统命令行界面(Command Line Interface,CLI)中的系统视图、提示信息、操作命令、帮助功能与组合键用法等,在操作层面迈出成为卓越网络技术人员的第一步。

VRP(Versatile Routing Platform)系统全称为通用路由平台,是华为数据通信产品通用的操作系统。VRP系统提供了高效简洁的命令行界面,大量对华为设备进行配置与操作的工作都需要以VRP系统为媒介,借助个人计算机及相关软件来实现。熟悉VRP的相关知识是成为网络通信技术人员的第一步。

本实验从连接网络设备与个人计算机开始,介绍使用VRP系统时会用到的一些基本命令,以及一些VRP系统的基本操作方法。

2.1.2　实验目标

掌握如何连接华为网络设备;

掌握一些基本的VRP命令;

掌握VRP系统命令的帮助功能;

掌握VRP系统快捷键的使用。

2.1.3　实验拓扑图

连接华为设备控制端口拓扑图如图2-1所示。

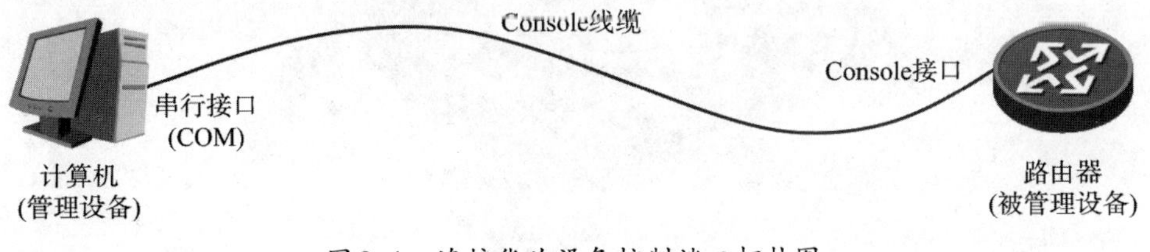

图2-1　连接华为设备控制端口拓扑图

2.1.4　地址规划

本实验无须规划IP地址。

2.1.5 所需资源

1台华为路由器(本实验演示设备为AR1200);

1台PC(采用Windows7、Windows10等操作系统的计算机);

相关线缆(USB转RS-232转换线缆、Console线缆、Mini-USB线缆);

超级终端软件SecureCRT。

2.1.6 实验任务列表

实验任务列表如表2-1所列。

表2-1 实验任务列表

序号	任务	子任务	应用场景
1	连接路由器	通过串行控制端口连接华为路由器	初始配置设备时优先使用的连接方式
2	配置路由器	基本命令的配置	初步熟悉命令行界面的配置
		快捷键及帮助功能的使用	有效提高配置的速度和准确性
		查看设备信息	了解当前设备的运行状态

2.2 实验任务

2.2.1 配置思路

在本实验中,首先分别介绍连接设备的常用方法,然后演示VRP系统的一些基本操作方法。

2.2.2 任务一——串行控制端口连接

步骤1 确定个人计算机的串行端口号。

(1) 若要通过华为设备的Console接口对其进行本地管理,需要借助一根Console线缆来连接华为设备,如图2-2所示。

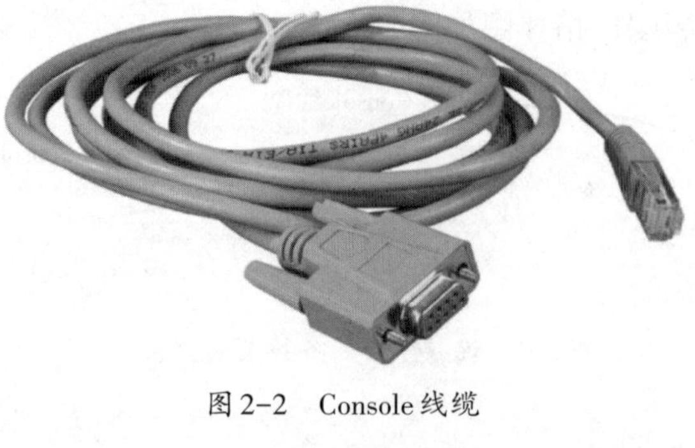

图2-2 Console线缆

(2) Console线缆的一端是RJ45接口,另一端是RS-232接口。在连接时,管理员应使用这根Console线缆的RJ45接口端连接华为设备的Console接口,如图2-3所示。

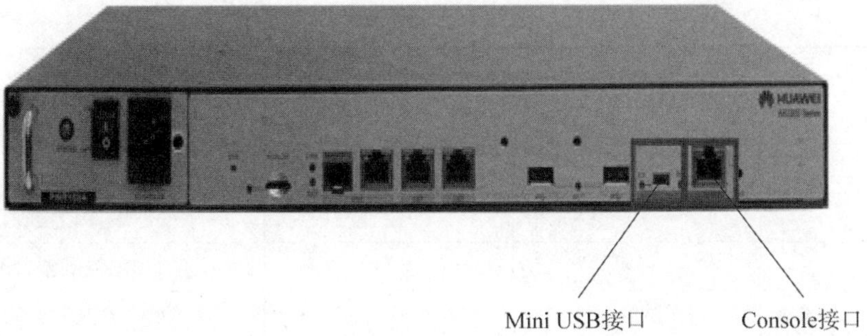

图2-3　路由器的Console接口

（3）使用Console线缆的另一端RS-232接口连接计算机的RS-232接口，如图2-4所示。

图2-4　台式机主板RS-232串行接口

（4）Console线缆的线序已经固定好，无须做任何修改，不过我们可以了解一下接口线序，如图2-5、图2-6所示和表2-2所列。

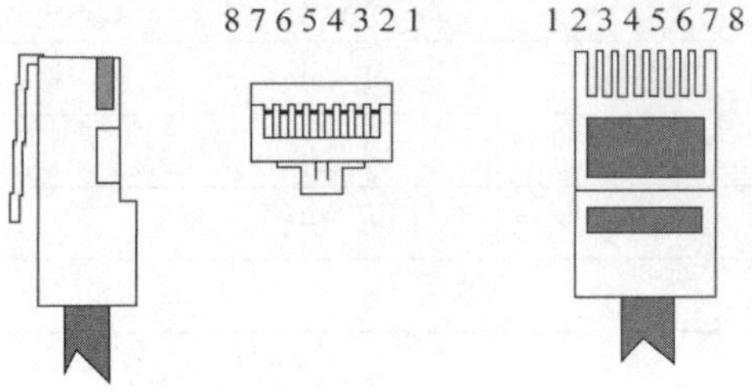

图2-5　RJ45接口线序

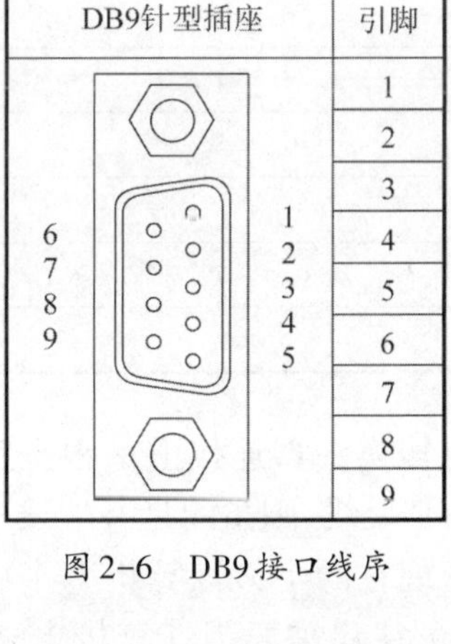

图2-6　DB9接口线序

表2-2 RJ45与DB9的连接线序

RJ45	信号方向	DB9	信号
1	→	8	CTS(清除发送)
2	→	6	DSR(数据准备好)
3	→	2	RXD(串口接收数据)
4	→	1	DCD(载波检测)
5	N/A	5	GND(接地)
6	←	3	TXD(串口发送数据)
7	←	4	DTR(数据终端准备好)
8	←	7	RTS(请求发送)

(5) 早期的Console线缆并不是一体的,而是由一个RS-232转RJ45的接头再加上一根全反线组成,如图2-7所示。

图2-7 RS-232转RJ45接头

此转接头的线序正好与表2-2所列的相反,如表2-3所列。

表2-3 RS-232转RJ45线序

RJ45	DB9
1	7
2	4
3	3
4	5
5	1
6	2
7	6
8	8

用此转换头再连接上一根全反线,就可以把接口重新转换成与图2-5一致的线序了。所谓全反线,则指的是一端线序从1至8,另一端的线序则是从8至1,如图2-8所示。

由于现在的个人计算机多半已经不支持原生的RS-232串行端口,因此,在这一步中,管理员往往需要为计算机单独配置一个USB转RS-232接口的转接装置,如图2-9所示。

1 < ------------ >8
2 < ------------ >7
3 < ------------ >6
4 < ------------ >5
5 < ------------ >4
6 < ------------ >3
7 < ------------ >2
8 < ------------ >1

图2-8　全反线

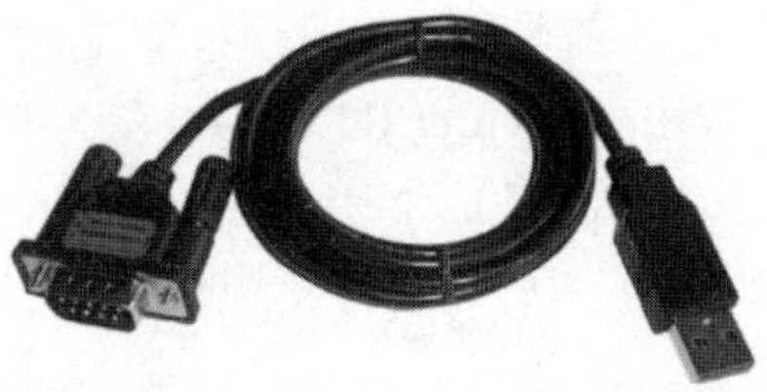

图2-9　USB转RS-232装置

（6）在购买该装置后，管理员需要安装配套的驱动程序。安装转接装置及其驱动程序的步骤我们不作演示。完成上述操作后，请查看计算机的设备管理器来确认端口号，如图2-10所示。

图2-10　确认串口使用的端口号

图2-10所示计算机的串行接口端口号为COM3。

关于这个端口编号，不同计算机并不相同，请学生根据具体情况仔细查看。

步骤2　使用Console线缆连接计算机与华为路由器。

（1）将Console线缆的RJ45接口连接到华为设备的Console接口。

（2）将线缆的另一端连接到计算机的RS-232串行接口上（如果使用了USB转RS-232装置，则另一端需要连接到计算机的USB接口）。

具体连接图示较为简单，这里不再详细演示了。

步骤3 配置SecureCRT参数。

（1）在完成了物理连接之后，我们需要通过个人计算机上的终端程序来对华为设备发起管理。终端程序有很多，如早期Windows自带的超级终端、SecureCRT、PuTTY等。本实验选用了SecureCRT作为终端模拟软件。

SecureCRT是最常用的终端模拟软件之一，支持多种连接方式，如Serial、Telnet、SSH等。在本实验中，我们将使用Serial的连接方式。学生首先需要下载和安装软件，在网上搜索相关名称即可下载到这个软件，同时还有一些免安装的绿色版本，下载后可直接运行，下载和安装过程本实验不再演示，大家请自行完成。接下来从如何连接华为设备开始相关步骤演示。

（2）运行SecureCRT进行相关设置。在本实验中，我们选择了快速连接，如图2-11所示。

图2-11 SecureCRT快速连接

（3）此时，程序会弹出图2-12所示的窗口，其中包含了下面这几个参数（使用所有终端程序来本地管理设备时，用户都需要设置相同的参数）。

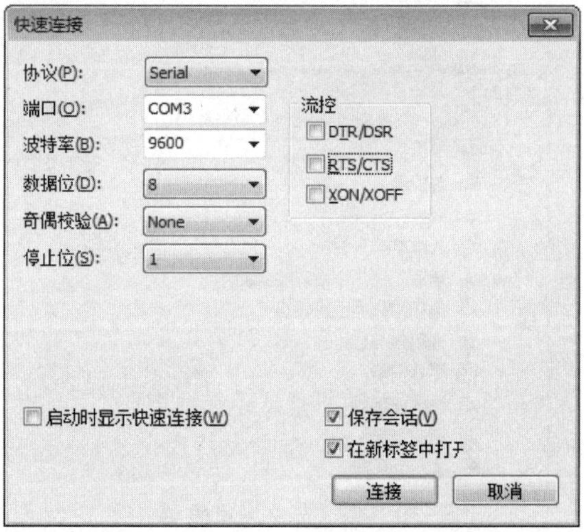

图2-12 SecureCRT的快速连接参数设置

各参数包括的含义如下所示。

① 协议。Console线缆连接的是计算机的RS-232串行接口，因此，这里选择协议Serial（串行）。

② 端口。在本例中，Console线缆连接的是计算机的串行接口COM3，因此，这里选择COM3。

③ 波特率。绝大多数华为设备Console接口的默认波特率均为9600，因此在波特率

这一部分，绝大多数情况下应该选择9600。在管理某些不常见的网络设备时如出现问题，可以查阅网络设备手册关于Console接口默认波特率的介绍，验证该设备的波特率是否为9600。

④ 数据位。需要设置为8。

⑤ 奇偶校验。需要设置为None（无）。

⑥ 停止位。需要设置为1。

⑦ 流控。这里不勾选任何选项。

完成上述设置之后，点击“连接”键，SecureCRT就会向路由器发起快速连接。

（4）如果以上步骤配置正常，管理员此时会看到图2-13所示的界面。

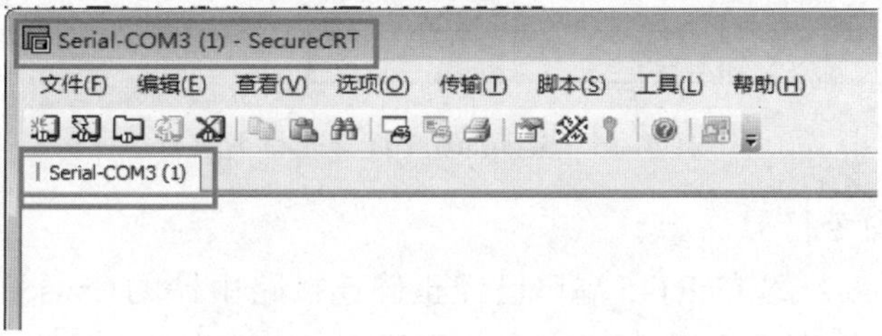

图2-13　SecureCRT的连接窗口

注意图2-13左上角所示，与前面未连接时对比，已经没有未连接的提示了。连接窗口显示为绿色，表示连接正常。

此时，如果任意修改此连接的端口号，并再次连接，会出现什么提示？

由于端口号不匹配，将不能正常连接，提示连接失败，所以确认串口使用的端口号是很重要的一个步骤，如图2-14和图2-15所示。

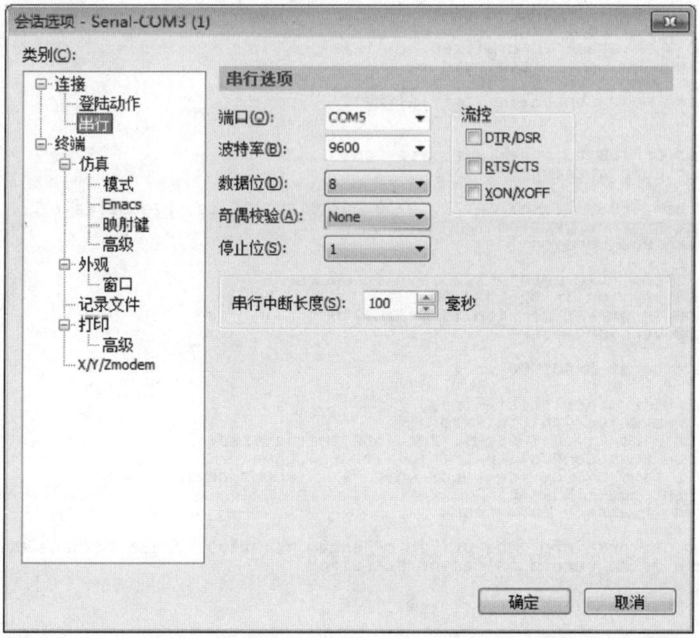

图2-14　选择错误端口号发起管理会话

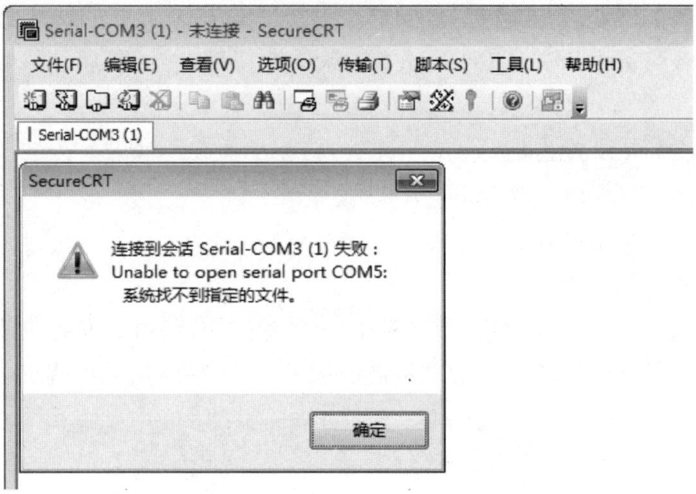

图2-15　SecureCRT提示连接失败

步骤4　进入命令行界面。

（1）确认Console线缆的RJ45端口已经正确连接路由器的Console接口后，请开启路由器的电源。此时，管理员会进入VRP命令行界面，观察到VRP系统的开机提示信息，如图2-16所示。

图2-16　VRP系统开机输出信息

（2）等待一段时间后，VRP系统启动完毕，管理员就会看到下面的信息。

```
Press any key to get started

Please configure the login password (maximum length 16)
Enter password:Huawei@123
Confirm password:Huawei@123
<Huawei>
Warning: Auto-Config is working. Before configuring the device, stop Auto-Config. If you perform configurations when Auto-Config is running, the DHCP, routing, DNS, and VTY configurations will be lost. Do you want to stop Auto-Config? [y/n]:y
Info: Auto-Config has been stopped.
<Huawei>
```

当一台华为设备是初始配置时，首次登录时设备会提示管理员输入密码，上面输出信息的粗体字部分需要手动输入。

紧接着，系统将提示管理员是否停止自动配置模式（Do you want to stop Auto-Config? [y/n]:），这里输入y。

然后，当看到"<Huawei>"提示符时，表示VRP系统准备完毕，可以开始配置华为路由器了。

2.2.3 任务二——VRP系统基本配置

通过前面的配置任务，学生应该已经掌握了如何通过Console接口来连接和登录华为设备。接下来将通过登录后的用户界面，输入一些最基本的配置命令，直观地感受如何配置华为设备。这些命令虽然非常简单，但都十分重要。在介绍了VRP系统的一些基本命令之后，还会通过这个实验演示VRP系统提供的命令帮助功能与快捷键（组合键）使用方法。

步骤1 配置设备名称。

为了区分不同设备，管理员通常都需要修改设备的名称。在实际的工程项目中，应该力求用简洁、准确的方式对设备进行命名。鉴于本实验的重点是命名设备的命令，因此，在本实验中会采用最简单的命名方式。

（1）登录设备后，需要首先输入初次配置的密码进入用户视图。

```
Password:
<Huawei>
Warning: Auto-Config is working. Before configuring the device, stop Auto-Config. If you perform configurations when Auto-Config is running, the DHCP, routing, DNS, and VTY configurations will be lost. Do you want to stop Auto-Config? [y/n]:y
Info: Auto-Config has been stopped.
<Huawei>
```

（2）要修改设备名称，需要首先使用命令system-view进入系统视图。

```
<Huawei>system-view
Enter system view, return user view with Ctrl+Z.
[Huawei]
```

如上所示，包含设备名称的括号变成了一对方括号，这表示管理员当前已经进入系统视图。

（3）使用命令sysname将设备的名称修改为AR1。

```
[Huawei]sysname AR1
[AR1]
```

上例的阴影部分显示，这台设备的名称已经被修改为了AR1。

步骤2 配置设备系统时间。

在实际生产网络中，系统时间的准确性非常重要，因此，我们常常需要给设备配置一个准确的时间。在实际网络中，为了确保系统时间的准确性，工程师往往会让设备使用NTP协议来动态地与时间服务器进行同步。在这一步骤中，我们会采用本地配置的方式来修改系统时间。

（1）华为设备出厂时默认采用协调世界时（UTC），所以在设置系统时钟前，需要先通过命令clock timezone来设置时区。

```
[AR1]clock timezone Beijing add 8
```

为华为路由器设置系统时区的关键字为clock timezone，后面的Beijing是对这个时区配置所进行的命名，而add 8是指北京时间所在的+8时区。

使用undo clock timezone命令可将本地时区恢复为默认的UTC。在VRP系统中，想取消某条命令时，绝大多数情况都需要在这条命令前面加上关键字undo。

（2）设置好时区后，就可以使用命令clock datetime来设置系统时间了。

```
[AR1]clock datetime 17:00:00 2025-3-3
```

以上设置将系统的日期修改为2025年3月3日，将系统时间修改为17:00:00。

使用命令display clock来查看设置的时间。

```
<AR1>display clock
2025-03-03 17:00:03
Friday
Time Zone(Beijing) : UTC+08:00
```

display是VRP系统中用来查看信息的命令关键字，几乎所有设备信息的查看都需要用到这个关键字。在本实验后面的配置任务中，还会演示其他的display命令。

步骤3 修改Console接口登录密码。

为了确保系统的安全,管理员应该定期修改Console接口的登录密码,也就是修改在初始化设备时配置的密码。

不同的配置命令,需要在不同的配置视图下使用。修改用户登录的密码,需要使用命令user-interface进入用户界面视图下进行配置。

```
[AR1]user-interface console 0  //进入Console接口用户界面视图
[AR1-ui-console0]authentication-mode password  //设置认证的方式为界面下密码认证
[AR1-ui-console0]set authentication password cipher Test@123  //修改认证的密码
[AR1-ui-console0]user privilege level 15  //同时设置通过此界面登录的权限级别
```

在最后一条命令中,把通过Console接口登录并通过了密码认证的用户,等级设置为了15。各个用户等级对应的操作如表2-4所列。

表2-4 不同用户等级对应的命令

用户等级	名称	可执行的命令等级	命令类型
0	访问级	0	0级命令包括网络诊断工具相关的命令(如ping、tracert)、从本设备出发访问外部设备的命令(如telnet)和部分display命令等
1	监控级	0,1	1级命令包括用于系统维护的命令及display命令等
2	配置级	0,1,2	2级命令包括路由及网络各层的命令等,用于向用户提供直接网络服务
3~15	管理级	0,1,2,3	3~15级命令包括文件系统管理、电源控制、备份板控制、用户管理、命令级别设置、系统内部参数设置,以及用于业务故障诊断的debugging命令等

建议管理员把Console接口登录的权限设置为最高级,以便通过Console接口本地管理设备的人员可以获取到这台设备的所有配置权限。当然,为了防止设备的配置在本地遭到非法修改,要确保设备的本地物理安全工作万无一失。

步骤4 配置标题消息。

(1) 提示信息可以用来向合法用户提示这台设备所处的位置,也可以用来向非法登录人员给予警告等。给设备配置标题消息可以在系统视图下输入命令header shell information来实现。

```
[AR1]header shell information "This is ANDY lab."
```

(2) 此时,若退出系统并重新登录,就可以看到前面配置的提示信息了。

```
[AR1]quit
<AR1>quit
  Configuration console exit, please press any key to log on
Login authentication
Password:
This is ANDY lab.
<AR1>
```

在设置了登录标题信息后,任何用户登录到系统上都可以看到该标题提示的信息。

步骤5 配置接口IP地址。

通过为网络设备配置IP地址来标识设备的位置并实现网际通信。关于IP地址的内容,教材会在IP地址与子网划分中进行详细介绍。当然,本实验中仅使用了一台设备,并不涉及与任何其他设备之间的通信,这一配置步骤是为了帮助学生熟悉IP地址的配置方法。

(1) 要给设备的接口配置IP地址,首先需输入命令interface,进入要配置IP地址的那个接口的接口视图。

```
[AR1]interface GigabitEthernet 0/0/0
```

(2) 使用命令ip address命令给这个接口配置IP地址和对应的掩码。

```
[AR1-GigabitEthernet0/0/0]ip address 1.1.1.1 24
```

以上表示为G0/0/0接口配置的IP地址为1.1.1.1,对应掩码为24位,即255.255.255.0。

这一实验步骤仅为演示给设备接口配置IP地址和掩码的方法,不对IP地址和掩码的用途、格式等内容进行介绍。

步骤6 保存当前配置。

以上配置的所有命令,默认情况下仅保存在内存中,如果设备意外断电或重启,所有配置的命令都将丢失。所以,在对设备进行有效配置后,切记要对所作配置进行保存,这是必须要养成的好习惯。

(1) 管理员可以输入命令save来手动保存配置。

```
<AR1>save
  The current configuration will be written to the device.
  Are you sure to continue? (y/n)[n]:y
  It will take several minutes to save configuration file, please wait...
  Configuration file had been saved successfully
  Note: The configuration file will take effect after being activated
<AR1>
```

默认情况下,通过save命令保存的配置会被保存到flash的根目录中,文件名为vrp-cfg.zip。

(2) 除了手动配置这种方式之外,管理员也可以通过设置,让设备自动保存配置。这种方法可以有效地降低管理员因忘记保存配置而导致的配置丢失。自动保存分为两种模式:一种是定时周期保存;另一种是指定时间保存。二者只能选其一。在本实验中,仅演示通过命令autosave interval配置周期自动保存的方式。

```
<AR1>autosave interval on
  System autosave interval switch: on
  Autosave interval: 1440 minutes
```

```
  Autosave type: configuration file
  System autosave modified configuration switch: on
  Autosave interval: 30 minutes
  Autosave type: configuration file
<AR1>autosave interval 2880
  System autosave interval switch: off
  Autosave interval: 2880 minutes
  Autosave type: configuration file
```

在这个例子中，管理员首先通过第一条命令开启了周期保存，然后通过第二条命令将保存周期设置为了2880min，如果系统配置数据有更改，就自动保存一次当前的配置，这样就再也不用担心忘记保存配置了。

步骤7　备份当前的配置。

管理员还可以通过copy命令，把当前的配置另存一份在Flash当中。这样一来，当管理员想要将配置恢复到当前状态时，可以很方便地让系统回退到此时的配置状态。

```
<AR1>copy vrpcfg.zip backup.zip
Copy flash:/vrpcfg.zip to flash:/backup.zip? (y/n)[n]:y
100%  complete
Info: Copied file flash:/vrpcfg.zip to flash:/backup.zip...Done
```

在上例中，把当前的配置文件重新保存为了一份名为backup.zip的文件。

配置文件必须以".cfg"或".zip"作为扩展名。存储设备包括Flash、SD卡和U盘，如果选择默认路径，系统配置文件就会存储在Flash的根目录下。

设置下次启动时，系统使用的配置文件(请首先完成步骤7的配置)：

(1) 为了区别重新启动后的配置，我们先将设备名修改为另一个名称。

```
[AR1]sysname TEST
[TEST]
```

(2) 保存当前的配置。

```
[TEST]quit
<TEST>save
  The current configuration will be written to the device.
  Are you sure to continue? (y/n)[n]:y
  It will take several minutes to save configuration file, please wait...
  Configuration file had been saved successfully
  Note: The configuration file will take effect after being activated
<TEST>
```

(3) 使用命令startup将我们在步骤7中备份的配置文件backup.zip作为了下次启动时使用的配置文件。

```
<TEST>startup saved-configuration backup.zip
This operation will take several minutes, please wait...
Info: Succeeded in setting the file for booting system
```

（4）使用命令reboot重启设备。

```
<TEST>reboot
Info: The system is comparing the configuration, please wait.
Warning: All the configuration will be saved to the next startup configuration. Continue ? [y/n]:n
System will reboot! Continue ? [y/n]:y
Info: system is rebooting ,please wait...
```

（5）再次登录设备。

```
  Press any key to get started
Login authentication
Password:
This is HAINA lab
<AR1>
```

如上所示，在重新登录设备之后，可以发现，设备启动时的配置并不是我们在步骤7中的(2)保存的配置。因为在保存配置之前，我们已经将设备名修改为了TEST，而在设备重新启动后，设备名却是AR1。这表示重启后没有使用默认的配置文件，而使用了我们之前指定的那个在步骤7中另存的备份文件。

步骤8 清空配置。

（1）当需要删除设备的所有配置时，请使用下例中所示的命令。

```
<AR1>reset saved-configuration
This will delete the configuration in the flash memory.
The device configurations will be erased to reconfigure.
Are you sure? (y/n)[n]:y
 Clear the configuration in the device successfully.
<AR1>
```

```
<AR1>reboot
Info: The system is comparing the configuration, please wait.
Warning: All the configuration will be saved to the next startup configuration. Continue ? [y/n]:n
System will reboot! Continue ? [y/n]:y
Info: system is rebooting ,please wait...
  Press any key to get started
Please configure the login password (maximum length 16)
Enter password:Test@123
```

```
Confirm password:Test@123
<Huawei>
 Warning: Auto-Config is working. Before configuring the device, stop Auto-Config. If you perform configurations when Auto-Config is running, the DHCP, routing, DNS, and VTY configurations will be lost. Do you want to stop Auto-Config? [y/n]:y
 Info: Auto-Config has been stopped.
<Huawei>
```

（2）再次重启设备。

再次重启设备之后，可以看到设备名已经恢复到了未作任何配置的状态，这表示我们之前对设备所作的配置已经被清除。

清空所有配置的命令请慎用，只有在非常确定自己需要执行这一步操作时，同时也完全理解这条命令所带来的后果时才可以使用这条命令。

这条命令一般会在以下情况中使用：

① 实验环境中；

② 路由器软件升级之后，存储设备中的配置文件可能与新版本软件不匹配，这时，可以用命令reset saved-configuration清除旧的配置文件；

③ 将一台已经使用过的路由器用于新的应用环境，原有的配置文件不能适应新环境需求，需要对路由器重新配置，这时，可以清除原配置文件后，再对设备进行重新配置。

步骤9　命令帮助功能。

相对于图形化界面，命令行界面的操作要求用户具备一定的基础，因为要通过命令行界面让设备执行操作，必须能够掌握要求设备执行所需操作的命令。为了在不熟悉某些命令操作的情况下，帮助我们顺利完成操作工作，VRP系统提供了一系列的命令帮助功能。在这一步中，会对VRP系统命令行界面提供的命令帮助功能进行介绍。

（1）查询可输入的命令。

当管理员记不清需要输入的命令该怎么拼写时，可直接输入问号(?)。这时，系统会向管理员提示这个视图下所有可用命令，也会有对各个命令作用的简要解释，如下所示。

```
<AR1>?
User view commands:
  arp-ping                ARP-ping
  autosave                <Group> autosave command group
  backup                  Backup information
  cd                      Change current directory
  clear                   <Group> clear command group
  clock                   Specify the system clock
  cls                     Clear screen
  compare                 Comparc configuration file
<省略以下输出内容>
```

根据以上提示，管理员有可能找到自己需要配置的命令。

这里必须说明一点，通过问号让系统提示该视图下的命令，这种方法只适合在管理员偶尔遗忘了某条命令具体拼写等细节时使用。在真实网络环境中,管理员不应仅凭系统提示的信息就输入自己完全不了解的命令,否则,极有可能造成不必要且无法挽回的损失。

(2) 如果管理员只记得命令开始的几个字母,可以输入这些开头字母后再输入问号。此时,VRP系统就会仅显示以这些字母开头的相关命令,这样可以有效地缩小查找的范围。比如,如果忘记了进入系统视图的命令,只记得该命令以字母s开头,那么,我们就可以基于这一点要求系统提供提示信息。

```
<AR1>s?
  save           <Group> save command group
  schedule       Schedule system task
  screen-length  Set the number of lines displayed on a screen
  send           Send information to other user terminal interfaces
  set            <Group> set command group
  sslvpn         Sslvpn
  startup        Config parameter for system to startup
  super          Modify super password parameters
  system-view    SystemView from terminal
```

通过系统的提示,可以找到进入系统视图的命令system-view。

(3) 使用Tab键补完命令。

当命令输入不完整,但是已经输入到了足以消除歧义的字符时,可以使用Tab键直接补全这条命令。

```
<AR1>sy?//在用户视图下,仅system-view命令以sy开头,因此输入sy已消除歧义
  system-view  SystemView from terminal
<AR1>sys
<AR1>system-view//按Tab键,系统就会补全这条命令
```

(4) 支持输入不完整的命令。

实际上,当管理员将命令输入到足以消除歧义的那个字符时,即使不键入Tab键而直接按下回车键,VRP系统也可以直接识别。

```
<AR1>sy
Enter system view, return user view with Ctrl+Z.
[AR1]
```

如上所示,管理员仅输入了sy就按下回车键,系统依然可以正常进入系统视图。这同样是因为在用户视图下,只有system-view命令以sy开头,因此,输入sy已经足够让VRP系统判断出管理员的意图。

步骤10 快捷键的使用。

(1) 对于之前管理员曾经输入过的命令,路由器会自动保存起来。管理员可以使用

以下命令,查看这台设备上之前曾经输入的命令。

```
[AR1]display history-command
sy
quit
system-view
```

(2) 按方向键↑或Ctrl+P,可以直接调出以上命令,结合方向键↓或Ctrl+N,可以迅速再次自动输入曾经输入过的命令。

(3) 终止继续执行命令(请首先完成步骤5的配置)。

当管理员希望中断执行自己刚刚输入的一条命令时,可以使用组合键Ctrl+C来中断系统继续执行该命令的操作。例如,我们可以使用ping工具命令发出100000个报文,演示组合键的效果。要等到这条命令执行完成需要比较长的时间,此时,管理员就可以使用Ctrl+C来中断这条命令的执行,让它提前结束。

```
<AR1>ping -c 100000 1.1.1.1
  PING 1.1.1.1: 56  data bytes, press CTRL_C to break
    Request time out
    Request time out
    Request time out
    Request time out
```

2.2.4 任务三——设备信息验证查看

在前面的实验中曾经提到,display是VRP系统中用来查看信息的命令关键字。除display clock命令之外,VRP系统还提供了海量的display命令供用户查看各类有关设备、系统、配置、数据等方面的信息。在本实验的最后一部分中,将向学生介绍几条VRP系统中最为常用的display命令,以及它们提供的输出信息。

步骤1 显示系统运行的配置信息。

当管理员需要查看一台设备上的所有重要配置命令时,可以输入display current-configuration命令。

```
<AR1>display current-configuration
[V200R003C01SPC300]
#
 sysname AR1
#
 board add 0/1 1SA
 board add 0/2 1SA
#
```

```
 snmp-agent local-engineid 800007DB03E468A39DFB9B
 snmp-agent
#
 http timeout 3
#
 drop illegal-mac alarm
#
set transceiver-monitoring disable
#
pki realm default
 enrollment self-signed
#
#
aaa
 authentication-scheme default
 authorization-scheme default
 accounting-scheme default
 domain default
 domain default_admin
 local-user admin password cipher %$%$=i~>Xp&aY+*2cEVcS-A23Uwe%$%$
 local-user admin service-type http
#
firewall zone Local
 priority 16
#
interface Ethernet0/0/0
#
interface Ethernet0/0/1
#
interface Ethernet0/0/2
#
interface Ethernet0/0/3
#
interface Ethernet0/0/4
#
interface Ethernet0/0/5
#
interface Ethernet0/0/6
#
interface Ethernet0/0/7
#
interface Serial1/0/0
 link-protocol ppp
#
interface Serial2/0/0
 link-protocol ppp
#
```

```
interface GigabitEthernet0/0/0
 ip address 1.1.1.1 255.255.255.0
#
interface GigabitEthernet0/0/1
#
interface Cellular0/0/0
 link-protocol ppp
#
interface Cellular0/0/1
 link-protocol ppp
#
interface NULL0
#
ospf 1
#
user-interface con 0
 authentication-mode password
 set authentication password cipher %$%$tqfaXHK1^%&H([N`U|#7,$!*`#}'Cso,MApU<,4k%=G1$!-,%$%$
user-interface vty 0 4
#
wlan ac
#
voice
 #
 diagnose
#
return
```

以上是命令display current-configuration输出的完整信息，当命令行太多时，会逐屏输出，按下空格键将显示下一页，按下回车键将显示下一行命令。

这里值得说明的是，对于一部分参数，即使管理员已经配置，但只要这些参数所在的功能没有生效，那么，系统还是不会在命令display current-configuration的输出信息中将这些参数显示出来。此外，一些特殊命令的配置也不会通过命令display current-configuration显示出来，如管理员通过命令clock datetime配置的系统时间就不会出现在命令display current-configuration提供的输出信息中。

通过前面的输出信息，我们可以看出命令display current-configuration的输出信息数量庞大。如果十分熟悉自己要查看的配置命令在这条命令提供的输出信息中所排列的位置，确实可以通过这条命令迅速查找到自己想要的信息。但还有一种更加简单的方法可以让系统只输出一部分配置命令，那就是在这条命令后面添加管道符(|)，并使用正则表达式对输出信息进行过滤。

```
[AR1]display current-configuration | include ip add
 ip address 1.1.1.1 255.255.255.0
```

在上面的示例中,我们在管道符后输入了关键字include,其目的是让系统只显示所有配置命令中包含ip add关键字的命令。于是,系统就只显示了此前配置IP地址的那一条命令。

除了仅显示包含某些关键字的配置命令之外,我们也可以通过关键字begin让系统只显示从某个关键字开始的配置命令。

```
[AR1]display current-configuration | begin ip add
 ip address 1.1.1.1 255.255.255.0
#
interface GigabitEthernet0/0/1
#
interface Cellular0/0/0
 link-protocol ppp
#
interface Cellular0/0/1
 link-protocol ppp
#
interface NULL0
#
ospf 1
#
user-interface con 0
 authentication-mode password
 set authentication password cipher %$%$tqfaXHK1^%&H([N`U|#7,$!*`#}'Cso,MApU<,4k%=G1$!-,%$%$
user-interface vty 0 4
#
wlan ac
#
voice
 #
 diagnose
#
Return
```

如上所示,系统此时只显示了从关键字ip add开始的所有命令。

步骤2 查看接口信息。

在监控接口的状态或检查接口的故障原因时,管理员可执行命令display interface来获取某个接口的状态信息和统计信息。用户可以根据这些信息进行流量统计和接口的故障诊断等。

在下面的示例中,会用加粗字体在命令display interface提供的重要输出信息旁提供解释。鉴于这条命令的输出信息同样非常庞大,因此,并不会对所有的输出信息都作出说明,想要了解全部输出信息的学生可以查询华为官方文档。但更推荐学生在以后的学习和工作中,根据自己的需要慢慢体会和掌握。

```
[AR1]display interface GigabitEthernet 0/0/0
GigabitEthernet0/0/0 current state : DOWN //接口当前状态
Line protocol current state : DOWN //接口的链路协议状态
Last line protocol up time : 2017-03-03 11:54:13
Description:HUAWEI, AR Series, GigabitEthernet0/0/0 Interface
Route Port,The Maximum Transmit Unit is 1500
Internet Address is 1.1.1.1/24 //接口的IP地址
IP Sending Frames' Format is PKTFMT_ETHNT_2, Hardware address is e468-a39d-fb9c //接口的MAC地址
Last physical up time   : 2017-03-03 10:52:13
Last physical down time : 2017-03-03 10:53:09
Current system time: 2017-03-03 12:09:54
Port Mode: COMMON COPPER
Speed :  100,  Loopback: NONE
Duplex: FULL,  Negotiation: ENABLE
Mdi    : AUTO
Last 300 seconds input rate 496 bits/sec, 0 packets/sec //接口在前5分钟接收的字节速率和报文速率
Last 300 seconds output rate 0 bits/sec, 0 packets/sec
Input peak rate 1152 bits/sec,Record time: 2017-03-03 11:38:08
Output peak rate 560 bits/sec,Record time: 2017-03-03 10:55:11
Input:  2364 packets, 299227 bytes //接收报文总数量
  Unicast:                0,  Multicast:               2327
  Broadcast:             37,  Jumbo:                   0
  Discard:                0,  Total Error:             0
  CRC:                    0,  Giants:                  0
  Jabbers:                0,  Throttles:               0
  Runts:                  0,  Symbols:                 0
  Ignoreds:               0,  Frames:                  0
Output:  109 packets, 38080 bytes //发送报文总数量
  Unicast:                0,  Multicast:               0
  Broadcast:            109,  Jumbo:                   0
  Discard:                0,  Total Error:             0
  Collisions:             0,  ExcessiveCollisions:     0
  Late Collisions:        0,  Deferreds:               0
Input bandwidth utilization threshold : 100.00%
Output bandwidth utilization threshold: 100.00%
Input bandwidth utilization  : 0.01%
Output bandwidth utilization :    0%
```

在查看各个接口状态的汇总信息时，管理员最常使用的命令往往是display ip interface brief，下面是这条命令提供的输出信息。

```
[AR1]display ip interface brief
Interface              IP Address/Mask      Physical    Protocol
GigabitEthernet0/0/0   1.1.1.1/24           down        down
GigabitEthernet0/0/1   unassigned           down        down
NULL0                  unassigned           up          up(s)
```

这条命令会显示两项相当重要的信息,即各个接口的IP地址和接口状态。

步骤3 查看路由器的基本信息。

管理员可以通过命令display version来查看设备当前使用的软件版本、硬件类型、主控板及接口板等相关软硬件信息。在下面的输出信息中,我们同样会通过加粗字体在命令提供的重要输出信息旁给出解释。

```
[AR1]display version
Huawei Versatile Routing Platform Software //表示华为公司VRP平台
VRP (R) software, Version 5.120 (AR1200 V200R003C01SPC300) //表示AR产品的版本信息
Copyright (C) 2011-2013 HUAWEI TECH CO., LTD //表示版本时间
Huawei AR1220V Router uptime is 0 week, 0 day, 1 hour, 20 minutes //表示设备的启动时间
BKP 0 version information: //表示备板的版本信息
1. PCB        Version  : AR01BAK1A VER.A
2. If Supporting PoE : Yes
3. Board      Type     : AR1220
4. MPU Slot Quantity : 1
5. LPU Slot Quantity : 2
MPU 0(Master) : uptime is 0 week, 0 day, 1 hour, 20 minutes
SDRAM Memory Size     : 512     M bytes
Flash Memory Size     : 256     M bytes
NVRAM Memory Size     : 512     K bytes
MPU version information :
1. PCB        Version  : AR01SRU1B VER.C
2. MAB        Version  : 0
3. Board      Type     : AR1220V
4. CPLD0      Version  : 104
5. BootROM    Version  : 653
LPU 1 : uptime is 0 week, 0 day, 1 hour, 19 minutes
SDRAM Memory Size     : 256     M bytes
Flash Memory Size     : 16      M bytes
LPU version information :
1. PCB        Version  : AR01SDSA2A VER.C
2. MAB        Version  : 0
3. Board      Type     : 1SA
4. BootROM    Version  : 305
LPU 2 : uptime is 0 week, 0 day, 1 hour, 19 minutes
SDRAM Memory Size     : 256     M bytes
Flash Memory Size     : 16      M bytes
LPU version information :
1. PCB        Version  : AR01SDSA2A VER.C
2. MAB        Version  : 0
3. Board      Type     : 1SA
4. BootROM    Version  : 305
```

总之,在华为设备上查看各类信息,几乎都需要使用到display命令。

2.3　命令汇总

本章相关命令如表2-5所列。

表2-5　本章相关命令汇总

命令	描述
undo info-center enable	关闭日志信息
language-mode Chinese|English	eNSP环境中交换机和Router设备设置中文或英文提示
system-view	使用户从用户视图进入系统视图
sysname *host-name*	设置路由器的主机名
clock timezone *timezone-name*{**add**|**minus**}*offset*	对本地时区信息进行设置
clock datetime *HH:MM:SS YYYY-MM-DD*	设置路由器当前日期和时钟
header {**login**|**shell**} **information** *text*	设置用户登录路由器时终端上显示的标题信息
interface *interface-type interface-number*	进入已经存在的接口，或创建并进入逻辑接口
ip address *ip-address* {*mask*|*mask-length*}[**sub**]	配置各种接口的IP地址 sub参数用来配置接口从IP地址。为了实现一个接口下的多个子网之间能够通信，需要在接口上配置从IP地址
description	设置接口描述信息
user-interface [*ui-type*]*first-num*[*last-num*]	进入一个用户界面视图或多个用户界面视图。 ui-type取值可以是Console、TTY或VTY
authentication-mode {**aaa**|**password**}	设置登录用户界面的验证方式为AAA授权验证方式或密码验证方式
set authentication password cipher *password*	设置本地验证的密码
reset saved-configuration	清除存储设备中路由器的启动配置文件
ping [**ip**][**-a** *source-ip-address*|**-c** *count*]*host*	检查IP网络连接及主机是否可达 -a source-ip-address指定发送ICMP ECHO-REQUEST报文的源IP地址 -c count指定发送ICMP ECHO-REQUEST报文次数 host表示目的主机的域名或IP地址
return	从除用户视图外的其他视图退回到用户视图
quit	从当前视图退回到较低级别视图，如果是用户视图，则退出系统
dir [**/all**][*filename*][*device-name*]	查询设备上的文件信息
save	保存当前配置信息到系统默认的存储路径中
reboot	重新启动设备
display version	查看版本信息
display clock	查看系统当前日期和时钟
display interface	查看接口当前运行状态和接口统计信息
display this	查看系统当前视图的运行配置

续表

命令	描述
display saved-configuration	查看通过startup saved-configuration命令指定的配置文件
display current-configuration	查看当前生效的配置参数
display startup	显示系统当前启动文件信息
stelnet *server-address*	建立SSH客户端和IPv4服务器端的连接

思考题

1. 在eNSP软件中尝试新建各种不同型号的路由器设备,对比它们接口的区别。
2. 对比VRP用户视图与系统视图下可执行命令的区别。

实验3 Wireshark操作与数据帧分析

3.1 Wireshark操作与使用

3.1.1 选择监控接口

选中设备并单击右键，在显示的菜单中单击“数据抓包”选项后，会显示设备上可用于抓包的接口列表，如图3-1所示，从列表中选择需要被监控的接口。

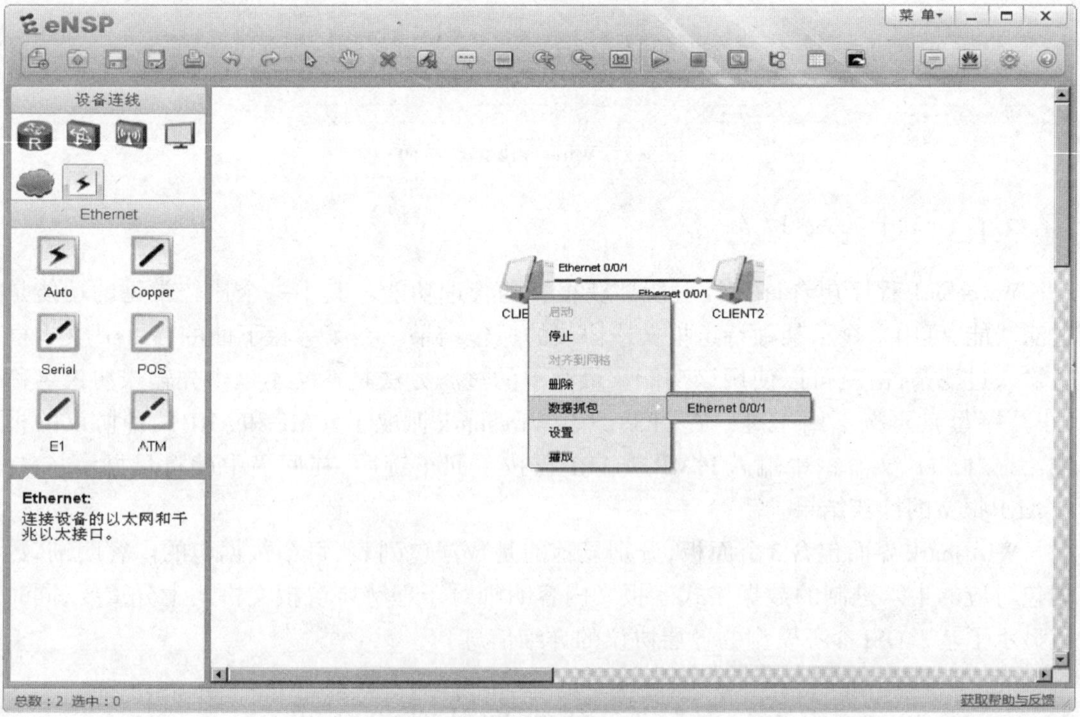

图3-1 数据抓包

接口选择完成后，Wireshark抓包工具会自动激活，捕获选中接口所收到的所有报文。如需监控更多接口，重复上述步骤，选择不同接口即可，Wireshark将会为每个接口激活不同实例来捕获数据包。

根据被监控设备的状态，Wireshark可捕获选中接口上产生的所有流量，生成抓包结果。可使用ping命令产生流量，或运行其他协议时也会自动产生流量。这为我们学习协议交互过程和协议数据包格式提供了很好的辅助。

3.1.2 查看捕获报文

如图3-2所示，即为Wireshark抓包界面。

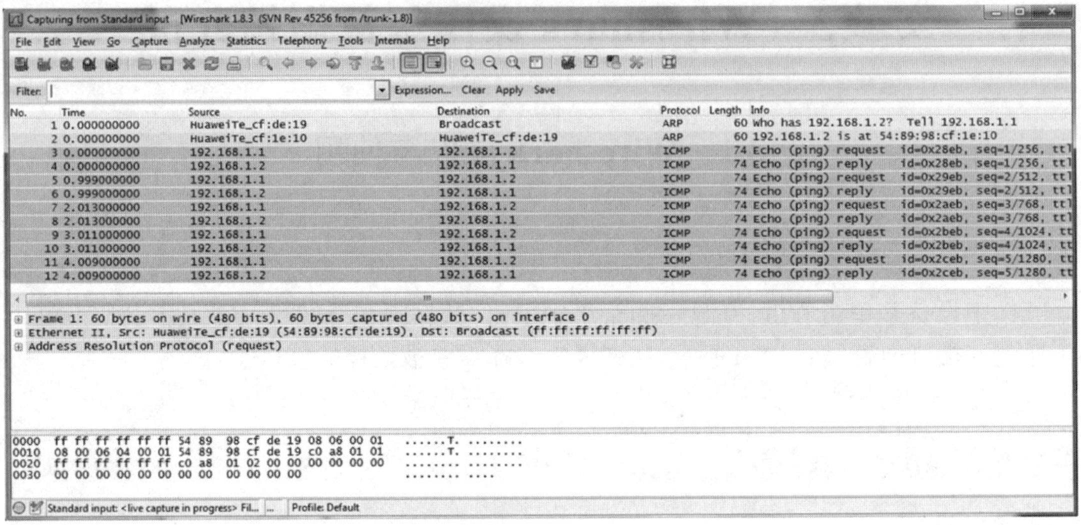

图3-2 Wireshark抓包界面

3.1.3 过滤数据包

Wireshark程序包含许多针对所捕获报文的管理功能。其中一个比较常见的功能是过滤功能，可用来显示某种特定报文或协议的抓包结果。在菜单栏下面的“Filter”文本框里输入过滤条件，就可以使用该功能。最简单的过滤方法是在文本框中先输入协议名称（小写字母），再按下回车键。在图3-2中，Wireshark抓取了ICMP和ARP两种协议的报文。在“Filter”文本框中输入ICMP或ARP再按下回车键后，在回显中就将只显示ICMP或ARP报文的捕获结果。

Wireshark界面包含3个面板，分别显示的是数据包列表、每个数据包的内容明细、数据包对应的十六进制的数据格式。报文内容明细对于理解协议报文格式十分重要，同时也显示了基于OSI参考模型的各层协议的详细信息。

3.2 捕获分析数据帧实验介绍

3.2.1 关于本实验

局域网LAN是在一个小的范围内，将分散的独立计算机系统互连起来，实现资源的共享和数据通信，主要的特点是地理分布范围小、数据传输速率高、误码率低和协议简单等。

3.2.2 实验目标

掌握以太网帧的构成，了解各个字段的含义；

能够认识不同的MAC地址并理解MAC地址的作用。

3.2.3　实验拓扑图

基本配置拓扑图如图3-3所示。

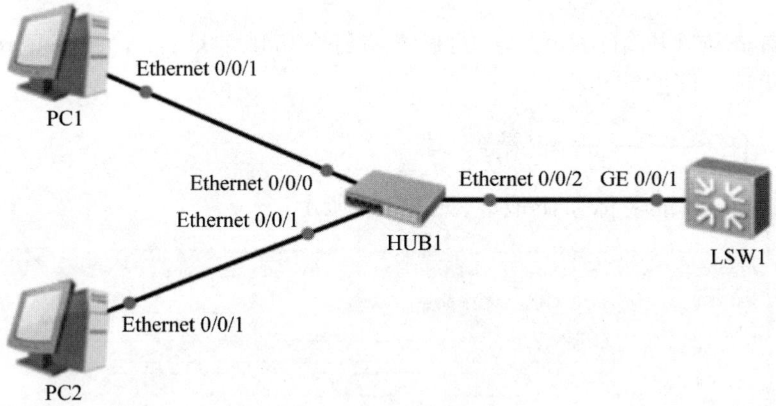

图3-3　基本配置拓扑图

3.2.4　地址规划

地址分配列表如表3-1所列。

表3-1　地址分配列表

设备	接口	IP地址	子网掩码	默认网关
PC1	Ethernet0/0/1	192.168.1.1	255.255.255.0	N/A
PC2	Ethernet0/0/1	192.168.1.2	255.255.255.0	N/A

3.2.5　所需资源

2台终端,1台HUB,1台交换机。

3.2.6　实验任务列表

实验任务列表如表3-2所列。

表3-2　实验任务列表

序号	任务	子任务	应用场景
1	终端的基本配置	配置终端的名称	此实验为基础配置环节,在前面实验中已经有相关配置介绍
		配置终端的IP地址	
2	区别两种以太网帧结构格式	观察Ethernet Ⅱ的帧结构格式	以太网协议的基本知识点,注意观察体会
		观察IEEE802.3帧结构格式	

3.3 实验任务

3.3.1 配置思路

本实验首先构建网络拓扑结构，配置终端名称和IP地址，然后通过Wireshark抓包，观察以太网两种不同的帧结构。

3.3.2 任务一——配置终端

配置PC1和PC2的名称和IP地址，如图3-4所示。

图3-4 eNSP中PC设备IP地址配置界面

3.3.3 任务二——捕获分析以太网帧

在eNSP中启动PC1、PC2和HUB1，不要启动LSW1。打开Wireshark软件，对PC1的Ethernet 0/0/1端口进行抓包。然后，进入PC1的CLI界面，ping 192.168.1.2。

进入Wireshark软件界面，观察数据的发送过程，以及Ethernet Ⅱ帧的具体结构，如图3-5所示。

抓包后的报文如下。

其中分为3个部分：最上面部分是报文列表窗口，显示的是对抓到的每个数据报文进行分析后的总结型信息，包括编号、时间、源地址、目标地址、协议、信息；中部是数据报文协议信息；下部是十六进制报文窗口。

第一行，Frame 1，Frame就是帧的意思，1是抓到的包的编号，因为对包进行了过滤，所以只显示了所需要的包。第一行也就是对这个包的一些总结性的信息。

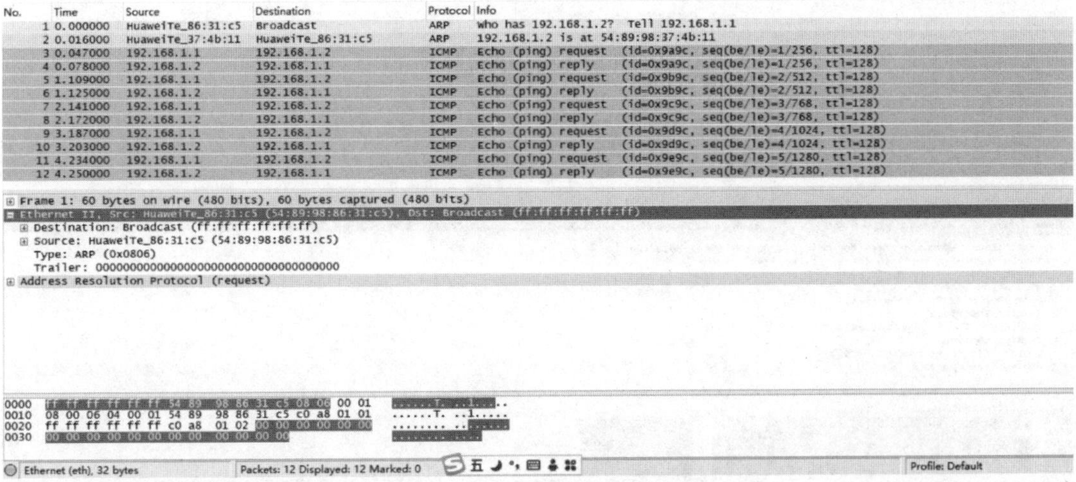

图3-5　Wireshark软件界面

第二行，Ethernet Ⅱ表示MAC帧的地址：目的地址(Destination)，源地址(Source)，协议类型(Type)。

第三行，表示ARP协议。Address Resolution Protcol就是ARP协议。

Ethernet Ⅱ规定以太网的MAC层的报文格式分为7字节的前导符、1字节的帧首定界、6字节的目的MAC地址、6字节的源MAC地址、2字节的类型、46～1500字节的数据字段和4字节的帧尾校验字段。分析捕获到的Ethernet Ⅱ帧由几部分组成？缺少了哪几部分？为什么？

这个帧由6字节的目的MAC地址、6字节的源MAC地址、2字节的类型、46～1500字节的数据字段、1字节的帧首定界和4字节的帧尾校验字段组成。但是捕获到的帧缺少了7字节的前导符、1字节的帧首定界和4字节的帧尾检验。这3个部分用过后都会在适配器上被丢弃，不会提交给上一层。因此，我们抓的包中没有这些信息。

3.3.4　任务三——捕获分析IEEE802.3帧

启动交换机LSW1，再次进入Wireshark软件界面，观察数据的发送过程以及IEEE802.3帧的具体结构，如图3-6所示。

通过抓包观察到IEEE 802帧结构与Ethernet Ⅱ帧结构略有区别，这是因为标准的局域网参考模型包括了OSI/RM最低两层(物理层和数据链路层)的功能，OSI/RM的数据链路层功能，在局域网参考模型中被分成媒体访问控制MAC(Medium Access Control)和逻辑链路控制LLC(Logical Link Control)两个子层。由于局域网采用的媒体有多种，对应的媒体访问控制方法也有多种，为了使数据帧的传送独立于所采用的物理媒体和媒体访问控制方法，IEEE 802标准特意把LLC独立出来形成单独子层，使LLC子层与媒体无关，仅让MAC子层依赖于物理媒体和媒体访问控制方法。LLC子层中规定了无确认无连接、有确认无连接和面向连接3种类型的链路服务。媒体访问控制技术是以太网技术的核心。以太网不提供任何确认收到帧的应答机制，确认必须在高层完成。

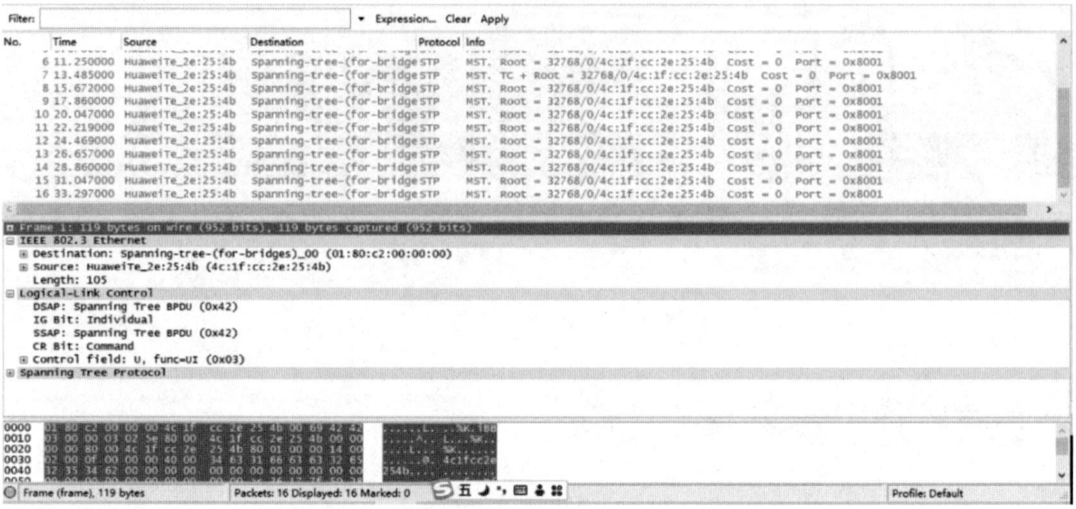

图 3-6 Wireshark 抓取到的 IEEE802.3 帧

以太网中传输的数据包通常称为“帧”，以太网的“帧”IEEE 802结构如图3-7所示。

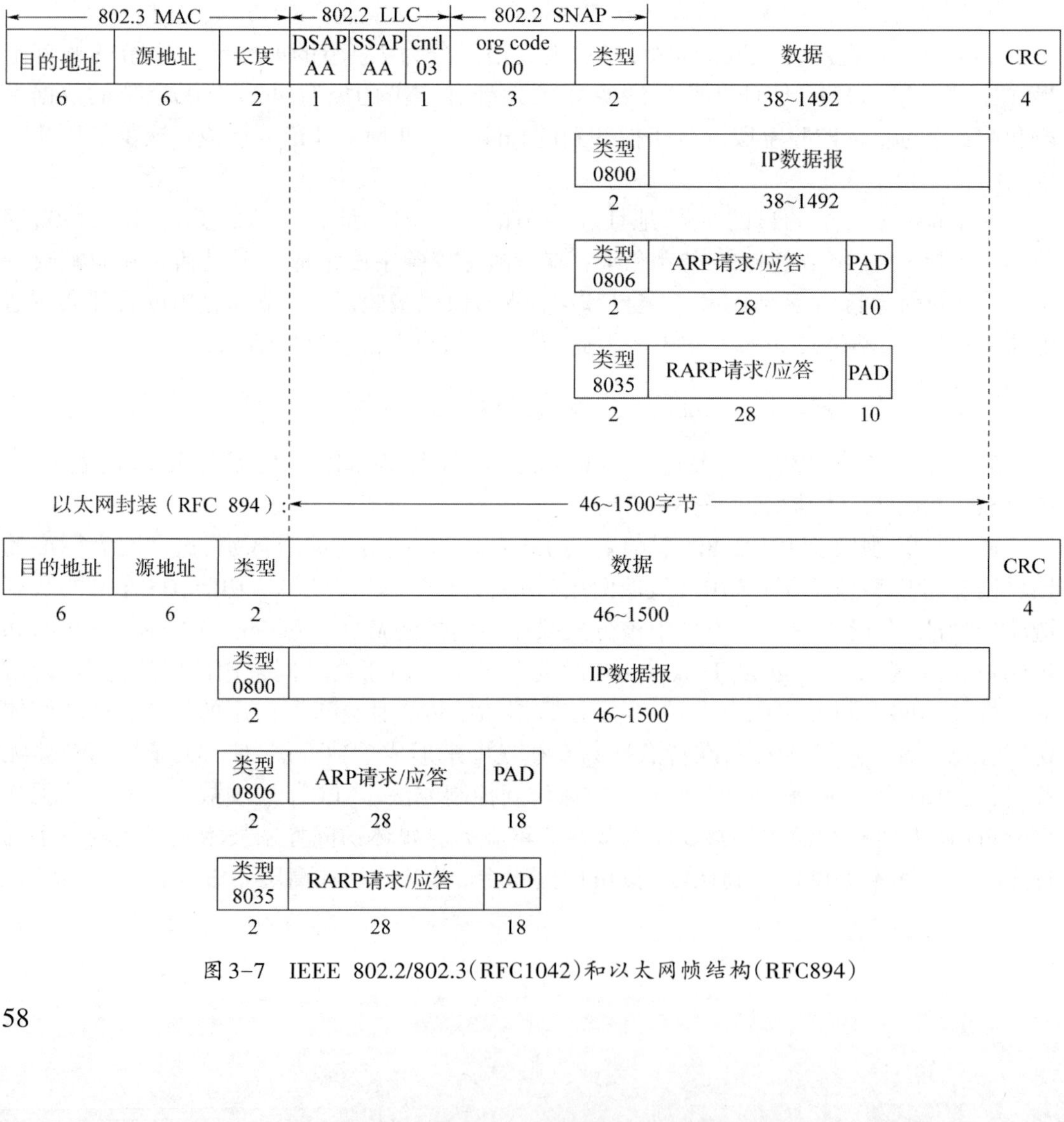

图 3-7 IEEE 802.2/802.3(RFC1042)和以太网帧结构(RFC894)

通用字段的含义：

目的地址:6个字节的目的物理地址标识帧的接收节点。

源地址:6个字节的源物理地址标识帧的发送节点。

数据字段:这是一个可变长度字段,用于携带上层传下来的数据。

帧校验FCS:以太网采用32位CRC冗余校验。校验范围是目的地址、源地址、长度/类型、数据字段。

在以太网帧中,类型/长度(TYPE/LEN):该字段的值大于或等于0x0600时,表示上层数据使用的协议类型,采用Ethernet Ⅱ的帧结构,如任务二中的0x0806表示ARP请求或应答,若为0x0800则表示IP协议。该字段的值小于0x0600时,表示以太网用户数据的长度字段,采用IEEE802.3帧结构,上层携带LLC-PDU。

思考题

1. 通过抓取以太网帧,回答都有哪些协议运行于链路层上。
2. 请通过查阅资料回答帧校验字段是如何校验以太网帧数据的。
3. 什么是以太网？以太网和IEEE802.3有什么不同？

实验4　交换机基础与VLAN配置

4.1　实验介绍

4.1.1　关于本实验

在一个二层网络中，基于各种需求，都会划分不同的VLAN。划分VLAN后，在某些VLAN之间，可能依然需要通信，此时，就要用到VLAN间路由的技术。在网络技术发展的早期，VLAN间路由常常使用单臂路由的方式来实现，但这存在一些问题，如带宽瓶颈、单点故障等。随着网络的发展，基本上都会使用三层交换机的方式实现VLAN间路由，但是在一些复杂网络环境中，上述两种方法常常会混合起来使用。

4.1.2　实验目标

设置拓扑并初始化设备；
使用路由器设备实现普通VLAN间路由；
掌握单臂路由的配置方法；
使用三层交换机实现VLAN间路由。

4.1.3　实验拓扑图

见相关配置任务。

4.1.4　地址规划

见相关配置任务。

4.1.5　所需资源

1台路由器（支持华为Version　5.130版镜像的华为AR2200或同类路由器，或使用华为eNSP模拟器3.9及以上版本）；

2台交换机（支持华为Version　5.110版镜像的华为S3700或同类交换机，或使用华为eNSP模拟器3.9及以上版本）；

1台交换机（支持华为Version　5.110版镜像的华为S5700或同类交换机，或使用华为eNSP模拟器3.9及以上版本）；

2台PC（采用Windows7、Windows10操作系统的家用电脑或通过华为eNSP模拟器3.9及以上版本）。

4.1.6　实验任务列表

实验任务列表如表4-1所列。

表4-1　实验任务列表

序号	任务	子任务	应用场景
1	使用路由器设备实现普通VLAN间路由	N/A	现网中基本很少会使用，此处仅作为理解VLAN间路由的过渡实验
2	配置单臂路由	N/A	常用于简单网络中，或作为网络设计时的补充方法
3	三层交换机实现VLAN间路由	N/A	当前最主要的实现VLAN间路由的技术

4.2　实验任务

4.2.1　配置思路

VLAN间路由并不复杂，以下实验从最基本的路由器实现VLAN间路由开始，再过渡到使用单臂路由的方式，理解实现的原理后，最后使用三层交换机实现VLAN间路由。

4.2.2　任务一——普通VLAN间路由配置

步骤1　设置拓扑并初始化设备。

（1）插入相关板块并建立如图4-1所示的网络。

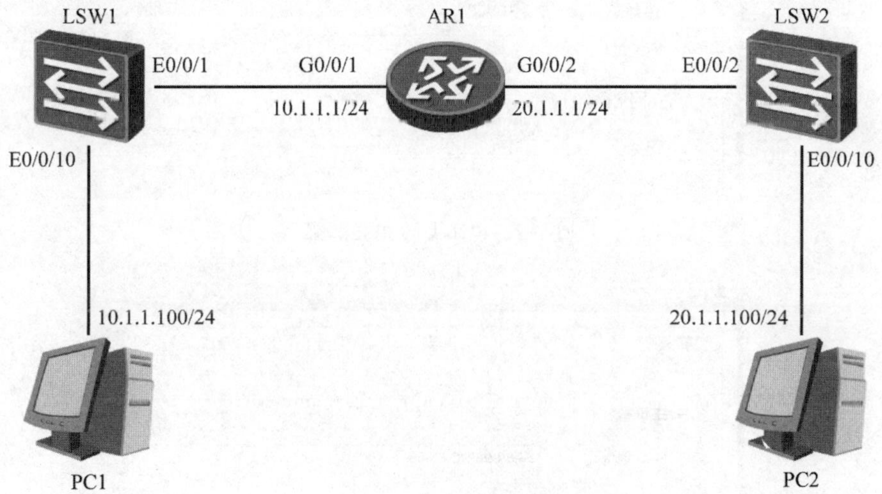

图4-1　普通VLAN间路由的参考拓扑

（2）完成VLAN的基本配置，在LSW1上把PC1所在的接口划入VLAN10；在LSW2上把PC2所连接的接口划入VLAN20，写下相关命令。

在LSW1上：

```
[Huawei]sysname LSW1
[LSW1]vlan 10
[LSW1-vlan10]quit
[LSW1]interface Ethernet0/0/10
[LSW1-Ethernet0/0/10]port link-type access
[LSW1-Ethernet0/0/10]port default vlan 10
```

在LSW2上：

```
[Huawei]sysname LSW2
[LSW2]vlan 20
[LSW2-vlan20]quit
[LSW2]interface Ethernet0/0/10
[LSW2-Ethernet0/0/10]port link-type access
[LSW2-Ethernet0/0/10]port default vlan 20
```

（3）配置PC1与PC2的IP地址及网关，如图4-2和图4-3所示。

图4-2 PC1上的相关配置

图4-3 PC2上的相关配置

步骤2　查看配置及测试连通性。

（1）检查LSW1及LSW2的VLAN及接口的配置。

在LSW1上：

```
[LSW1]display vlan
The total number of vlans is : 2
--------------------------------------------------------------------------------
U: Up;          D: Down;          TG: Tagged;          UT: Untagged;
MP: Vlan-mapping;                 ST: Vlan-stacking;
#: ProtocolTransparent-vlan;     *: Management-vlan;
--------------------------------------------------------------------------------VID  Type  Ports
1     common  UT:Eth0/0/1(U) Eth0/0/2(D)     Eth0/0/3(D)     Eth0/0/4(D)
              Eth0/0/5(D)     Eth0/0/6(D)     Eth0/0/7(D)     Eth0/0/8(D)
              Eth0/0/9(D)     Eth0/0/11(D)    Eth0/0/12(D)    Eth0/0/13(D)
              Eth0/0/14(D)    Eth0/0/15(D)    Eth0/0/16(D)    Eth0/0/17(D)
              Eth0/0/18(D)    Eth0/0/19(D)    Eth0/0/20(D)    Eth0/0/21(D)
              Eth0/0/22(D)    GE0/0/1(D)      GE0/0/2(D)
10    common  UT:Eth0/0/10(U)
VID  Status  Property       MAC-LRN Statistics Description
--------------------------------------------------------------------------------
1     enable default        enable   disable      VLAN 0001
10    enable  default        enable   disable      VLAN 0010
```

在LSW2上：

```
[LSW2]display vlan
The total number of vlans is : 2
--------------------------------------------------------------------------------
U: Up;          D: Down;          TG: Tagged;          UT: Untagged;
MP: Vlan-mapping;                 ST: Vlan-stacking;
#: ProtocolTransparent-vlan;     *: Management-vlan;
--------------------------------------------------------------------------------
VID  Type     Ports
--------------------------------------------------------------------------------
1     common  UT:Eth0/0/1(D)     Eth0/0/2(U)     Eth0/0/3(D)     Eth0/0/4(D)
                 Eth0/0/5(D)     Eth0/0/6(D)     Eth0/0/7(D)     Eth0/0/8(D)
                 Eth0/0/9(D)     Eth0/0/11(D)    Eth0/0/12(D)    Eth0/0/13(D)
                 Eth0/0/14(D)    Eth0/0/15(D)    Eth0/0/16(D)    Eth0/0/17(D)
                 Eth0/0/18(D)    Eth0/0/19(D)    Eth0/0/20(D)    Eth0/0/21(D)
                 Eth0/0/22(D)    GE0/0/1(D)      GE0/0/2(D)
20    common   UT:Eth0/0/10(U)
VID  Status  Property       MAC-LRN Statistics Description
--------------------------------------------------------------------------------
1     enable  default        enable   disable      VLAN 0001
20    enable  default        enable   disable      VLAN 0020
```

以上输出信息表明，LSW1和LSW2上已经分别正确地创建了VLAN 10和VLAN 20。

同时,PC1和PC2所连接的交换机接口也被分别划分到了VLAN 10与VLAN 20当中。

（2）因为PC1与PC2不在一个VLAN里面,也不在一个交换机上,所以不能通信,如图4-4所示。

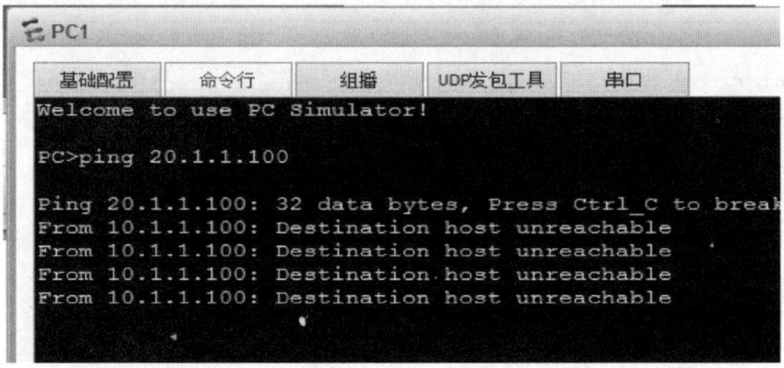

图4-4 PC1与PC2通信的测试结果

步骤3 在AR1上配置IP地址。

```
[AR1]interface GigabitEthernet 0/0/1
[AR1-GigabitEthernet0/0/1]ip address 10.1.1.1 24
[AR1-GigabitEthernet0/0/1]quit
[AR1]interface GigabitEthernet 0/0/2
[AR1-GigabitEthernet0/0/2]ip address 20.1.1.1 24
```

以上地址即是PC1、PC2的网关地址。

查看AR1的直连路由表。

```
[AR1]display ip routing-table
Route Flags: R - relay, D - download to fib
------------------------------------------------------------------------------
Routing Tables: Public
         Destinations : 10        Routes : 10
Destination/Mask    Proto   Pre  Cost   Flags NextHop      Interface
      10.1.1.0/24   Direct  0    0      D     10.1.1.1     GigabitEthernet0/0/1
      10.1.1.1/32   Direct  0    0      D     127.0.0.1    GigabitEthernet0/0/1
    10.1.1.255/32   Direct  0    0      D     127.0.0.1    GigabitEthernet0/0/1
      20.1.1.0/24   Direct  0    0      D     20.1.1.1     GigabitEthernet0/0/2
      20.1.1.1/32   Direct  0    0      D     127.0.0.1    GigabitEthernet0/0/2
    20.1.1.255/32   Direct  0    0      D     127.0.0.1    GigabitEthernet0/0/2
     127.0.0.0/8    Direct  0    0      D     127.0.0.1    InLoopBack0
     127.0.0.1/32   Direct  0    0      D     127.0.0.1    InLoopBack0
127.255.255.255/32  Direct  0    0      D     127.0.0.1    InLoopBack0
255.255.255.255/32  Direct  0    0      D     127.0.0.1    InLoopBack0
```

以上输出信息表示,当AR1的接口IP配置完成后,路由器AR1上自动生成了两条直连的路由。

步骤4　在LSW1和LSW2上把连接AR1的接口分别划分到相应的VLAN当中。

在LSW1上，把连接AR1的接口划入与PC1同样的VLAN 10中。

```
[LSW1]interface Ethernet0/0/1
[LSW1-Ethernet0/0/1]port link-type access
[LSW1-Ethernet0/0/1]port default vlan 10
```

在LSW2上，把连接AR1的接口划入与PC2同样的VLAN 20中。

```
[LSW2]interface Ethernet0/0/2
[LSW2-Ethernet0/0/2]port link-type access
[LSW2-Ethernet0/0/2]port default vlan 20
```

步骤5　测试连通性。

在PC1上ping PC2，测试结果如图4-5所示。

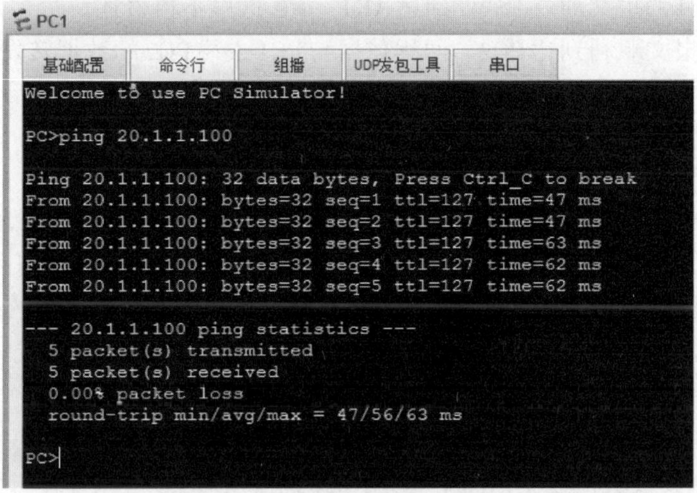

图4-5　再次测试PC1与PC2的通信

测试结果表示PC1与PC2已经可以正确地通信了。

这是一个非常简单的VLAN间路由的实现过程。从报文转发过程的角度来看，数据通信的过程如下。

（1）PC1与PC2之间通信的三层报文封装为源IP地址是PC1的10.1.1.100，目标地址是PC2的20.1.1.100。

（2）PC1通过掩码判断出目标地址自己不在一个网段，所以此报文需要转发给网关，由网关通过路由的方式转到的目的地。

（3）PC1向网关10.1.1.1发送ARP的请求。此请求通过二层的广播方式发送出去。

（4）交换机LSW1从E0/0/10接口收到这个ARP的广播，将打上VLAN 10的Tag，并且在所有VLAN 10里面泛洪转发。在此实验中，只有E0/0/1接口也在VLAN 10里面，并且是一个Access接口，所以此ARP广播报文将会从E0/0/1接口转发出去，并剥离VLAN的Tag。

（5）路由器AR1收到ARP的广播，解封装后，发现请求的正是自己接口IP所对应的MAC地址，就会响应一个ARP的回应，以单播帧的方式发送给PC1。PC1得到网关的MAC地址，生成本地的ARP表项。

（6）PC1根据ARP表项封装去往PC2的报文，二层目标地址为AR1的G0/0/1的MAC地址。

（7）LSW1根据二层地址转发表项——MAC地址表把报文转发给AR1。

（8）AR1从G0/0/1收到报文后，首先查看二层头部，发现是转发给自己的帧，解封装后再查看三层头部，发现不是找自己的报文，就去查找路由表，看是否有去往20.1.1.100的路由。找到一条直连路由，指向的出接口为G0/0/2接口。

（9）AR1依然需要去往20.1.1.100的二层封装信息，就像PC1需要去往AR1的二层封装信息一样，所以AR1也会发送ARP的请求，去请求20.1.1.100这个IP地址所对应的MAC地址，过程与PC1请求AR1的MAC地址过程一致，这里不再赘述。

（10）AR1得到PC2的MAC地址后，做好二层封装，转发给LSW2，再由LSW2转发给PC2。过程与PC1的报文通过LSW1到达AR1一致，这里不再赘述。

（11）最终报文顺利到达PC2。回程数据与PC1去往PC2的数据转发方式类似，这里不再赘述。

4.2.3 任务二——单臂路由配置

前面的配置任务使用了两台交换机，但由于VLAN的二层隔离特性，要完成VLAN间路由的实验，使用一台交换机足矣。如果每个VLAN都要占用一个接口来连接路由器才能实现VLAN间路由，显然也是不合适的，因为这种做法会浪费大量的接口。所以，如图4-6所示的这种VLAN间路由的方式，是最适宜节约接口资源的方式。这种方式也被形象地称为“单臂路由”。

步骤1 设置拓扑并初始化设备。

（1）插入相关板块并建立如图4-6所示的网络。

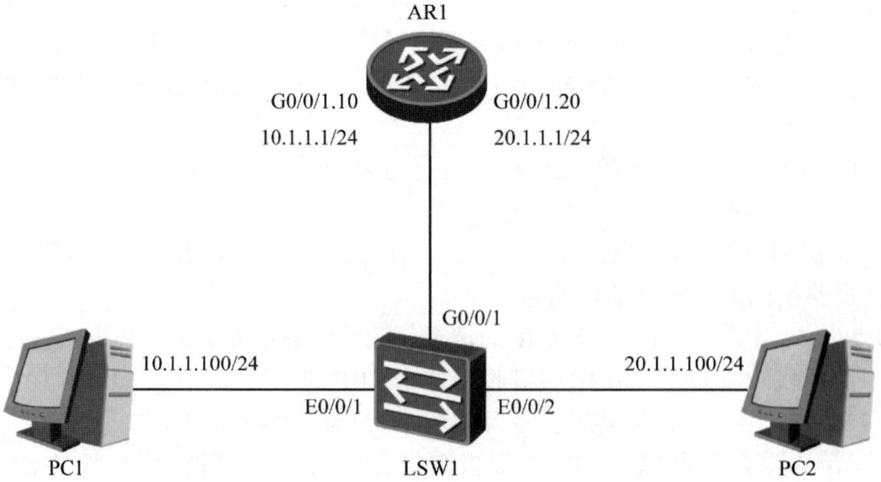

图4-6 单臂路由的参考拓扑

（2）在LSW1上把连接PC1的接口E0/0/1划分到VLAN 10当中，把连接PC2的接口E0/0/2划分到VLAN 20当中，此步骤不再演示。

（3）配置PC1、PC2的IP及网关地址，此步骤同样不再赘述。

步骤2　验证相关配置。

（1）在LSW1上查看VLAN及关联的相关接口。

```
[LSW1]display vlan
The total number of vlans is : 3
--------------------------------------------------------------------------------
U: Up;          D: Down;          TG: Tagged;          UT: Untagged;
MP: Vlan-mapping;                 ST: Vlan-stacking;
#: ProtocolTransparent-vlan;    *: Management-vlan;
--------------------------------------------------------------------------------
VID  Type     Ports
--------------------------------------------------------------------------------
1    common  UT:Eth0/0/3(D)    Eth0/0/4(D)     Eth0/0/5(D)     Eth0/0/6(D)
                Eth0/0/7(D)     Eth0/0/8(D)     Eth0/0/9(D)     Eth0/0/10(D)
                Eth0/0/11(D)    Eth0/0/12(D)    Eth0/0/13(D)    Eth0/0/14(D)
                Eth0/0/15(D)    Eth0/0/16(D)    Eth0/0/17(D)    Eth0/0/18(D)
                Eth0/0/19(D)    Eth0/0/20(D)    Eth0/0/21(D)    Eth0/0/22(D)
                GE0/0/1(U)      GE0/0/2(D)
10   common  UT:Eth0/0/1(U)
20   common  UT:Eth0/0/2(U)
VID  Status  Property      MAC-LRN Statistics Description
--------------------------------------------------------------------------------
1    enable  default        enable  disable    VLAN 0001
10   enable  default        enable  disable    VLAN 0010
20   enable  default        enable  disable    VLAN 0020
```

以上阴影部分表示接口已经按需求划分到了相应的VLAN中。

（2）查看PC1及PC2上的IP及网关配置，如图4-7和图4-8所示。

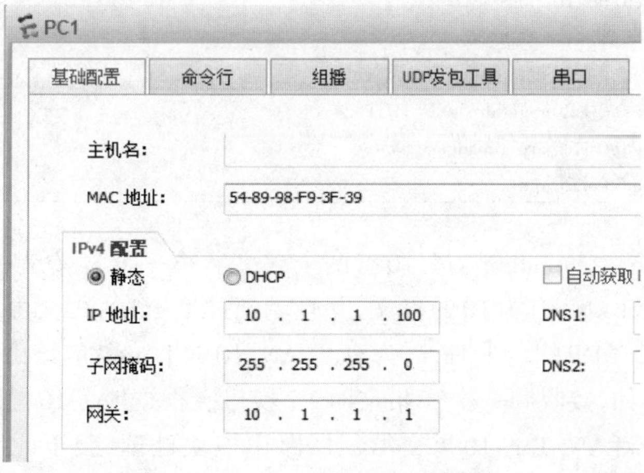

图4-7　PC1上的相关配置

图4-8 PC2上的相关配置

如图4-7和图4-8所示,PC1和PC2上都已经拥有了正确的配置。

步骤3 将LSW1连接路由器的接口配置为Trunk模式。

(1)在上一个配置任务中,所有交换机接口都工作在Access模式下。在这个配置任务中,为了让一条链路能够承载多个VLAN的流量,需要将交换机配置为Trunk模式,才能通过Trunk链路为VLAN打标的方式来区别流量,具体做法如下所示。

```
[LSW1]interface GigabitEthernet 0/0/1
[LSW1-GigabitEthernet0/0/1]port link-type trunk
[LSW1-GigabitEthernet0/0/1]port trunk allow-pass vlan all
```

(2)在AR1上配置dot1q的封装,具体配置方法如下所示。

```
[AR1]interface GigabitEthernet 0/0/1.10
[AR1-GigabitEthernet0/0/1.10]dot1q termination vid 10
[AR1-GigabitEthernet0/0/1.10]ip address 10.1.1.1 24
[AR1-GigabitEthernet0/0/1.10]arp broadcast enable
[AR1-GigabitEthernet0/0/1.10]quit
[AR1]interface GigabitEthernet 0/0/1.20
[AR1-GigabitEthernet0/0/1.20]dot1q termination vid 20
[AR1-GigabitEthernet0/0/1.20]ip address 20.1.1.1 24
[AR1-GigabitEthernet0/0/1.20]arp broadcast enable
[AR1-GigabitEthernet0/0/1.20]quit
```

其中命令dot1q termination vid 10有两个含义。第一个含义是在接收到dot1q封装的报文时,仅处理VLAN ID为10的报文,并且剥离此Tag ID,再交由二层以上的协议处理。例如,收到一个ARP的请求时,因为有VLAN 10的Tag,就应该由此接口来处理并作出相应的响应。再如,接收到一个IP报文时,交换机会根据Tag 10把这个IP数据包接受过来,并且剥离掉VLAN Tag 10再交给三层路由模块处理,至于此后是否再打上别的Tag,则需要视情况而定,如果依然是从一个封装为dot1q的子接口转发出去,则会打上相应的VLAN ID,如果是从一个EthernetⅡ型封装的普通以太口转发出去则不用再加上任何VLAN ID。第二个含义是当有数据要经由此子接口转发出去时,都会打上VLAN 10的Tag。

命令arp broadcast enable的作用指的是开启子接口的ARP广播功能。在默认情况下,ARP广播功能是禁用的,也就是说子接口不能发送广播数据帧,在收到广播帧后会直接丢弃。为了使子接口能够转发广播数据帧,管理员就需要在子接口上配置这条命令。

步骤4　测试。

在PC1上去ping PC2,测试结果如图4-9所示。

```
PC>ping 20.1.1.100

Ping 20.1.1.100: 32 data bytes, Press Ctrl_C to break
Request timeout!
From 20.1.1.100: bytes=32 seq=2 ttl=127 time=78 ms
From 20.1.1.100: bytes=32 seq=3 ttl=127 time=78 ms
From 20.1.1.100: bytes=32 seq=4 ttl=127 time=78 ms
From 20.1.1.100: bytes=32 seq=5 ttl=127 time=78 ms

--- 20.1.1.100 ping statistics ---
  5 packet(s) transmitted
  4 packet(s) received
  20.00% packet loss
  round-trip min/avg/max = 0/78/78 ms

PC>
```

图4-9　PC1与PC2通信的测试结果

以上测试结果表示单臂路由的配置已经完全成功了,PC1与PC2之间实现了通信。

根据以上两个实验的过程,分析普通VLAN间路由与单臂路由的相同点与不同点,以及各自存在的问题。

相同点是普通VLAN间路由与单臂路由均需要一台路由器来执行三层的转发,而交换机只负责执行二层转发。不同点是单臂路由对链路的利用更高效,一条链路可以复用为多个VLAN提供路由的能力。这两种方法都存在两个问题:一是链路带宽是VLAN间通信的瓶颈;二是它们都存在单点故障的问题,即当链路出现问题时,两个VLAN之间均不能通信。

简述以上数据通信的过程:

PC1发送的报文到达LSW1时,LSW1会从一个Access接口接收到这个报文,将其打上此接口的默认VLAN ID(VLAN 10),然后再向G0/0/1接口转发。G0/0/1接口是一个Trunk接口,因此报文会携带VLAN 10的Tag。在报文到达AR1后,AR1发现带的dot1q Tag为VLAN 10的报文,正好与子接口G0/0/1.10的VLAN Tag相匹配。于是AR1会把报文接收过来并交由三层路由模块处理。路由器在查找路由表以后,再从子接口g0/0/1.20转发出去,并且打上VLAN 20的Tag。在报文到达LSW1后,交换机会根据这个VLAN Tag将其在VLAN 20内部转发。于是,这个数据会从LSW1的E0/0/2接口转发出去,从而到达PC2,反之亦然。

4.2.4 任务三——三层交换机VLAN间路由配置

步骤1 设置拓扑并初始化设备。

（1）插入相关板块并建立如图4-10所示的网络。

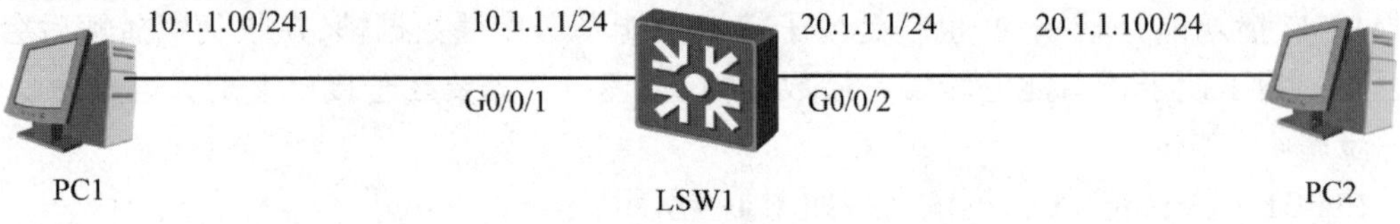

图4-10　三层交换机VLAN间路由的参考拓扑

注意：图4-10中LSW1必须是三层交换机。

（2）在LSW1上把连接PC1的接口G0/0/1划分到VLAN 10当中，把连接PC2的接口G0/0/2划分到VLAN 20当中，此步骤不再演示。

（3）配置PC1、PC2的IP及网关地址，此步骤同样不再演示。

步骤2 验证相关配置。

（1）在LSW1上查看VLAN及关联的相关接口。

```
[LSW1]display vlan
The total number of vlans is : 3
U: Up;          D: Down;          TG: Tagged;          UT: Untagged;
MP: Vlan-mapping;                 ST: Vlan-stacking;
#: ProtocolTransparent-vlan;    *: Management-vlan;
--------------------------------------------------------------------------------
VID  Type    Ports
--------------------------------------------------------------------------------
1    common  UT:GE0/0/3(D)    GE0/0/4(D)    GE0/0/5(D)    GE0/0/6(D)
                GE0/0/7(D)    GE0/0/8(D)    GE0/0/9(D)    GE0/0/10(D)
               GE0/0/11(D)   GE0/0/12(D)   GE0/0/13(D)   GE0/0/14(D)
               GE0/0/15(D)   GE0/0/16(D)   GE0/0/17(D)   GE0/0/18(D)
               GE0/0/19(D)   GE0/0/20(D)   GE0/0/21(D)   GE0/0/22(D)
               GE0/0/23(D)   GE0/0/24(D)
10   common  UT:GE0/0/1(U)
20   common  UT:GE0/0/2(U)
VID  Status  Property      MAC-LRN Statistics Description
--------------------------------------------------------------------------------
1    enable  default       enable  disable    VLAN 0001
10   enable  default       enable  disable    VLAN 0010
20   enable  default       enable  disable    VLAN 0020
```

（2）查看PC1及PC2上的IP及网关配置，如图4-11和图4-12所示。

图4-11　PC1上的相关配置

图4-12　PC2上的相关配置

（3）测试连通性，如图4-13所示。

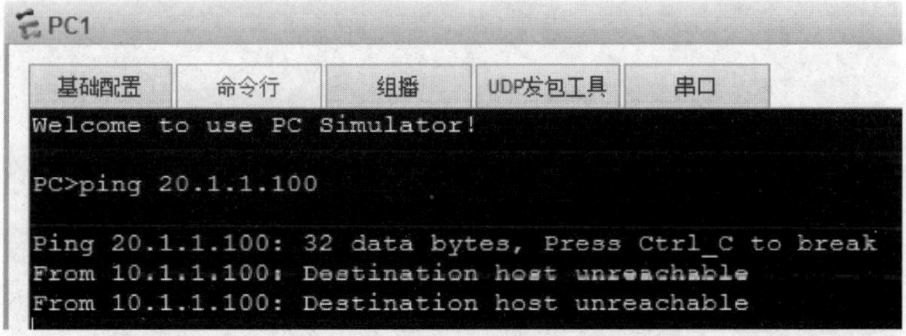

图4-13　PC1与PC2通信的测试结果

如图4-13所示，在没有配置VLAN间路由的情况下，这两台PC之间不能够通信，因为它们之间的通信被中间的交换机执行二层隔离。

步骤3　配置三层交换机，实现VLAN间路由。

（1）在LSW1上配置路由接口（Vlanif 10），这种接口为虚拟接口。

```
[LSW1]interface Vlanif 10
[LSW1-Vlanif10]ip address 10.1.1.1 24
[LSW1-Vlanif10]quit
[LSW1]interface Vlanif 20
[LSW1-Vlanif20]ip address 20.1.1.1 24
```

注意:一个VLAN只能配置一个虚拟三层接口,这个接口也自然属于该VLAN。这也就是说,属于此VLAN的一些泛洪流量都会被这个虚拟接口所处理,这与把交换机的一个物理接口连接到另一个路由器上实现的三层路由别无二致。

(2) 查看三层交换机的路由表。

```
[LSW1]display ip routing-table
Route Flags: R - relay, D - download to fib
------------------------------------------------------------------------------
Routing Tables: Public
         Destinations : 6        Routes : 6
Destination/Mask    Proto   Pre  Cost      Flags NextHop         Interface
      10.1.1.0/24   Direct  0    0           D   10.1.1.1        Vlanif10
      10.1.1.1/32   Direct  0    0           D   127.0.0.1       Vlanif10
      20.1.1.0/24   Direct  0    0           D   20.1.1.1        Vlanif20
      20.1.1.1/32   Direct  0    0           D   127.0.0.1       Vlanif20
      127.0.0.0/8   Direct  0    0           D   127.0.0.1       InLoopBack0
      127.0.0.1/32  Direct  0    0           D   127.0.0.1       InLoopBack0
```

LSW1上自动生成了两条直连路由,并且这两条路由分别对应两个虚拟接口,Vlanif 10和Vlanif 20。

步骤4 测试连通性。

(1) 在PC1上的结果如图4-14所示。

```
PC>ping 20.1.1.100

Ping 20.1.1.100: 32 data bytes, Press Ctrl_C to break
From 20.1.1.100: bytes=32 seq=1 ttl=127 time=47 ms
From 20.1.1.100: bytes=32 seq=2 ttl=127 time=47 ms
From 20.1.1.100: bytes=32 seq=3 ttl=127 time=15 ms
From 20.1.1.100: bytes=32 seq=4 ttl=127 time=47 ms
From 20.1.1.100: bytes=32 seq=5 ttl=127 time=31 ms

--- 20.1.1.100 ping statistics ---
  5 packet(s) transmitted
  5 packet(s) received
  0.00% packet loss
  round-trip min/avg/max = 15/37/47 ms

PC>
```

图4-14　再次测试PC1与PC2的通信

图4-14的测试结果显示,PC1已经能够ping通PC2了。

(2) 通信的过程以及三层交换的优点。

PC1发送的数据到达LSW1后,LSW1会从一个Access接口接收到,并为其打上属于这个接口VLAN ID(即VLAN 10),然后再向VLAN 10里面的接口转发。在本实验中,该数据的转发对象仅包括虚拟接口Vlanif 10。Vlanif 10接收到该数据之后,会对其执行解封装,查看头部的三层信息,发现它的目的地址为20.1.1.100(PC2)。通过查找路由表,它会确定数据包的下一跳是虚拟接口Vlanif 20。于是,交换机会重新封装它的VLAN ID,将其打上VLAN 20的标记并将其从虚拟接口转发出去。这个数据帧会在VLAN 20中泛洪(或单播,具体发送操作由MAC地址表决定)。在本实验中,数据帧会从G0/0/2接口转发出去,最终到达PC2。

使用三层交换机实现VLAN间路由有两个好处:一是不存在单点故障的问题,只要交换机正常工作,一切都会正常工作;二是不存在带宽瓶颈,因为此时VLAN间通信占用的是交换机的背板带宽。

4.2.5　任务四——设计性实验

实验要求:

学校正在进行专业机房建设,现有4个专业想要建立自己的机房,并且希望各个机房在平常能够互相连通,考试时则能够互相断开。

(1) 使用交换机设备完成各个机房的网络连通,需在每个机房中放置一台接入层交换机,而在学校网络中心放置一台汇聚层交换机,请在eNSP软件中画出该网络拓扑结构(在拓扑结构中,每个机房放置1台计算机作为代表计算机)。

(2) 4个机房分别采用192.168.1.0/24至192.168.4.0/24作为网络号,采用VLAN 10至VLAN 13作为VLAN ID,请完成所有交换机接口与虚拟接口的配置,以及各个机房中代表计算机的IP地址配置,使得所有代表计算机之间都能互相连通。

(3) 学期末即将进行考试,要求不允许更改物理连接状态,仅通过修改配置断开各专业机房之间的网络连接,请思考各种可能的方法并在eNSP软件中进行尝试。

实验提示:

(1) 虚拟接口通常作为所属虚拟局域网的网关,其地址可遵循网关地址配置规则。

(2) 二层交换能够实现虚拟局域网间互通,根本原因在于配置虚拟接口后,自动牛成了各虚拟接口之间的直连路由转发规则。

(3) 断开机房间网络连接方式多种多样,应当尽可能采取更易恢复的方式。

4.3　命令汇总

本章相关命令如表4-2所列。

表4-2　本章命令汇总

命令	描述
sysname *sysname*	设置设备名称
Interface *interface-typeinterface-number*	进入以太网端口视图
loopback internal	配置以太网端口的环回功能
duplex{*auto*|*full*|*half*}	设置以太网端口的双工模式

续表

命令	描述
speed{*10*|*100*|*1000*|*auto*}	设置以太网端口的速率
vlan *vlan-id*	创建并进入VLAN视图
Description *description*	配置描述信息
display default-parameter vlan	查看WLAN的默认配置参数
display interface *vlanif*	查看Vlanif接口的状态信息、配置信息和统计信息
display ip-subnet-vlan vlan	查看VLAN上所配置的IP子网信息
display mac-vlan	查看基于MAC地址划分VLAN的配置信息
display mux-vlan	查看所有MUX VLAN的相关配置信息
display port vlan	查看VLAN中包含的端口信息
display protocol-vlan interface	查看接口关联基于协议划分VLAN的配置信息
display protocol-vlan vlan	查看VLAN上所配置的协议及协议索引
display sub-vlan	查看Sub-VLAN类型的VLAN表项信息
display super-vlan	查看Super-VLAN类型的VLAN表项信息
display vlan	查看所有VLAN的相关信息
interface *vlanif*	创建Vlanif接口并进入Vlanif接口视图
ip address	配置接口的IP地址或者配置接口使用动态的方式从DHCP服务器获得IP地址
ip-subnet-vlan	基于IP子网划分VLAN
ip-subnet-vlan enable	使能接口基于IP子网划分VLAN的功能
mac-learning smart vlan enable	使能指定VLAN内MAC地址灵活学习功能
mac-vlan enable	使能接口的MAC VLAN功能
mac-vlan mac-address	配置MAC地址与VLAN关联
management-vlan	将VLAN配置为管理VLAN
mtu	配置VLANIF接口的最大传输单元
mux-vlan	将当前VLAN配置为MUX VLAN中的主VLAN
policy-vlan	基于策略划分VLAN,同时可配置划分后的VLAN的802.1q优先级
port	配置接口的默认VLAN并加入该VLAN
port default vlan	配置接口的默认VLAN并同时加入该VLAN
port hybrid pvid vlan	设置Hybrid类型接口的默认VLAN ID

续表

命令	描述
port hybrid tagged vlan	配置Hybrid类型接口加入的VLAN,这些VLAN的帧以Tagged方式通过接口
port hybrid untagged vlan	配置Hybrid类型接口加入的VLAN,这些VLAN的帧以Untagged方式通过接口
port link-type	配置接口的链路类型
port mux-vlan enable	使能接口MUX VLAN功能
port trunk allow-pass vlan	配置Trunk类型接口加入的VLAN
port trunk pvid vlan	设置Trunk类型接口的默认VLAN
protocol-vlan	配置基于协议划分VLAN并指定关联的协议
protocol-vlan vlan	配置接口关联协议VLAN
reset vlan statistics	清除指定VLAN的统计信息
shutdown	关闭当前VLANIF接口
statistic enable	打开流量统计功能
vlan	创建VLAN并进入VLAN视图,如果VLAN已存在,直接进入该VLAN的视图
vlan precedence	配置VLAN匹配的优先级
voice-vlan aging-time	配置Voice VLAN的老化时间
voice-vlan enable	配置指定VLAN为Voice VLAN,同时使能接口的Voice VLAN功能
voice-vlan mac-address	配置Voice VLAN的OUI地址
display users	显示用户界面的使用信息
display local-user	查看本地用户列表
display access-user	查看在线用户
WLAN ac-global ac id *ac-id* **[carrier id{cmcc|ctc|cuc|other}]**	配置AC ID和AC的运营商标识
WLAN ac-global country-code *country-code*	配置AC的国家码标识
dhcp select interface	配置给AP分配地址的地址池网段
wlan	进入WLAN视图
LAN ac source interface {LoopBack *loopback-num*|**vlanif** *vlanif-id*}	配置AC的源接口
ap-region id	配置AP域ID
ap-auth-mode {mac-auth|no-auth|sn-auth}	配置AP的认证模式
ap id *ap-id* **type-id** *type-id* **mac** *mac-address*	配置AP MAC认证
ap-white list mac *strat-mac-address* **to** *end-mac-address*	配置认证白名单

思考题

1. 简述单臂路由的优势和劣势所在。
2. 对比Access接口与Trunk接口处理VLAN Tag的方式有哪些区别？
3. 如何正确配置允许指定VLAN或全部VLAN通过Trunk端口？

实验5　PPP认证配置与HDLC协议配置

5.1　实验介绍

5.1.1　关于本实验

广域网中经常会使用串行链路来提供远距离的数据传输，高级链路控制（High-Level Data Link Control，HDLC）和点对点协议（Point to Point Protocol，PPP）是两种典型的串口封装协议。

广域网链路二层封装PPP、HDLC。PPP可以对二层链路做认证，认证方式有两种：一是PAP认证：两次握手，明文传输；二是CHAP认证：三次握手，密码是密文发送。

注意只有串行接口才可以更改封装方式，以太网接口不能更改封装方式，只能封装MAC地址。

5.1.2　实验目标

设置拓扑并初始化设备；
配置路由器接口地址；
观察两种帧结构的特点；
理解PPP协议的两种认证方式。

5.1.3　实验拓扑图

路由器基本配置拓扑图如图5-1所示。

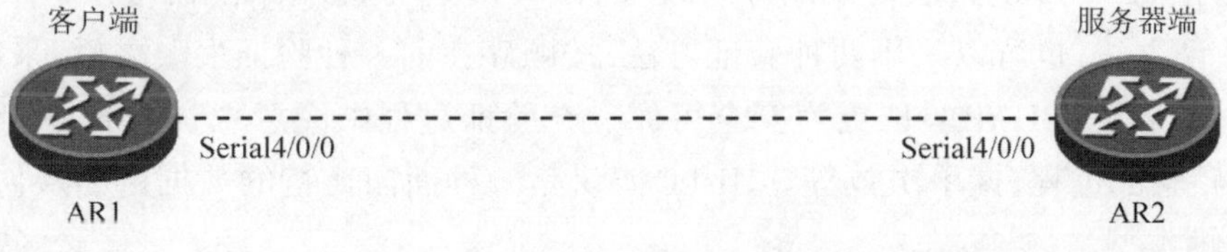

图5-1　路由器基本配置拓扑图

5.1.4　地址规划

（1）所有地址都属于12.1.1.0/24网段，所有互联子网都使用24位的掩码长度。

（2）路由器直连网段的子网位使用两侧直连路由器的编号，按照从小到大的顺序排列。如AR1与AR2之间网段就是12.1.1.0/24。

（3）路由器直连网段的主机位使用该路由器的编号，如AR1连接AR2的接口地址是12.1.1.1/24，而对端AR2的地址则是12.1.1.2/24。

具体地址如表5-1所列。

表5-1 地址分配列表

设备	接口	IP地址	子网掩码
AR1	S4/0/0	12.1.1.1	255.255.255.0
AR2	S4/0/0	12.1.1.2	255.255.255.0

5.1.5 所需资源

2台路由器(华为AR2200或同类别路由器,或使用华为eNSP模拟器)。

5.1.6 实验任务列表

实验任务列表如表5-2所列。

表5-2 实验任务列表

序号	任务	子任务	应用场景
1	路由器的基本配置	配置路由器的名称	此实验为基础配置环节,在前一章实验中已经有相关配置介绍
		配置路由器的IP地址	
2	区别两种协议的报文格式	观察PPP协议的报文格式	链路层协议的基本知识点,注意观察体会
		观察HDLC协议的报文格式	

5.2 实验任务

5.2.1 配置思路

在网络通信中,数据链路层协议扮演着重要的角色,它负责将网络层的数据分割成适合传输的帧,并提供可靠的传输机制。通过实验验证PPP(点对点协议)和HDLC(高级数据链路控制)两种链路层协议的原理及配置。PPP验证对端路由器可以只采用CHAP或PAP认证方法,也可以采用两种验证方法,按顺序在前一种验证失败之后,采用后一种验证。一般来说,CHAP验证更为安全可靠。在验证过程中注意观察发起方、明文/密文传送密码、验证过程、握手次数等。HDLC协议是一种面向比特的数据链路层协议,主要包括3种帧类型。

5.2.2 任务一——接口地址配置

步骤1 配置路由器的名称。

配置AR1名称。

```
<Huawei>system-view
[Huawei]sysname AR1
[AR1]
```

配置AR2名称。

```
<Huawei>system-view
[Huawei]sysname AR2
[AR2]
```

步骤2　配置接口IP地址。

配置AR1的直连接口S4/0/0的IP地址。

```
[AR1]interface Serial4/0/0
[AR1-interface Serial4/0/0]ip add 12.1.1.1 255.255.255.0
[AR1-interface Serial4/0/0]quit
```

配置AR2的直连接口S4/0/0的IP地址。

```
[AR2]interface Serial4/0/0
[AR2-interface Serial4/0/0]ip add 12.1.1.2 255.255.255.0
[AR2-interface Serial4/0/0]quit
```

步骤3　查看配置的接口IP。

```
[AR1-interface Serial4/0/0]display this
[V200R003C00]

interface Serial4/0/0
link-protocol ppp //默认的串行接口
ip address 12.1.1.1 255.255.255.0
```

根据以上的步骤指导，完成AR1和AR2的配置，包括修改设备名称和配置IP地址。

5.2.3　任务二——PPP认证配置

步骤1　PAP认证。

配置服务器端AR2。

```
[AR2]aaa //标准认证方式，认证授权和审计
[AR2-aaa]local-user apple password cipher 123456 //用户名apple，密码123456
Info: Add a new user.
[AR2-aaa]local-user apple service-type ppp //指明服务类型PPP
[AR2]int s4/0/0
[AR2-Serial4/0/0]ppp authentication-mode pap //开启接口认证
```

可以看到，此时链路协议为PPP协议，支持认证等功能。

shutdown 端口，然后undo shutdown检测端口。

```
Jan 22 2021 21:14:16-08:00 R2 %%01PPP/4/PEERNOPAP(l)[11]:On the interface Serial4/0/0, authentication failed and PPP link was closed because PAP was disabled onthe peer.
```

```
[AR2]display ip interface brief
```

抓包结果如图5-2所示。

```
*down: administratively down
^down: standby
(l): loopback
(s): spoofing
The number of interface that is UP in Physical is 2
The number of interface that is DOWN in Physical is 4
The number of interface that is UP in Protocol is 1
The number of interface that is DOWN in Protocol is 5

Interface                    IP Address/Mask      Physical   Protocol
GigabitEthernet0/0/0         unassigned           down       down
GigabitEthernet0/0/1         unassigned           down       down
GigabitEthernet0/0/2         unassigned           down       down
NULL0                        unassigned           up         up(s)
Serial4/0/0                  12.1.1.2/24          up         down
Serial4/0/1                  unassigned           down       down
```

图5-2 端口信息(简要)显示

配置客户端R1。

```
[AR1]interface s4/0/0
[AR1-Serial4/0/0]ppp pap local-user apple password simple 123456   //客户端发送的用户名和密码,simple在本地显示为明文
```

Wireshark抓包:先开启抓包,然后运行如下命令,可在抓包列表中见到如图5-3所示的数据。

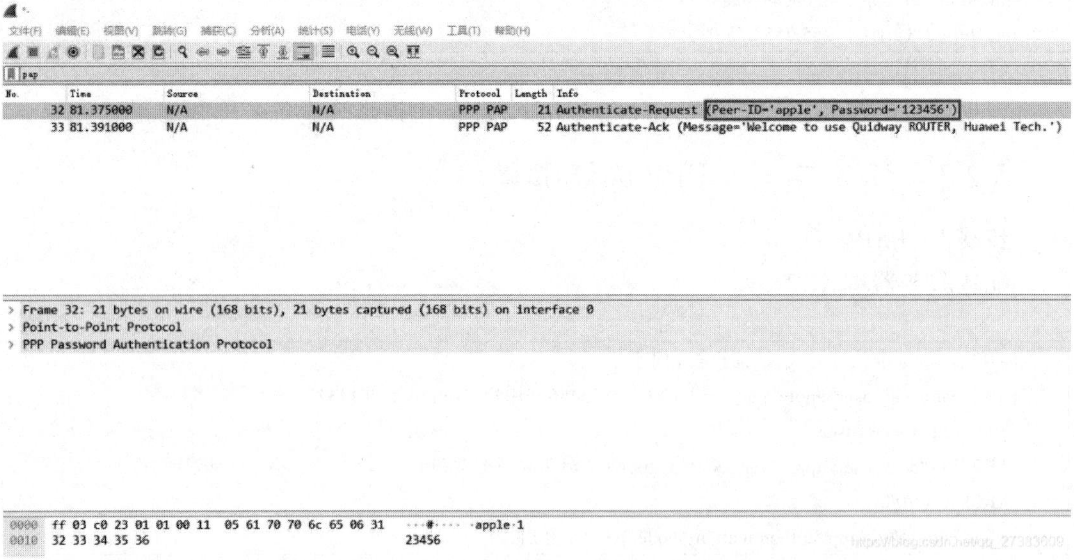

图5-3 Wireshark中抓取到的数据包

```
[AR1]interface s4/0/0
[AR1-Serial4/0/0]shutdown //关闭端口
[AR1-Serial4/0/0]undo shutdown
```

步骤2　CHAP认证。

CPAP认证是3次握手，密码是密文发送。

CPAP服务器端AR2配置和PPP一致，认证方式改为CHAP即可。

```
[AR2-Serial4/0/0]ppp authentication-mode chap
[AR2-Serial4/0/0]dis this
[V200R003C00]
interface Serial4/0/0
link-protocol ppp
ppp authentication-mode chap
ip address 12.1.1.2 255.255.255.0
```

完整配置如下。

```
[AR2]aaa //标准认证方式，认证授权和审计
[AR2-aaa]local-user apple password cipher 123456  //用户名apple，密码123456
Info: Add a new user.
[AR2-aaa]local-user apple service-type ppp  //指明服务类型PPP
[AR2]int s4/0/0
[AR2-Serial4/0/0]ppp authentication-mode chap  //开启接口认证
```

配置客户端R1。

```
[AR1-Serial4/0/0]undo ppp pap local-user  //取消上次的配置
[AR1-Serial4/0/0]ppp chap user apple  //配置CHAP用户名
[AR1-Serial4/0/0]ppp chap password simple 123456  //配置用户密码
[AR1-Serial4/0/0]dis this
[V200R003C00]

interface Serial4/0/0
link-protocol ppp
ppp chap user apple
ppp chap password simple 123456
ip address 12.1.1.1 255.255.255.0
```

使用shutdown和undo shutdown命令重启端口。

```
[AR1-Serial4/0/0]shutdown  //关闭端口
[AR1-Serial4/0/0]undo shutdown  //启用端口
```

通过观察路由器日志信息及数据帧的交互，发现PPP经过4个过程在一个点到点的

链路上建立通信连接:链路的建立和配置协调——通信的发起方发送LCP帧来配置和检测数据链路;链路质量检测——在链路已经建立、协调之后进行,这一阶段是可选的;网络层协议配置协调——通信的发起方发送NCP帧以选择并配置网络层协议;关闭链路——通信链路将一直保持到LCP或NCP帧关闭链路或发生一些外部事件。

5.2.4 任务三——HDLC协议配置

华为、H3C串行接口默认的封装方式是PPP;思科Cisco串行默认封装的是HDLC。

```
[AR1-Serial4/0/0]dis this
[V200R003C00]
interface Serial4/0/0
link-protocol ppp  //默认的链路封装协议是PPP协议
ppp chap user apple
ppp chap password simple 123456
ip address 12.1.1.1 255.255.255.0
```

修改路由器AR1链路协议为HDLC。

```
[AR1-Serial4/0/0]link-protocol hdlc  //修改AR1链路类型为HDLC
```

修改路由器AR2链路协议为HDLC。

```
[AR2-Serial4/0/0]link-protocol hdlc  //修改R2链路类型为HDLC
[AR2-Serial4/0/0]dis this
[V200R003C00]
interface Serial4/0/0
link-protocol hdlc
ip address 12.1.1.2 255.255.255.0
```

在AR1上对AR2执行ping命令,通过抓包可见链路协议已经变为HDLC,如图5-4所示。

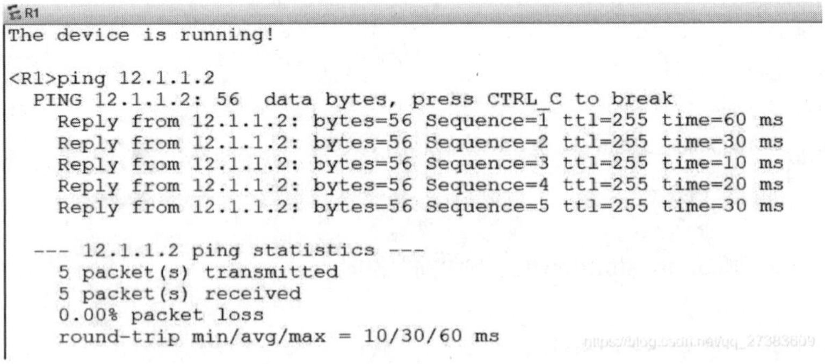

```
R1
The device is running!

<R1>ping 12.1.1.2
  PING 12.1.1.2: 56  data bytes, press CTRL_C to break
    Reply from 12.1.1.2: bytes=56 Sequence=1 ttl=255 time=60 ms
    Reply from 12.1.1.2: bytes=56 Sequence=2 ttl=255 time=30 ms
    Reply from 12.1.1.2: bytes=56 Sequence=3 ttl=255 time=10 ms
    Reply from 12.1.1.2: bytes=56 Sequence=4 ttl=255 time=20 ms
    Reply from 12.1.1.2: bytes=56 Sequence=5 ttl=255 time=30 ms

  --- 12.1.1.2 ping statistics ---
    5 packet(s) transmitted
    5 packet(s) received
    0.00% packet loss
    round-trip min/avg/max = 10/30/60 ms
```

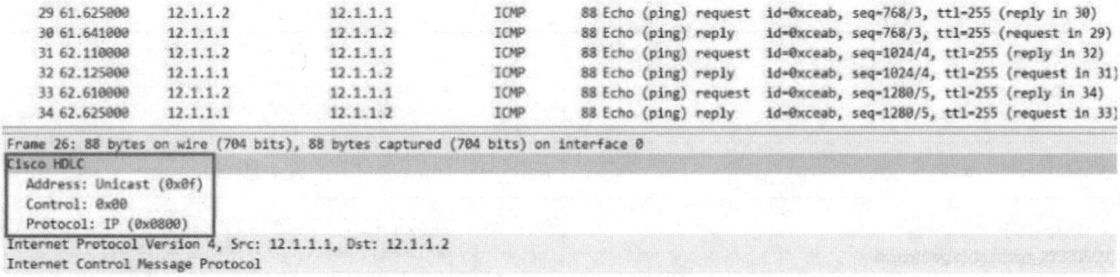

图5-4　链路协议已变为HDLC

HDLC是点到点串行线路上的帧封装格式，其帧格式和以太网帧格式有很大的差别，HDLC帧没有源MAC地址和目的MAC地址。Cisco公司对HDLC进行了专有化，Cisco的HDLC封装和标准的HDLC不兼容。链路的两端都是Cisco设备，HDLC封装没有问题。但如果Cisco设备与非Cisco设备进行连接，应使用PPP协议。此外，HDLC不能提供验证，缺少了对链路的安全保护。

HDLC的完整的帧由标志字段(F)、地址字段(A)、控制字段(C)、信息字段(I)、帧校验序列字段(FCS)等组成。

Address地址字段，只有一个地址0X0F。

Control控制字段包含3种帧。信息帧(I)用来传输数据信息。监督帧(S)用来流量控制，以及差错检测和控制等功能。无编号帧(U)执行对数据链路的建立、维护、拆除链路等功能。I信息帧，最高位为0。S监控帧，最高位为10。U无编号帧，最高位为11。

对比来看，PPP帧格式和HDLC帧格式非常相似，两者的主要区别：PPP帧是面向字节(字符)的，而HDLC是面向比特(位)的。PPP帧的前3个字段和最后两个字段与HDLC格式一样，标志字段FLAG为0X7E。Address和Control字段不变。PPP协议不是面向比特的，所有PPP帧长度都是整数个字节。

5.3　命令汇总

本章相关命令如表5-3所列。

表5-3　本章命令汇总

命令	描述
channel-set *set-number* **timeslot-list** {ts0|*slot-list*[ts0]}	对CE1接口进行时隙捆绑
clock {**master**|**slave**}	设置接口的时钟模式
controller e1	进入指定CE1接口的接口视图
crc	设定CRC校验字长度
display interface mp-group [*number*]	查看MP-Group接口的状态信息。如果不指定接口编号，将显示所有MP-Group接口的状态信息
display interface pos	查看POS接口的配置和状态信息

续表

命令	描述
display pos interface	查看POS接口的物理层信息
display pos-trunk	查看POS-Trunk接口的配置信息
display ppp mp	显示MP的捆绑信息及捆绑链路的统计信息
flag	设置SONET/SDH帧的开销字节
frame-format	设置CPOS使用的帧类型
interface mp-group	创建一个MP-Group类型的接口
interface pos-trunk	创建一个POS-Trunk接口。当接口已经存在时,进入接口视图
ip address ppp-negotiate	使能接口的IP地址协商功能
link-protocol hdlc	配置接口封装的链路层协议为hdlc
link-protocol ppp	配置接口封装的链路层协议为PPP
mtu	设置最大传输单元MTU
pos-trunk	将指定POS接口加入POS-Trunk组
ppp authentication-mode {chap|pap}	配置PPP用户的认证方式
ppp chap password	配置进行CHAP验证时采用的默认CHAP口令
ppp chap user	配置CHAP验证本地用户名称
ppp mp mp-group	将当前接口加入指定的MP-Group
ppp pap local-user	配置本地路由器被对端路由器采用PAP方式验证时发送的用户名和口令
using {e1|ce1}	切换CE1接口工作模式,创建不同带宽的同步串口
aaa	进入AAA配置模式
local-user *user-name* **password cipher** *password*	创建本地用户并设置密码
local-user *user-name* **service-type{ssh|telnet|terminal}**	配置本地用户的服务类型
local-user *user-name* **privilege level** *level*	设置本地用户的权限级别
user-interface{aux|console|vty}*first-num* [*last-num*]	进入用户接口配置模式
authentication-mode aaa	设置接口的认证模式为AA A认证
authentication-mode password	设置接口的认证模式为密码认证
set authentication password cipher *password*	设置接口的认证密码
user privilege level *level*	设置当前用户的权限级别

思考题

1. 简述HDLC协议与PPP协议运行于何种链路中。

2. 回答在eNSP软件中,各路由器设备初始状态下能否连接Serial线缆？如不能,该如何使其具备适配的接口？

3. 在接口上配置PPP协议后,LCP协商不成功导致接口协议down,此类故障的常见原因主要包括哪些?

实验6 路由器基础配置

6.1 实验介绍

6.1.1 关于本实验

经过前一个实验的练习，相信已经掌握了如何通过eNSP软件，独立完成一个简单的网络设备互连实验，接下来就要利用现在掌握的工具，通过实验加深理解路由器的功能与作用。

在理论课程的学习中，重点讲解了OSI/RM七层模型与TCP/IP模型的含义，其中与本实验密切相关的就是网络层，而用最简洁的语言来形容网络层，可以精简到两个字——寻址。在这里学习的寻址功能所用到的通信地址即是IPv4，目前绝大多数基于网络的访问，都是通过IPv4地址来找到对方，无论是美洲、欧洲，还是非洲，IP都将我们紧密地连接在一起，世界从未像今天一样靠得这么近。通过网络、通过IP，彻底地改变了我们生活的方方面面，如通信、知识的获取与分享等。

那么，IP又是如何实现这一切的呢？这就要借助于一个最重要的工具——路由器。在本实验中，不仅要去再一次配置路由器，还要理解路由器最基本的原理，以及它如何实现了IP数据包的路由。

6.1.2 实验目标

设置拓扑并初始化设备；

配置路由器接口地址；

配置IP地址；

配置PC到网关以及路由器间的互通。

6.1.3 实验拓扑图

如图6-1所示，某业务小组1和业务小组2，分别连接在AR1和AR2上，通过AR3使得上述两个小组之间实现了物理上的互连。

6.1.4 地址规划

（1）路由器直连网段的子网位使用两侧直连路由器的编号，按照从小到大的顺序排列。如AR1与AR2之间网段就是10.1.2.0/24。

（2）路由器直连网段的主机位使用该路由器的编号，如AR1连接AR2的接口地址就是10.1.2.1/24，而对端AR2的地址则是10.1.2.2/24。

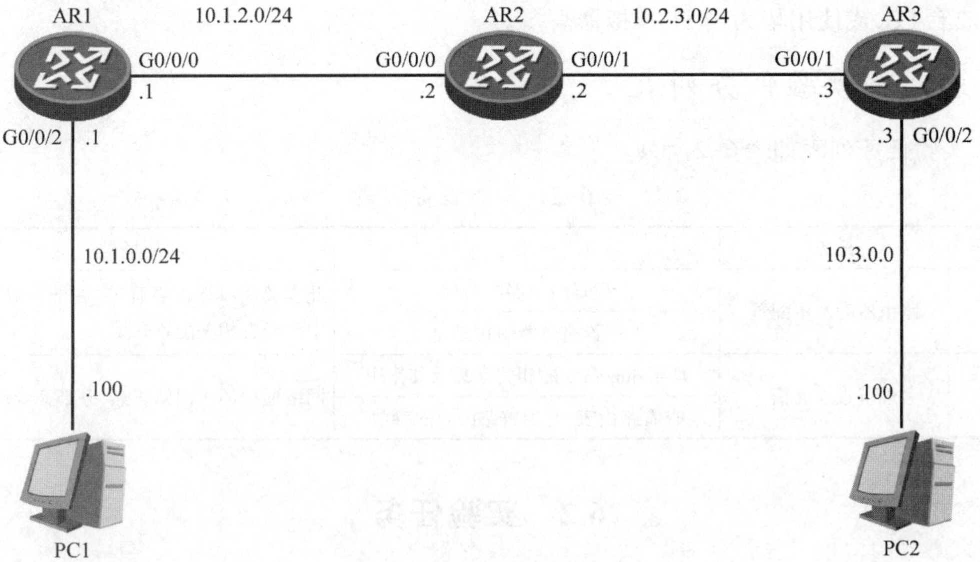

图6-1 路由器基本配置拓扑图

（3）路由器环回接口的子网位和主机位都使用路由器的编号，如AR2的环回接口地址就是10.2.2.2/32。

（4）连接PC的网段第2个八位组（也即IP地址点分十进制表示法中的第2个十进制数）使用路由器的编号，第3个八位组则使用0，如PC1所在的网段是10.1.0.0/24。

（5）PC的主机位都是100，如PC2的IP地址为10.3.0.100/24。

具体地址如表6-1所列。

表6-1 地址分配列表

设备	接口	IP地址	子网掩码	默认网关
AR1	GE0/0/0	10.1.2.1	255.255.255.0	N/A
	GE0/0/2	10.1.0.1	255.255.255.0	N/A
	Loo0	10.1.1.1	255.255.255.255	N/A
AR2	GE0/0/0	10.1.2.2	255.255.255.0	N/A
	GE0/0/1	10.2.3.2	255.255.255.0	N/A
	Loo0	10.2.2.2	255.255.255.255	N/A
AR3	GE0/0/1	10.2.3.3	255.255.255.0	N/A
	GE0/0/2	10.3.0.3	255.255.255.0	N/A
	Loo0	10.3.3.3	255.255.255.255	N/A
PC1	E0/0/1	10.1.0.100	255.255.255.0	10.1.0.1
PC2	E0/0/1	10.3.0.100	255.255.255.0	10.3.0.3

6.1.5 所需资源

3台路由器（华为AR2200或同类别路由器，或使用华为eNSP模拟器）；

2台PC,或使用华为eNSP模拟器。

6.1.6 实验任务列表

实验任务列表如表6-2所列。

表6-2 实验任务列表

序号	任务	子任务	应用场景
1	路由器的基本配置	配置路由器的名称	此实验为基础配置环节,在前一章实验中已经有相关配置介绍
		配置路由器的IP地址	
2	理解直连通信	理解ping命令的相关参数及其作用	网络通信的入门知识点,务必完全理解
		查看路由表,并理解路由表的参数	

6.2 实验任务

6.2.1 配置思路

这是需要实现主机之间“通信”的第一个实验。通过本实验,要理解路由器转发IP数据包的基本过程以及必要条件。所以学生务必要完全掌握本实验,并且要尽力理解数据通信的过程。实验步骤会从最基本的IP地址配置开始,最终实现端到端设备间的通信。

6.2.2 任务一——接口地址配置

步骤1 配置路由器的名称。

```
<Huawei>system-view
[Huawei]sysname AR1
[AR1]
```

步骤2 配置AR1的接口IP地址。

(1)配置直连接口G0/0/0和G0/0/2的IP地址。

```
[AR1]interface GigabitEthernet 0/0/0
[AR1-GigabitEthernet0/0/0]ip add 10.1.2.1 255.255.255.0
[AR1-GigabitEthernet0/0/0]quit
[AR1]interface GigabitEthernet 0/0/2
[AR1-GigabitEthernet0/0/2]ip address 10.1.0.1 24
```

(2)配置环回接口的IP地址。

```
[AR1]interface LoopBack 0
[AR1-LoopBack0]ip add 10.1.1.1 255.255.255.255
```

步骤3　查看配置的接口IP地址。

```
[AR1]display ip interface brief
*down: administratively down
^down: standby
(l): loopback
(s): spoofing
The number of interface that is UP in Physical is 3
The number of interface that is DOWN in Physical is 2
The number of interface that is UP in Protocol is 3
The number of interface that is DOWN in Protocol is 2
Interface                    IP Address/Mask       Physical    Protocol
GigabitEthernet0/0/0         10.1.2.1/24           up          up
GigabitEthernet0/0/1         unassigned            down        down
GigabitEthernet0/0/2         10.1.0.1/24           up          up
LoopBack0                    10.1.1.1/32           up          up(s)
NULL0                        unassigned            up          up(s)
```

参考以上步骤，根据表6-1要求，完成全部路由器设备的配置，包括修改设备名称和配置IP地址。

步骤4　配置PC的IP地址。

（1）请右键点击PC，然后配置IP地址和网关地址，如图6-2所示。

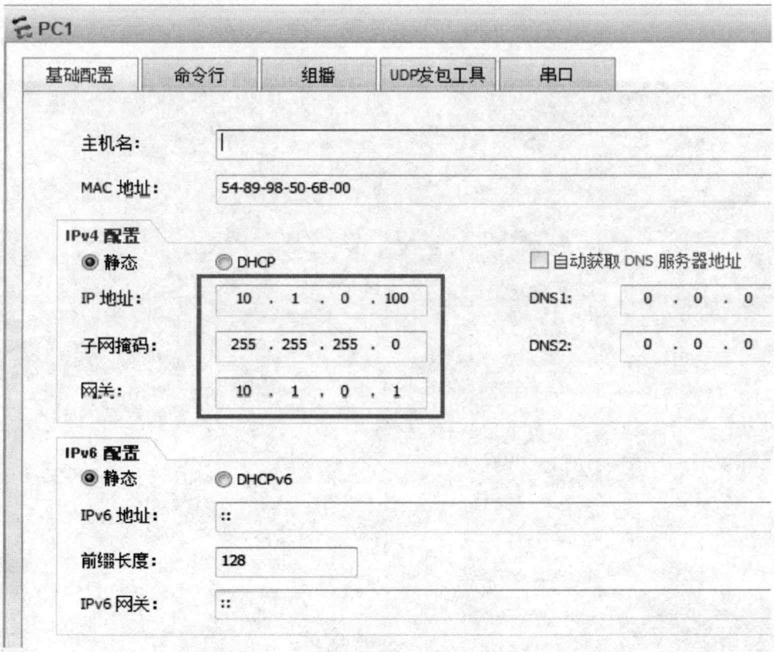

图6-2　配置eNSP里PC的IP地址

（2）配置完成后，点击“命令行”，输入ipconfig查看配置的IP地址，如图6-3所示。

图 6-3　查看配置的IP地址

（3）测试PC与网关的连通性，如图6-4所示。

图 6-4　测试PC与网关的连通性

（4）如果使用真实PC，请按照图6-5所示配置IP地址。

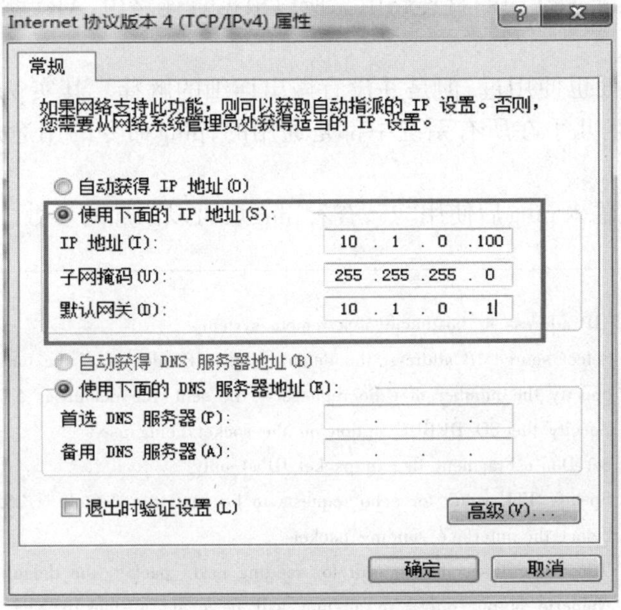

图6-5　实体机配置IPv4地址

（5）请参考以上步骤，按照表6-1要求配置PC2的IP地址。

6.2.3　任务二——直连通信分析

步骤1　在AR1上测试其与AR2之间的连通性。

（1）在AR1上ping AR2的IP地址，观察是否能够通信。

```
<AR1>ping 10.1.2.2
  PING 10.1.2.2: 56  data bytes, press CTRL_C to break
    Reply from 10.1.2.2: bytes=56 Sequence=1 ttl=255 time=300 ms
    Reply from 10.1.2.2: bytes=56 Sequence=2 ttl=255 time=380 ms
    Reply from 10.1.2.2: bytes=56 Sequence=3 ttl=255 time=240 ms
    Reply from 10.1.2.2: bytes=56 Sequence=4 ttl=255 time=470 ms
    Reply from 10.1.2.2: bytes=56 Sequence=5 ttl=255 time=260 ms
  --- 10.1.2.2 ping statistics ---
    5 packet(s) transmitted
    5 packet(s) received
    0.00% packet loss
    round-trip min/avg/max = 240/330/470 ms
```

以上表示AR1能够正常ping通AR2了。这里AR1与AR2路由设备仅配置端口IP地址后即可通信，请思考为什么此处不需要配置路由协议？

这里涉及路由器的基本工作原理：有路由就转发，没有路由就丢弃。这里的路由指的是路由条目或路由表条目。具体点说，一台路由器在转发一个IP数据包时，要用这个IP数据包头部的目的IP地址去匹配路由表，如果能够匹配，就转发，不能匹配，就丢弃。

在上面的ping测试中，AR1发出的ICMP报文的目的IP地址就是它所ping的IP地址。这个地址正好能够匹配AR1中的直连路由。所以根据直连路由，AR1就把这个报文转发给了AR2。

ping命令在前面也使用过，但是并没有做出详细的解释。其实ping命令是我们最常用的命令之一，并且几乎在所有系统中都是通用的，ping命令的用途是检查IP网络连接或主机是否可达。

（2）在AR1上输入ping后使用“?”，查看ping后可以添加的参数。

```
[AR1]ping ?
  STRING<1-255>  IP address or hostname of a remote system
  -a             Select source IP address, the default is the IP address of the output interface
  -c             Specify the number of echo requests to be sent, the default is 5
  -d             Specify the SO_DEBUG option on the socket being used
  -f             Set Don't Fragment flag in packet (IPv4-only)
  -h             Specify TTL value for echo requests to be sent, the default is 255
  -i             Select the interface sending packets
  -m             Time in milliseconds to wait for sending next  packet, the default is 500ms
  -n             Numeric output only. No attempt will be made to lookup host  addresses for symbolic
names
  -name          Display the host name of the destination address
  -p             No more than 8 (pad) hexadecimal characters to fill out the  sent packet. For example
-p f2 will fill the sent packet with f and 2 repeatedly
  -q             Quiet output. Nothing is displayed except the summary lines at  startup time and when
finished
  -r             Record route. Includes the RECORD_ROUTE option in the ECHO_REQUEST packet and
displays the route
  -s             Specify the number of data bytes to be sent, the default is 56 bytes
  -si            Set the specified interface as the source interface of ping  packet
  -system-time   Display the sending time of echo request packets
  -t             Timeout in milliseconds to wait for each reply, the default is  2000ms
  -tos           Specify TOS value for echo requests to be sent, the default is  0
  -v             Verbose output.ICMP packets other than ECHO_RESPONSE those are  received are listed
 -vpn-instance   Specify VPN-Instance of MPLS VPN
  ignore-mtu     Send packets without checking the interface MTU
  ip             IP Protocol
  ipv6           IPv6 protocol
  lsp            LSP Ping
  multicast      Multicast ping
  vc             PWE3 Ping
```

从命令帮助功能的输出内容中可以看出，一个最简单的ping命令，也包含了很多功能。表6-3列出了一些常用的功能，其他的参数大家可以在以后的学习中慢慢掌握。

表6-3 ping的参数说明

参数	参数说明	取值
ip	使用IPv4协议，默认选项，无需输入	测试的目的IPv4地址
ipv6	使用IPv6协议时使用	测试的目的IPv6地址
-a	指定发送ICMP ECHO-REQUEST报文时使用的源IP地址	只能指定A、B、C类的合法地址
-c	指定发送报文的个数，默认发5个	整数形式，取值范围是1~4294967295；默认值是5
-f	设置报文转发的过程中不分片	只有IPv4支持这个参数
-h	指定TTL的值 报文在转发过程中，如果TTL字段的值减为0，最后接收到这个报文的路由器就会向源端发送ICMP超时报文，表明报文已由于超时而被丢弃	整数形式，取值范围是1~255；默认值是255
-m	指定发送下一个ICMP请求报文的等待时间 ping发送ICMP ECHO-REQUEST报文后会等待应答(Reply)，默认等待500ms后发送下一个ICMP ECHO-REQUEST报文	整数形式，取值范围是1~10000，单位ms；默认值是500
-s	指定ECHO-REQUEST报文长度(不包括IP和ICMP报文头部)	整数形式，取值范围是20~9600，单位是字节；默认报文长度是56字节
-t	指定发送完ICMP ECHO-REQUEST后，等待ICMP ECHO-RESPONSE的超时时间	整数形式，取值范围是0~65535，单位是ms；默认超时时间是2000ms

根据以上表格给出的参数说明，思考下面问题。

当未指定ping的-a参数，即指定源IP的时候，设备会使用哪个IP地址呢？

会使用出接口的IP地址作为源地址。

为什么D类组播地址不能作为源地址使用？

因为组播通信的原理与单播不同，单播是一对一，源地址可以作为回程的目的地址；组播是一对多，要实现多个点接收同一个组播地址的流量，不是把多个接口配置成这个组播地址，而是让多个接口加入这个组播组而已。也就是说，组播IP地址并不属于某一个接口，不能用来标识接口，只能用来标识流量，或者说用来表示目的，加入这个组播组的接口都能接收这个组的流量。

IPv6为什么不支持分片？

准确地说，并不是IPv6不支持分片，而是IPv6不支持在传输过程中的分片。在数据发送的首端，IPv6是可以通过扩展包头进行分片的。IPv6传输过程中不分片的规定，是有利于网络数据传递的，因为作为网络层，最主要的目的应该是高效地传递数据。并且IPv6为了防止MTU过大而不能传递，利用了MTU的功能来发现网络沿途中最小的MTU值，并会以最小的MTU发送数据。

什么是MTU？

MTU是最大传输单元(Maximum Transmission Unit)的缩写。从便于理解的角度上来说，指的是二层以上的数据，由于我们在初识网络时，跟MTU相关的问题都指的是二层之上的IP协议,所以很多学生可能会理解为MTU是从IP头部开始计算。这种理解在一个简单的数据包结构当中,当然没有问题,但在一些复杂的数据包结构当中,就会出现错误了,如在PPPOE、ATOM、L2TPV3、MPLS等网络中。所以比较准确也比较易于理解的说法是:当前二层链路以上的数据,都会计算在MTU中。例如,一个以太帧上面如果封装了一个MPLS头部,后面又封装了一个以太帧头,那么包括MPLS和第二个以太帧头,都是MTU的一部分。当前网络支持的最大MTU默认值都是1500,无论二层是以太,还是PPP。最大帧就是1500加上二层头部,也就是以太为1518,PPP为1508。

为什么在仅配置了IP地址的情况下,AR1与AR2就能够通信了?

这里涉及路由器的基本工作原理:有路由就转发,没有路由就丢弃。这里的路由指的是路由条目,或路由表条目。具体点说,一台路由器在转发一个IP数据包时,要用这个IP数据包头部的目的IP地址去匹配路由表,如果能够匹配,就转发,不能匹配,就丢弃。在上面的ping测试中,AR1发出的ICMP报文的目的IP地址就是它所ping的IP地址。这个地址正好能够匹配AR1中的直连路由,所以根据直连路由,AR1就把这个报文转发给了AR2。

步骤2 查看直连路由表。

在AR1上查看IP路由表。

```
[AR1]display ip routing-table
Route Flags: R - relay, D - download to fib
------------------------------------------------------------------------------
Routing Tables: Public
         Destinations : 11        Routes : 11
Destination/Mask    Proto   Pre  Cost   Flags  NextHop      Interface
     10.1.0.0/24    Direct  0    0      D      10.1.0.1     GigabitEthernet0/0/2
     10.1.0.1/32    Direct  0    0      D      127.0.0.1    GigabitEthernet0/0/2
     10.1.0.255/32  Direct  0    0      D      127.0.0.1    GigabitEthernet0/0/2
     10.1.1.1/32    Direct  0    0      D      127.0.0.1    LoopBack0
     10.1.2.0/24    Direct  0    0      D      10.1.2.1     GigabitEthernet0/0/0
     10.1.2.1/32    Direct  0    0      D      127.0.0.1    GigabitEthernet0/0/0
     10.1.2.255/32  Direct  0    0      D      127.0.0.1    GigabitEthernet0/0/0
     127.0.0.0/8    Direct  0    0      D      127.0.0.1    InLoopBack0
     127.0.0.1/32   Direct  0    0      D      127.0.0.1    InLoopBack0
127.255.255.255/32  Direct  0    0      D      127.0.0.1    InLoopBack0
255.255.255.255/32  Direct  0    0      D      127.0.0.1    InLoopBack0
```

根据上表,请回答在步骤1中AR1 ping通AR2时,匹配的是哪条路由?为什么会如此匹配?

匹配的路由是10.1.2.0/24。路由器在转发一个IP数据包时,要根据此IP数据包的目的IP地址,匹配自己的路由表。在这个例子中,也就是使用10.1.2.2这个IP来查找路由表。在查找时,AR1会把10.1.2.2与路由10.1.2.0中的掩码部分255.255.255.0进行与运算,得出的结果就与路由的前缀部分10.1.2.0一致了。至此,就能说10.1.2.2匹配了10.1.2.0/24这条路由了。在路由器查找路由表时,还有一个很重要的概念,就是最长匹配的规则。这个规则指的是：假设路由表中还有一条路由10.1.0.0 255.255.0.0，那么，10.1.2.2这个IP地址通过与掩码255.255.0.0进行与运算后，也是能够匹配前缀10.1.0.0的。

10.1.2.2这个IP地址到底匹配了哪条路由呢？

这时就要利用最长匹配原则了，10.1.2.2在匹配10.1.2.0/24这条路由时，匹配了前面24位，而在匹配10.1.0.0/16这条路由的时候，只匹配了前面的16位。所以24位长于16位，根据最长匹配原则，IP地址10.1.2.2将匹配10.1.2.0/24这条路由。

6.2.4　任务三——设计性实验

实验要求：

(1) 在eNSP模拟器软件中，搭建由一台核心路由器与五台分支路由器组成的星型网络拓扑结构，如图6-6所示。

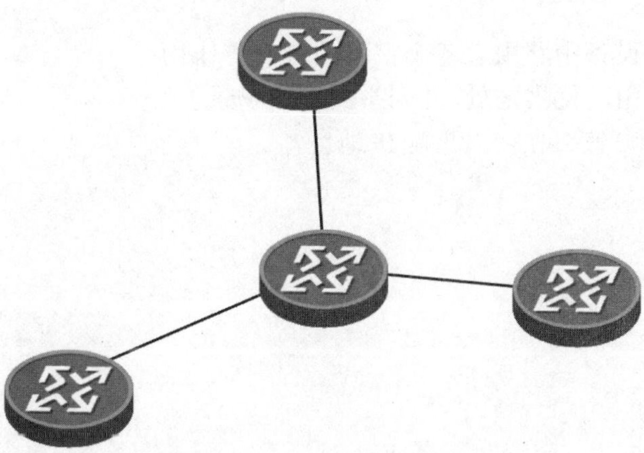

图6-6　星型网络拓扑结构示例

(2) 配置路由器各接口IP地址分别为192.168.1.1/24至192.168.5.1/24，合理配置各路由器接口IP地址。

(3) 在核心路由器中，依次测试到各台分支路由器是否连通。

(4) 在各分支路由器中，测试是否可达其他分支路由器，思考为什么。

实验提示：

(1) 星型网络拓扑结构以一个网络节点为核心，向外辐射到各个子节点。

(2) 路由器每个接口都必须拥有自己的IP地址，且同一路由器中不同接口的网络号不能相同。

(3) 仅限直接相连的路由器接口之间可以通过直联路由实现连通。

6.3　命令汇总

本章所用命令如表6-4所列。

表6-4 本章命令汇总

命令	描述
sysname host-name	设置设备的名称为host-name
clock timezone time-zone-name {add|minus} offset	设置设备系统时钟,其中time-zone-name为时区名,根据偏移方向选择add或minus,offset为偏移时间
ip address ip-address {mask| mask-length}	配置接口IP地址为ip-address,其中mask与mask-length是子网掩码的两种表示方式
display ip interface	显示端口的ip信息
ping ip-address	测试ip地址的网络连通性
display ip routing-table	显示路由表

思考题

1. 简述路由器设备中路由表各个字段的含义与作用。
2. 简述直连路由的优劣之处,并列举其适用场景。
3. eNSP中S5700怎么在接口下配IP地址?

实验7　静态路由配置

7.1　实验介绍

7.1.1　关于本实验

所谓静态路由，即管理员通过配置路由条目的方式，告诉路由器如何将数据包转发给某个目的地址。当网络规模不大时，静态路由是实现路由转发最为直观的方式，因此，静态路由多用于比较简单的网络场景中。但即使在具备一定规模的网络环境中，管理员也经常会根据实际需要将静态路由与动态路由协议结合起来使用。

配置静态路由就是给路由器指路，因此，配置的参数中会包含目的地址前缀与掩码，以及下一跳IP地址/出接口。本实验从操作及论证的层面介绍静态路由的具体实现方法，实验内容覆盖静态路由的配置步骤。此外，本实验还会扩展出静态路由的其他应用方式，其中包括默认静态路由、汇总静态路由、浮动静态路由等。

7.1.2　实验目标

设置拓扑并初始化设备；
掌握默认静态路由的配置方法；
掌握汇总静态路由的配置方法；
掌握浮动静态路由的配置方法。

7.1.3　实验拓扑图

为保障网络业务的正常实施，根据任务安排，需要在不同地域分别建立网络节点1、网络节点2、网络节点3，并且实现全网互通。网络节点1接入AR1，网络节点2接入AR4，网络节点3接入AR3，AR1、AR3、AR4之间通过AR2互连，如图7-1所示。

7.1.4　地址规划

（1）所有地址都属于10.0.0.0/8网段，所有互联子网都是24位的掩码长度，所有环回接口都是32位的掩码长度。

（2）路由器直连网段的子网位使用两侧直连路由器的编号，按从小到大的顺序排列，如AR1与AR2之间网段就是10.1.2.0/24。

（3）路由器直连网段的主机位使用该路由器的编号，如AR1连接AR2的接口地址就是10.1.2.1/24，而对端AR2的地址则是10.1.2.2/24。

（4）路由器环回接口的子网位和主机位都使用路由器的编号，如AR2的环回接口地址就是10.2.2.2/32。

（5）连接PC的网段第2个八位组（即IP地址点分十进制表示法中的第2个十进制数）使用路由器的编号，第3个八位组则使用0，如PC1所在的网段是10.1.0.0/24。

（6）PC的主机位都是100，如PC2的IP地址为10.3.0.100/24。

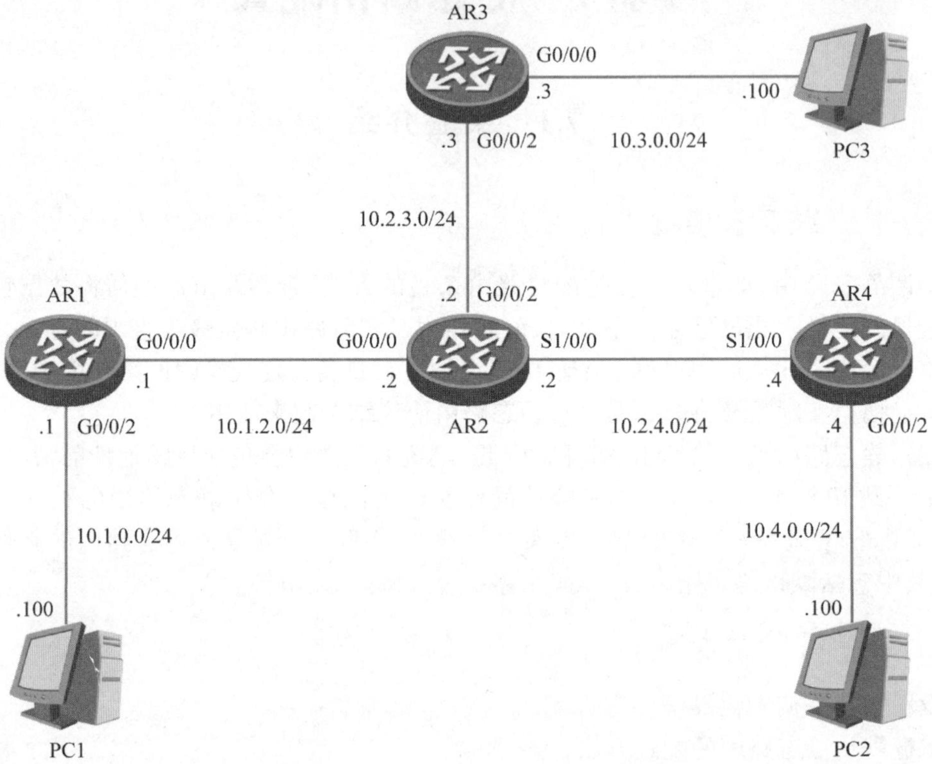

图7-1　静态路由实验拓扑图

本实验中的编址方式如表7-1所列。

表7-1　地址分配列表

设备	接口	IP地址	子网掩码	默认网关
AR1	GE0/0/0	10.1.2.1	255.255.255.0	N/A
	GE0/0/2	10.1.0.1	255.255.255.0	N/A
	Loop0	10.1.1.1	255.255.255.255	N/A
AR2	GE0/0/0	10.1.2.2	255.255.255.0	N/A
	GE0/0/2	10.2.3.2	255.255.255.0	N/A
	S1/0/0	10.2.4.2	255.255.255.0	N/A
	Loop0	10.2.2.2	255.255.255.255	N/A
AR3	GE0/0/2	10.2.3.3	255.255.255.0	N/A
	GE0/0/0	10.3.0.3	255.255.255.0	N/A
	Loop0	10.3.3.3	255.255.255.255	N/A

续表

设备	接口	IP地址	子网掩码	默认网关
AR4	GE0/0/2	10.4.0.4	255.255.255.0	N/A
	S1/0/0	10.2.4.4	255.255.255.0	N/A
	Loop0	10.4.4.4	255.255.255.255	N/A
PC1	E0/0/1	10.1.0.100	255.255.255.0	10.1.0.1
PC2	E0/0/1	10.4.0.100	255.255.255.0	10.4.0.4
PC3	E0/0/1	10.3.0.100	255.255.255.0	10.3.0.3

7.1.5 所需资源

4台路由器(支持华为Version 5.130版镜像的华为AR2200或同类路由器,或使用华为eNSP模拟器3.9及以上版本)。

3台PC(采用Windows 7、Windows 10操作系统的家用电脑或使用华为eNSP模拟器3.9及以上版本)。

7.1.6 实验任务列表

实验任务列表如表7-2所列。

表7-2 实验任务列表

序号	任务	子任务	应用场景
1	完成基本设备设置并检查连通性	建立拓扑并初始化设备	如使用eNSP模拟器
		配置路由器	实验的基础配置环节,在此前的实验中已介绍相关配置方法
		配置接口IP地址	
		检查直连链路的连通性	
2	配置静态路由	普通静态路由	常用于简单网络中,或作为对动态路由协议的补充
		默认静态路由	中小型网络中常常用默认静态路由在企业网网关设备上为去往互联网的流量提供路由
		汇总静态路由	减化路由表,或与动态路由协议配合使用
		浮动静态路由	当去往同一个目的地有多条路径可选,而管理员希望实现主备切换时使用

7.2 实验任务

7.2.1 配置思路

路由器必须通过查询路由表来决定如何转发数据包。在不考虑策略路由的情况下,有路由条目就转发、没有路由条目就丢弃是路由器的基本转发原则。初始状态下,路由表中只有直连路由。换言之，路由器只知道怎么向直接相连的网段转发数据包。要想让数据包走得更远，就需要管理员来为路由器指定如何向某一目的地址转发数据包，这也正是在本实验中需要加以练习的内容。

7.2.2 任务一——普通静态路由配置

步骤1 设置拓扑并初始化设备。

（1）插入相关板块并建立如拓扑图所示的网络。

（2）启动并初始化所有设备，如IP地址和PC网关。

（3）使用ping命令测试拓扑图中各个路由器之间的连通性。

请问在AR1上ping 10.1.2.2是否能够成功？

测试其他所有以太网直连网段的连通性，并解释通信过程。所有接口在UP的状态下都是可以通信的，而路由器在默认情况下，会生成直连接口所在网络的直连路由。所以，当管理员ping直连地址时，路由器可以依据这条路由向对应的接口转发数据包。因此，路由器也就可以把三层的IP数据包封装在二层的以太数据帧里面。在二层的以太封装中，源MAC是这个接口自己的接口MAC地址，这个地址路由器当然知道，但目标MAC是对方接口的MAC地址，这个地址初始状态下路由器并不知道。此时，路由器就需要使用ARP协议去解析下一跳IP地址所对应的MAC地址，并生成ARP条目，这样才能完成二层封装所需要参数。最后，路由器会把二层的以太帧串行化为比特流转发出去。

① 查看AR1上的ARP表条目，解释各字段的作用和非本地条目形成的过程。

通过命令display arp查看ARP表条目，具体操作如下。

```
[AR1]display arp
IP ADDRESS   MAC ADDRESS EXPIRE(M) TYPE   INTERFACE   VPN-INSTANCE VLAN/CEVLAN PVC
------------------------------------------------------------------------------
10.1.2.1       00e0-fc77-46c6           I -          GE0/0/0
10.1.2.2       00e0-fc56-1784   20      D-0          GE0/0/0
10.1.0.1       00e0-fc77-46c8           I -          GE0/0/2
------------------------------------------------------------------------------
Total:4        Dynamic:1      Static:0      Interface:3
```

② display arp命令输出信息各列的描述如表7-3所列。

表7-3 display arp命令输出信息各项含义

项目	描述
IP ADDRESS	ARP条目中的IP地址
MAC ADDRESS	ARP条目中的MAC地址
EXPIRE(M)	ARP条目的剩余存活时间（单位是min）

续表

项目	描述
TYPE	条目类型及获取该条目的槽位号。类型共有3位，第一位包括以下标志： I：Interface，即接口本身的MAC地址； D：Dynamic，即通过ARP协议报文获取的动态条目（详见第1步中用阴影部分标识的条目）； S：Static，即通过静态配置获取的静态条目。 第二位如果是标志F，表示该条目已上报路由模块，计算到该IP地址的路由并且更新FIB条目。对于没有上报路由模块的条目将显示“-”。 说明： 对于I类型的ARP条目，该标志位不存在。 第三位表示获取该条目的槽位号。 说明： 对于I类型和S类型的ARP条目将显示“-”
VPN-INSTANCE	ARP条目所属的VPN实例的名称
INTERFACE	学习到ARP条目的接口类型和编号
VLAN/CEVLAN	ARP条目所属的VLAN ID
PVC	PVC所在的接口与VPI/VCI
Total	ARP映射表中ARP条目的总个数
Dynamic	ARP映射表中动态ARP条目个数
Static	ARP映射表中静态ARP条目个数
Interface	ARP映射表中本身接口的ARP条目个数

③ 非本地条目形成的过程。

当AR1需要封装目标IP地址10.1.2.2所对应的MAC地址时，需要参考ARP表的信息。如果发现ARP表中不存在对应的条目，路由器就会调用CPU进程产生一个ARP请求报文，并且从10.1.2.2所对应的直连路由出站接口发送出去，这个ARP请求报文是一个广播包，因此整个广播域中的所有设备都会接收到这个数据包，但只有IP地址为10.1.2.2的设备会返回REPLY（响应）消息，正是这个消息中会携带AR2的IP地址10.1.2.2所对应的MAC地址。在本例中，返回响应消息的设备就是拓扑中的AR2。AR1收到这个REPLY消息后，就会把相应的信息保存进ARP表中供二层封装所使用。

在AR1上ping 10.2.4.2是否能够成功？通过实验发现不能。

请再测试所有非直连网段的连通性，并解释原因。

全都不能通信，因为路由器没有相应的路由表条目，不知道该如何路由数据包，自然会丢弃数据包。这对应了一句简单的口诀：有路由就转发，无路由就丢弃。

（4）请先关闭AR1与AR3之间的网段，这个网段只有在后面的其他配置任务中才会用到，本次配置任务暂不使用。

步骤2 配置一条指向下一跳静态路由。

（1）通过步骤1的练习，我们会发现非直连网段之间是不能通信的，现在我们需要使用命令ip route-static在AR1上添加静态路由，让AR1能够ping通AR2的S1/0/0接口。

（2）使用命令display ip routing-table protocol static查看路由表，判断这条路由器是否添加成功。

```
[AR1]display ip routing-table protocol static
Route Flags: R - relay, D - download to fib
------------------------------------------------------------
Public routing table : Static
 Destinations : 1    Routes : 1    Configured Routes : 1
Static routing table status : <Active>
         Destinations : 1         Routes : 1
Destination/Mask  Proto  Pre  Cost  Flags   NextHop        Interface
10.2.4.0/24      Static   60    0   RD    10.1.2.2     GigabitEthernet0/0/0
Static routing table status : <Inactive>
         Destinations : 0         Routes : 0
```

如阴影部分所示，(1)中配置的静态路由条目已经成功添加到了AR1的路由表中。请写出在VRP系统中，查看路由器上所有路由条目的命令。display ip routing-table请写出阴影部分各个字段所代表的含义。

阴影部分各个字段的含义如表7-4所列。

表7-4 静态路由条目各项参数含义

项目	描述
Destination/Mask	目的网络/主机的地址和掩码长度
Proto	用来学习路由的协议
Pre	优先级
Cost	路由开销
Flags	路由标记 R：表示该路由是迭代路由 D：表示该路由下发到FIB表
NextHop	下一跳
Interface	下一跳的出站接口

（3）测试连通性，在AR1上ping AR2的S1/0/0接口。

```
[AR1]ping 10.2.4.2
PING 10.2.4.2: 56  data bytes, press CTRL_C to break
Reply from 10.2.4.2: bytes=56 Sequence=1 ttl=255 time=80 ms
Reply from 10.2.4.2: bytes=56 Sequence=2 ttl=255 time=60 ms
Reply from 10.2.4.2: bytes=56 Sequence=3 ttl=255 time=70 ms
```

```
Reply from 10.2.4.2: bytes=56 Sequence=4 ttl=255 time=40 ms
Reply from 10.2.4.2: bytes=56 Sequence=5 ttl=255 time=20 ms
--- 10.2.4.2 ping statistics ---
5 packet(s) transmitted
5 packet(s) received
0.00% packet loss
round-trip min/avg/max = 20/54/80 ms
```

根据输入结果，AR1与AR2之间已经可以正常通信了。

根据以上的实验现象，请回答以下问题。

在教材静态路由中强调：网络通信是一个有去有回的过程，因此，配置静态路由应当切记添加回程路由。既然如此，为什么在以上实验中，网络在我们并没有添加回程路由的情况下就实现了通信？

因为AR2在发送回程数据包时使用的是直连路由。

在华为路由上如何用特定的IP地址为源去ping另一个目标？请写下AR1以环回接口地址为源去ping AR2的命令：

ping -a 10.1.1.1 10.2.2.2

在AR1上测试此命令，测试能成功吗？

不能。

步骤3　配置一条指向出站接口的静态路由。

（1）在AR4上配置一条去往AR2 Loopback0接口的静态路由，此时，由于AR4与AR2路由器设备通过Serial端口相连，因此，下一跳路由应指向AR4的S1/0/0端口。

```
[AR4]ip route-static 10.2.2.2 255.255.255.255 Serial1/0/0
```

（2）查看添加的静态路由。

```
[AR4]display ip routing-table protocol static
Route Flags: R - relay, D - download to fib
------------------------------------------------------------------------------
Public routing table : Static
Destinations : 1        Routes : 1        Configured Routes : 1
Static routing table status : <Active>
Destinations : 1        Routes : 1
Destination/Mask   Proto   Pre  Cost     Flags NextHop        Interface
10.2.2.2/32        Static  60   0        D     10.2.4.4       Serial1/0/0
Static routing table status : <Inactive>
Destinations : 0        Routes : 0
```

观察这条静态路由，对比刚才配置的指向下一跳IP地址的静态路由，找出它们的不同点，并解释原因。

通过观察可知，如果静态路由指向出站接口，是没有Flags位“R”的，这表示这条路由没有通过递归或者说迭代计算就能够直接找到出站接口。无论是静态路由还是动态路由条目,最终都是需要找到一个出站接口的,所以,如果一条路由只有下一跳IP地址,路由器就会通过递归的方式,找到它的出站接口。

(3)测试连通性。

```
[AR4]ping 10.2.2.2
  PING 10.2.2.2: 56  data bytes, press CTRL_C to break
    Reply from 10.2.2.2: bytes=56 Sequence=1 ttl=255 time=20 ms
    Reply from 10.2.2.2: bytes=56 Sequence=2 ttl=255 time=30 ms
    Reply from 10.2.2.2: bytes=56 Sequence=3 ttl=255 time=20 ms
    Reply from 10.2.2.2: bytes=56 Sequence=4 ttl=255 time=10 ms
    Reply from 10.2.2.2: bytes=56 Sequence=5 ttl=255 time=20 ms
  --- 10.2.2.2 ping statistics ---
    5 packet(s) transmitted
    5 packet(s) received
    0.00% packet loss
    round-trip min/avg/max = 10/20/30 ms
```

对于广播型多路访问接口,是否可以在配置静态路由时,只指定出站接口?请详细阐述原因。

不可以,这是由网络类型所决定的。所谓点到点网络,表示这是一个点就对应一个点的链路(这种网络就像一根直通的水管一样,水从一头进去,只能从另一头出来)。广播型网络类型则不然,在这类网络中,数据从一个出站接口可以到达多个目标设备,所以,如果只指定出站接口,还是找不到准确的下一跳设备。因此,只指定出站接口这种配置方式注定只适用于点到点接口。

步骤4 下面请通过配置来实现全网的互通。

(1)通过以上的练习,应该已经掌握了如何让一个数据包到达比直连网络更远的目标网络。在步骤4中,自行仿照上面的配置步骤,让整个拓扑中所示的网段实现互通。在开始配置前,请学生首先结合上面的练习,回答以下问题(由于我们在前面提醒过,不使用AR1与AR3之间的直连网段,所以下面答案均不考虑该网段)。

让PC3可以ping通全网每个一网段,需要在AR4上添加多少条路由?

7条。

让全网都能够互通(包括路由器直连的网段,AR1、AR3、AR4连接PC的网段,4台路由器的环回接口)一共需要配置多少条路由?

27条。

请阐述回答上面两个问题时的思路,即如何快速确定需要哪些路由条目?

"有路由就转发,没有路由就丢弃"。

① 以AR4为例,既然路由器在初始状态下只有直连的路由,所以所有AR4非直连的路由就是管理员需要在AR4上手动添加的静态路由条目,其中包括AR1、AR2、AR3的环回接口(3条),AR1、AR3连接PC的网段(2条),以及AR1与AR2、AR2与AR3之间的直连网段(2条),加起来一共7条。

② AR1与AR3和AR4的情况完全一样，所以它们也需要添加7条静态路由，至此一共需要添加21条静态路由。

③ AR2的情况不太一样，它的直连网络要比另外3台路由多一些，非直连网络包括：2条需通过AR4到达的网络，即AR4的环回接口和AR4连接PC的网段。同理，AR2上也需要添加2条需通过AR1到达的网络路由和2条需通过AR3到达的网络路由，所以一共是6条。再加上第3步中算出的21条，一共需要添加27条路由。

（2）在开始配置前，请学生首先在分别写出所有路由器上需要添加的静态路由条目。

AR1：

```
ip route-static 10.2.2.2 255.255.255.255 10.1.2.2
ip route-static 10.2.3.0 255.255.255.0   10.1.2.2
ip route-static 10.2.4.0 255.255.255.0   10.1.2.2
ip route-static 10.3.0.0 255.255.255.0   10.1.2.2
ip route-static 10.3.3.3 255.255.255.255 10.1.2.2
ip route-static 10.4.0.0 255.255.255.0   10.1.2.2
ip route-static 10.4.4.4 255.255.255.255 10.1.2.2
```

AR2：

```
ip route-static 10.1.0.0 255.255.255.0   10.1.2.1
ip route-static 10.1.1.1 255.255.255.255 10.1.2.1
ip route-static 10.3.0.0 255.255.255.0   10.2.3.3
ip route-static 10.3.3.3 255.255.255.255 10.2.3.3
ip route-static 10.4.0.0 255.255.255.0   10.2.4.4
ip route-static 10.4.4.4 255.255.255.255 10.2.4.4
```

AR3：

```
ip route-static 10.1.0.0 255.255.255.0   10.2.3.2
ip route-static 10.1.1.1 255.255.255.255 10.2.3.2
ip route-static 10.1.2.0 255.255.255.0   10.2.3.2
ip route-static 10.2.2.2 255.255.255.255 10.2.3.2
ip route-static 10.2.4.0 255.255.255.0   10.2.3.2
ip route-static 10.4.0.0 255.255.255.0   10.2.3.2
ip route-static 10.4.4.4 255.255.255.255 10.2.3.2
```

AR4：

```
ip route-static 10.1.0.0 255.255.255.0   10.2.4.2
ip route-static 10.1.1.1 255.255.255.255 10.2.4.2
ip route-static 10.1.2.0 255.255.255.0   10.2.4.2
ip route-static 10.2.2.2 255.255.255.255 10.2.4.2
ip route-static 10.2.3.0 255.255.255.0   10.2.4.2
ip route-static 10.3.0.0 255.255.255.0   10.2.4.2
ip route-static 10.3.3.3 255.255.255.255 10.2.4.2
```

（3）观察AR1、AR2、AR4上写出的所有静态路由，找出它们的相同点。

相同点是这3台路由器上的所有路由都有相同的下一跳。

请完成配置，并且测试所有网络的连通性，要求在这个拓扑中，任意一个位置能够ping通任意IP地址。如果存在任何无法ping通的情形，代表某台或某些路由器上缺少了相关的路由。请完成所有连通性测试，再继续下一个配置任务。

7.2.3 任务二——默认静态路由配置

步骤1 删除任务一，在AR4上配置的所有静态路由。

（1）在AR4上配置以下命令，删除之前配置的静态路由。

```
[AR4]undo ip route-static 10.2.2.2 255.255.255.255 Serial1/0/0
```

在华为的路由器及交换机设备上，绝大部分命令的删除方式都是在原命令的前面添加关键字undo。因此，在配置操作时，不妨首先使用display命令让系统显示出运行配置文件中已配置的命令，然后复制粘贴要删除的命令后，再在前面添加undo去删除这条命令。这种方法无疑是最快捷且最不容易出错的方式。请回答以下问题：

如何使用display命令显示静态路由的相关配置，而不是查看所有配置呢？

display current-configuration | include ip route

（2）依次列出删除AR4上所有静态路由所需的命令。

```
undo   ip route-static  10.1.0.0   255.255.255.0     10.2.4.2
undo   ip route-static  10.1.1.1   255.255.255.255   10.2.4.2
undo   ip route-static  10.1.2.0   255.255.255.0     10.2.4.2
undo   ip route-static  10.2.2.2   255.255.255.255   10.2.4.2
undo   ip route-static  10.2.3.0   255.255.255.0     10.2.4.2
undo   ip route-static  10.3.0.0   255.255.255.0     10.2.4.2
undo   ip route-static  10.3.3.3   255.255.255.255   10.2.4.2
```

步骤2 配置默认静态路由。

（1）在AR4上面添加一条默认路由来代替以上所有被删除的静态路由。

```
[AR4]ip route-static 0.0.0.0 0.0.0.0 Serial 1/0/0
```

对比默认静态路由与一条普通明细路由，很容易发现，这两者最大的区别是默认路由没有了明细的前缀和掩码的配置，取而代之的是8个0的表达形式。

请从路由器匹配转发的角度阐述默认路由为什么可以代替所有路由条目？

IP数据包头部中是不携带掩码信息的，但在一条路由条目中，前缀与掩码是相辅相成、缺一不可的。前缀和掩码二者都是32位，并且一一对应，其中掩码为1所对应的前缀位在匹配IP包时必须精确匹配，而0所对应的位就可以任意匹配。所以目的地址为10.2.4.0/24的路由可以匹配的IP包括10.2.4.0～10.2.4.255。默认路由的掩码是4个0，表示前缀部分当中没有哪一位是必须要精确匹配，而都是可以任意变化的，这就是默认路由可以匹配所有地址的原因。

（2）查看添加的默认静态路由。

```
[AR4]display ip routing-table protocol static
Route Flags: R - relay, D - download to fib
------------------------------------------------------------------------------
Public routing table : Static
 Destinations : 1          Routes : 1          Configured Routes : 1
Static routing table status : <Active>
 Destinations : 1          Routes : 1
Destination/Mask    Proto   Pre  Cost      Flags    NextHop        Interface
0.0.0.0/0           Static  60   0           D      10.2.4.4       Serial1/0/0
Static routing table status : <Inactive>
 Destinations : 0          Routes : 0
```

（3）在PC2上测试连通性，测试结果如图7-2所示。

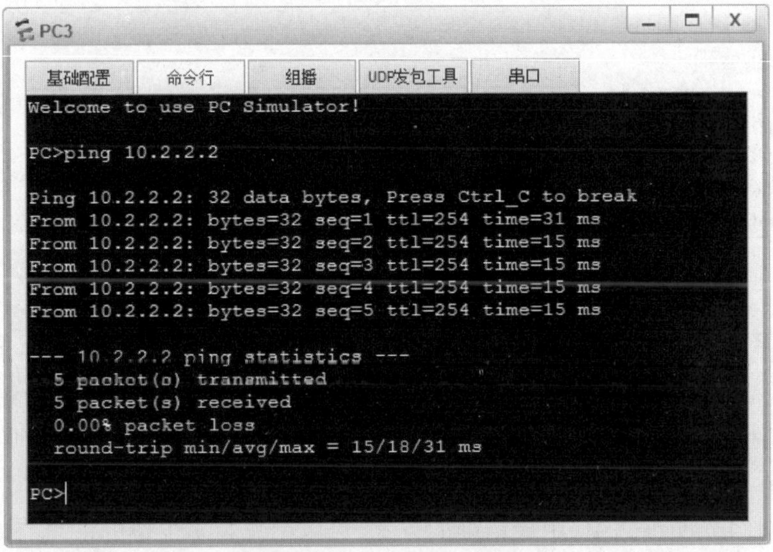

图7-2　连通性测试结果

请分别测试PC2去往所有网段的连通性，并回答PC2是否能够ping通拓扑图中所示的所有IP地址。

可以。

根据以上实验回答静态默认路由适用于什么样的网络架构？

想要使用一条默认路由去代替所有的明细路由，适用的网络架构必须是所有路由都拥有相同的下一跳。

在AR1、AR2、AR3上面是否可以使用默认静态路由来实现全网可达性？这样做会带来什么问题？请详细阐述。

① AR1与AR3和AR4处于相同的状态，所以在这2台路由器上是可以使用默认路由的。

② AR2上只配置默认路由是不行的,因为AR2在转发去往不同地址网段的数据包时,会使用不同的出站接口,所以应该一一明确指定。

③ 管理员也可以在某一个接口使用默认路由,在另外2个接口使用明细路由,这样通过路由器的最长匹配原则,也是可以通信的。

7.2.4 任务三——汇总静态路由配置

步骤1 恢复初始配置。

(1) 配置所有接口的IP地址,如拓扑所示。

(2) 配置PC的IP地址,如拓扑所示。

步骤2 在AR4上配置多个Loopback接口,模拟多个网段地址,如下所示。

```
[AR4]interface LoopBack 1
[AR4-LoopBack1]ip address 10.100.1.1 24
[AR4-LoopBack1]quit
[AR4]interface LoopBack 2
[AR4-LoopBack1]ip address 10.100.2.1 24
[AR4-LoopBack2]quit
[AR4]interface LoopBack 3
[AR4-LoopBack3]ip address 10.100.3.1 24
[AR4-LoopBack3]quit
[AR4]interface LoopBack 4
[AR4-LoopBack4]ip address 10.100.0.1 24
```

步骤3 用汇总路由实现AR2可访问以上四条路由。

(1) 在不使用汇总的情况下,AR1、AR2、AR3要ping通以上4条路由,需要添加几条路由?

在不包括返回路由的前提下,在AR1、AR2、AR3上需要各自添加4条明细路由,加起来就是12条。

(2) 以上4条明细路由,用最精确的方式,可以汇总为多少位的汇总路由?

汇总为22位的路由,即10.100.0.0 22是最精确的方式。

(3) 在AR2上配置4条明细的最精确汇总路由。

```
[AR2]ip route-static 10.100.0.0 22 Serial 1/0/0
```

(4) 测试AR2到AR4的回环接口的连通性。

```
[AR2]ping -c 2 10.100.0.1
  PING 10.100.0.1: 56  data bytes, press CTRL_C to break
    Reply from 10.100.0.1: bytes=56 Sequence=1 ttl=255 time=20 ms
    Reply from 10.100.0.1: bytes=56 Sequence=2 ttl=255 time=20 ms
<省略一部分输出内容>
```

```
[AR2]ping -c 2 10.100.1.1
  PING 10.100.1.1: 56  data bytes, press CTRL_C to break
    Reply from 10.100.1.1: bytes=56 Sequence=1 ttl=255 time=10 ms
    Reply from 10.100.1.1: bytes=56 Sequence=2 ttl=255 time=10 ms
<省略一部分输出内容>
[AR2]ping -c 2 10.100.2.1
  PING 10.100.2.1: 56  data bytes, press CTRL_C to break
    Reply from 10.100.2.1: bytes=56 Sequence=1 ttl=255 time=20 ms
    Reply from 10.100.2.1: bytes=56 Sequence=2 ttl=255 time=30 ms
<省略一部分输出内容>
[AR2]ping -c 2 10.100.3.1
  PING 10.100.3.1: 56  data bytes, press CTRL_C to break
    Reply from 10.100.3.1: bytes=56 Sequence=1 ttl=255 time=10 ms
    Reply from 10.100.3.1: bytes=56 Sequence=2 ttl=255 time=30 ms
<省略一部分输出内容>
```

以上表示，在AR2上写一条汇总路由后，即可匹配4条明细所包含的IP地址，有效地减少路由表的大小。

步骤4　再次用汇总路由实现AR1、AR3上均可访问以上4条路由。

（1）在AR1上配置汇总路由。

```
[AR1]ip route-static 10.100.0.0 22 10.1.2.2
```

（2）在AR3上配置汇总路由。

```
[AR3]ip route-static 10.100.0.0 22 10.2.3.2
```

（3）测试连通性。

```
[AR1]ping -c 2 10.100.0.1
     PING 10.100.0.1: 56  data bytes, press CTRL_C to break
       Request time out
Request time out
<省略一部分输出内容>
```

以上输出表示，AR1并不能ping通AR4的回环口地址，请指出问题所在，并解决这个问题。

因为AR4上没有回程的路由。需要在AR4上分别添加返回AR1、AR3的路由，如下所示。

```
[AR4]ip route-static 10.1.2.0 24 Serial 1/0/0
[AR4]ip route-static 10.2.3.0 24 Serial 1/0/0
```

再次测试通信结果。

```
在AR1上:
[AR1]ping -c 2 10.100.1.1
  PING 10.100.1.1: 56  data bytes, press CTRL_C to break
    Reply from 10.100.1.1: bytes=56 Sequence=1 ttl=254 time=50 ms
    Reply from 10.100.1.1: bytes=56 Sequence=2 ttl=254 time=30 ms
<省略一部分输出内容>
```

在AR3上:

```
[AR3]ping -c 2 10.100.0.1
  PING 10.100.0.1: 56  data bytes, press CTRL_C to break
    Reply from 10.100.0.1: bytes=56 Sequence=1 ttl=254 time=40 ms
    Reply from 10.100.0.1: bytes=56 Sequence=2 ttl=254 time=20 ms
<省略一部分输出内容>
```

以上表示AR1、AR3均能够正常访问AR4的回环接口。

7.2.5 任务四——浮动静态路由配置

步骤1 恢复初始配置。

(1)将图7-1所示的拓扑修改为如图7-3所示的拓扑,即在AR1和AR3之间添加一条链路。使用G0/0/1口连接起来。

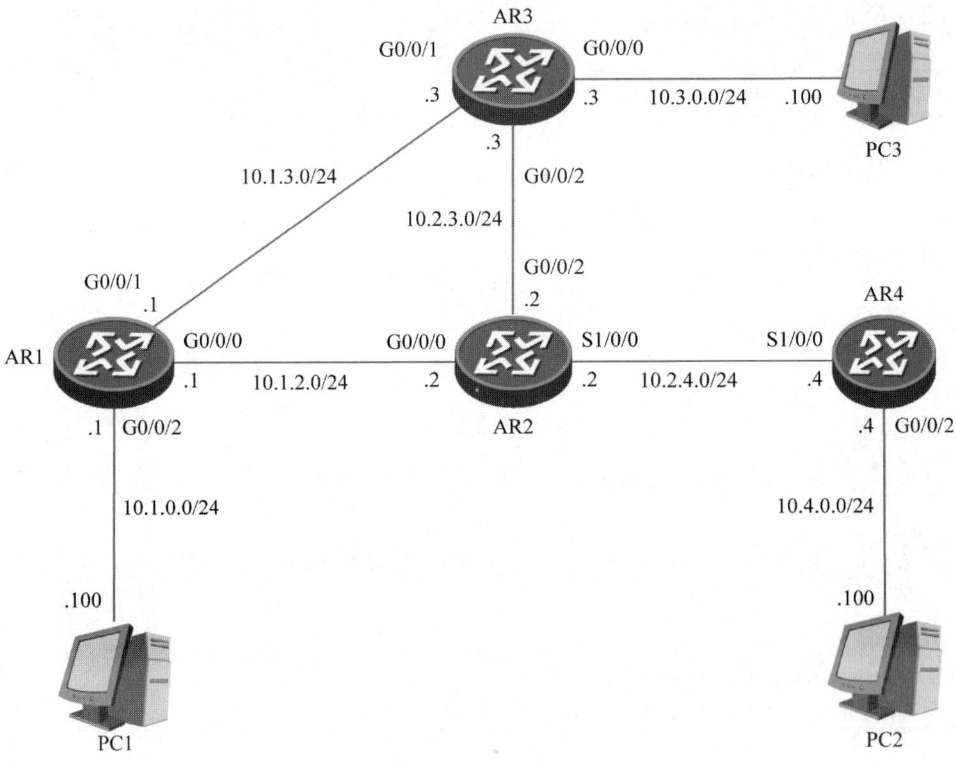

图7-3 浮动静态路由实验拓扑图

（2）初始化设备配置，保持接口UP，保持直连可通信即可。注意添加AR1与AR3之间的链路，并配置相应的IP地址。

步骤2 配置AR1、AR2、AR3均可访问AR4的Loopback0。

（1）在AR2上添加去往AR4的Loopback0的路由。

```
[AR2]ip route-static 10.4.4.4 32 Serial 1/0/0
```

（2）在AR1上添加去往AR4的Loopback0的路由。

```
[AR1]ip route-static 10.4.4.4 32 10.1.2.2
```

（3）在AR3上添加去往AR4的Loopback0的路由。

```
[AR3]ip route-static 10.4.4.4 32 10.2.3.2
```

（4）添加返回的路由条目。

```
[AR4]ip route-static 10.1.2.0 24 Serial 1/0/0
[AR4]ip route-static 10.2.3.0 24 Serial 1/0/0
```

（5）测试连通性。

在AR1上：

```
[AR1]ping 10.4.4.4
  PING 10.4.4.4: 56  data bytes, press CTRL_C to break
    Reply from 10.4.4.4: bytes=56 Sequence=1 ttl=254 time=50 ms
    Reply from 10.4.4.4: bytes=56 Sequence=2 ttl=254 time=30 ms
    Reply from 10.4.4.4: bytes=56 Sequence=3 ttl=254 time=20 ms
    Reply from 10.4.4.4: bytes=56 Sequence=4 ttl=254 time=30 ms
    Reply from 10.4.4.4: bytes=56 Sequence=5 ttl=254 time=20 ms
<省略一部分输出内容>
```

在AR2上：

```
[AR2]ping 10.4.4.4
  PING 10.4.4.4: 56  data bytes, press CTRL_C to break
    Reply from 10.4.4.4: bytes=56 Sequence=1 ttl=254 time=50 ms
    Reply from 10.4.4.4: bytes=56 Sequence=2 ttl=254 time=30 ms
    Reply from 10.4.4.4: bytes=56 Sequence=3 ttl=254 time=20 ms
    Reply from 10.4.4.4: bytes=56 Sequence=4 ttl=254 time=30 ms
    Reply from 10.4.4.4: bytes=56 Sequence=5 ttl=254 time=20 ms
<省略一部分输出内容>
```

在AR3上：

```
[AR3]ping 10.4.4.4
  PING 10.4.4.4: 56  data bytes, press CTRL_C to break
    Reply from 10.4.4.4: bytes=56 Sequence=1 ttl=254 time=40 ms
    Reply from 10.4.4.4: bytes=56 Sequence=2 ttl=254 time=30 ms
    Reply from 10.4.4.4: bytes=56 Sequence=3 ttl=254 time=10 ms
    Reply from 10.4.4.4: bytes=56 Sequence=4 ttl=254 time=10 ms
    Reply from 10.4.4.4: bytes=56 Sequence=5 ttl=254 time=30 ms
<省略一部分输出内容>
```

以上输出信息表示AR1、AR2和AR3均可访问AR4的环回接口10.4.4.4。

步骤3 配置浮动静态路由。

（1）关闭AR1与AR2之间的链路，然后再次查看连接性。

```
[AR1]interface GigabitEthernet 0/0/0
[AR1-GigabitEthernet0/0/0]shutdown
```

（2）再次测试连通性。

```
[AR1]ping 10.4.4.4
  PING 10.4.4.4: 56  data bytes, press CTRL_C to break
    Request time out
    Request time out
<省略一部分输出内容>
```

以上输出结果表示，当AR1的G0/0/0接口关闭后，AR1就也不能够再访问AR4了。但查看拓扑图，可以发现AR1其实可以通过把报文转发给AR3，然后再经过AR2转发给AR4。

步骤4 配置浮动静态路由。

（1）配置一条去往AR4的静态路由，将下一跳指向AR3，并将优先级设置为65。

```
[AR1]ip route-static 10.4.4.4 32 10.1.3.3  preference 65
```

（2）查看这条静态路由。

```
[AR1]display ip routing-table protocol static
Route Flags: R - relay, D - download to fib
------------------------------------------------------------------------------
Public routing table : Static
         Destinations : 1          Routes : 2          Configured Routes : 2
Static routing table status : <Active>
```

```
        Destinations : 1            Routes : 1
Destination/Mask     Proto    Pre   Cost     Flags  NextHop          Interface
10.4.4.4/32          Static   65    0        RD     10.1.3.3         GigabitEthernet0/0/1
Static routing table status : <Inactive>
        Destinations : 1            Routes : 1
Destination/Mask     Proto    Pre   Cost     Flags  NextHop          Interface
10.4.4.4/32          Static   60    0               10.1.2.2         Unknown
```

如以上阴影部分所示，AR1上已经成功添加了一条新的静态路由，并且该路由条目的优先级为65。测试连通性。

```
[AR1]ping 10.4.4.4
  PING 10.4.4.4: 56  data bytes, press CTRL_C to break
Request time out
Request time out
<省略一部分输出内容>
```

以上输出结果表示AR1并不能ping通AR4连接的10.4.4.4网段。这是由于此时AR4仍将返回数据交给AR2，而AR2通往AR1的直连链路已被中断。因此，必须为AR2配置经过AR3到达AR1的静态路由。

（3）再次恢复AR1连接AR2之间的接口。

```
[AR1]interface GigabitEthernet 0/0/0
[AR1-GigabitEthernet0/0/0]undo shutdown
```

（4）查看当前路由表。

```
[AR1]display ip routing-table protocol static
Route Flags: R - relay, D - download to fib
------------------------------------------------------------------------------
Public routing table : Static
        Destinations : 1            Routes : 2          Configured Routes : 2
Static routing table status : <Active>
        Destinations : 1            Routes : 1
Destination/Mask     Proto    Pre   Cost     Flags  NextHop          Interface
10.4.4.4/32          Static   60    0        RD     10.1.2.2         GigabitEthernet0/0/0
Static routing table status : <Inactive>
        Destinations : 1            Routes : 1
Destination/Mask     Proto    Pre   Cost     Flags  NextHop          Interface
10.4.4.4/32          Static   65    0        R      10.1.3.3         GigabitEthernet0/0/1
```

如上所示,当AR1连接AR2之间的链路恢复时,AR1重新选择AR2为最佳的下一跳。这是因为当同一条路由拥有两个下一跳时,路由器会通过比较它们的优先级来选择最优的下一跳:优先级越小,表示这条路由越优。

同时,指向AR3为下一跳的路由,此时也变为了Inactive的状态。当主选链路失效时,这条沉下去的路由将会重新被启用。此一沉一浮,用浮动路由来形容,是再贴切不过了。

7.2.6 任务五——设计性实验

实验要求:

(1) 参考图7-4网络拓扑结构,在eNSP软件中完成拓扑的搭建。

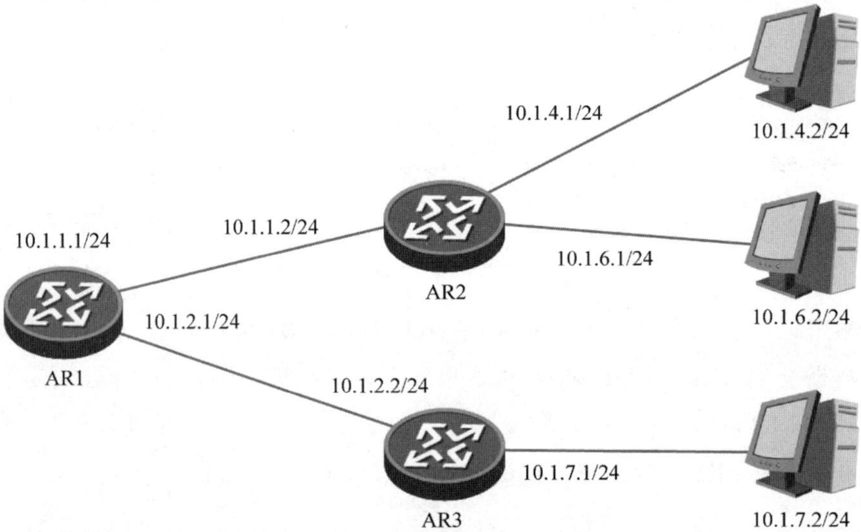

图7-4 静态路由进阶实验拓扑图

(2) 请分别在各个路由器中配置静态路由,使各路由器接口以及计算机间互相连通。

(3) AR2路由器右侧有两个接口连接到计算机,请在AR1中删除原有到AR2方向路由规则,并配置新的汇总路由,简化AR2方向路由规则。

(4) 测试此时从AR1出发,AR3右侧接口是否可达?如不可达,请回答为何不可达。

实验提示:

(1) 由于AR1掌握通向AR2的静态路由,所以AR3想与AR2连通,仅需将数据包发往AR1即可。

(2) ping测试网络通连情况,必须同时具备正确的出发路由与返回路由。

(3) 路由器根据路由表转发数据,其转发规则是按照路由表顺序,按发现的第一条匹配路由进行转发。

7.3　命令汇总

本章相关命令如表7–5所列。

表7–5　本章命令汇总

命令	描述
ip address *ip-address* {*mask-length*|*mask*} [**sub**]	配置接口的IP地址
ip address unnumbered interface *interface-type interface-number*	配置本接口借用指定接口的IP地址
display interface *interface-type* {*interface-number*|*interface-number.subnumber*} [**brief**]	显示以太网接口的相关信息
display ip interface brief	显示三层接口的IP基本配置信息
display arp *ip-address*	显示指定IP地址的ARP表项
debugging arp packet	打开ARP报文调试开关
undo debug all	关闭所有调试开关
display arp timer aging	显示动态ARP表项的老化时间
ip route-static *dest-address* {*mask*|*mask-length*} {*next-hop-address*|*interface-typeinterface-number*[*next-hop-address*]}[**preference** *preference-value*] [**description** *description-text*]	配置单播静态路由
delete static-routes all	删除所有静态路由配置
display ip routing-table	查看路由表
display ip routing-table *dest-address* **verbose**	查看路由表针对某个目的网段的详细信息
ip route-static *dest-address* {*mask*|*mask-length*} *NULL0*	配置指向空接口的黑洞路由

思考题

1. 为什么两路由器之间以Serial端口连接时，静态路由下一跳地址应为本设备的Serial端口？

2. 静态路由适用于何种场景？它具有何种不足之处？

3. 配置静态路由仍ping不通端主机IP，可能存在哪些配置问题？请描述原因并给出解决方案。

实验8 RIP路由协议配置

8.1 实验介绍

8.1.1 关于本实验

路由信息协议(Routing Information Protocol,RIP)是大家学习的第一个动态路由协议。之所以从RIP路由协议开始学习,并不是因为它是现网中应用最多的动态路由协议,而是因为在所有动态路由协议中,RIP的配置方法相对简单,同时RIP也是最早被开发出来的动态路由协议。以此RIP协议作为入门动态路由协议,可以帮助大家更好、更快地理解动态路由协议的基本工作原理与配置方法,为将来学习其他动态路由协议打好基础。

8.1.2 实验目标

设置拓扑并初始化设备;
掌握RIPv2基础配置;
掌握RIPv2路由汇总配置;
掌握RIPv2默认路由配置。

8.1.3 实验拓扑图

总公司下发通知,下属的两个分公司(分别接入AR1和AR3)之间的通信枢纽线路故障,现要求公司通过架设AR2路由器,完成相应配置,迅速恢复AR1与AR3的线路,实现上述两个分公司之间的通联,如图8-1所示。

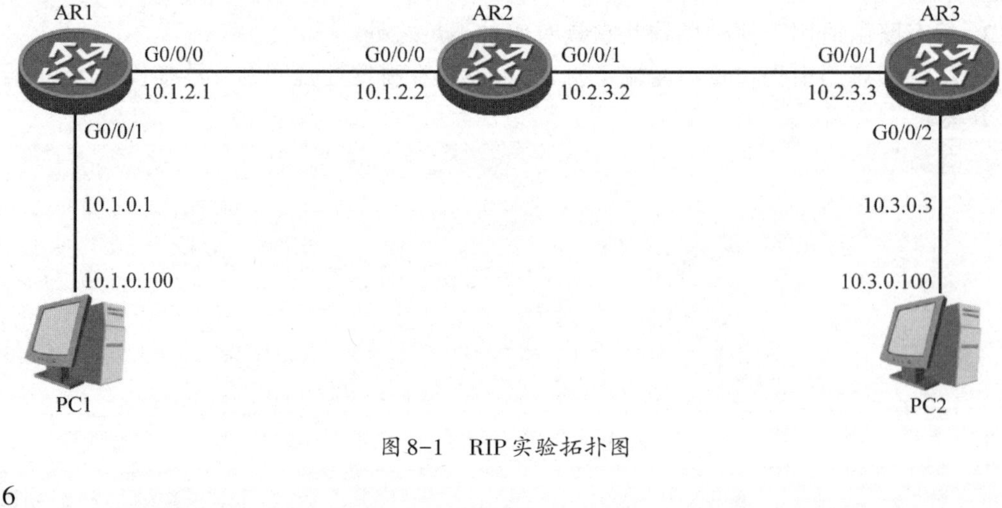

图8-1 RIP实验拓扑图

8.1.4 地址规划

(1) 所有地址都属于10.0.0.0/8网段,所有互联子网都是24位的掩码长度,所有环回接口都是32位的掩码长度。

(2) 路由器直连网段的子网位使用两侧直连路由器的编号,按从小到大的顺序排列,如AR1与AR2之间网段就是10.1.2.0/24。

(3) 路由器直连网段的主机位使用该路由器的编号,如AR1连接AR2的接口地址就是10.1.2.1/24,而对端AR2的地址则是10.1.2.2/24。

(4) 路由器环回接口的子网位和主机位都使用路由器的编号,如AR2的环回接口地址就是10.2.2.2/32。

(5) 连接PC的网段第2个八位组(也即IP地址点分十进制表示法中的第2个十进制数)使用路由器的编号,第3个八位组则使用0,如PC1所在的网段是10.1.0.0/24。

(6) PC的主机位都是100,如PC2的IP地址为10.3.0.100/24。

具体地址如表8-1所列。

表8-1 地址分配列表

设备	接口	IP地址	子网掩码	默认网关
AR1	GE0/0/0	10.1.2.1	255.255.255.0	N/A
	GE0/0/1	10.1.0.1	255.255.255.0	N/A
	Loop0	10.1.1.1	255.255.255.255	N/A
AR2	GE0/0/0	10.1.2.2	255.255.255.0	N/A
	GE0/0/1	10.2.3.2	255.255.255.0	N/A
	Loop0	10.2.2.2	255.255.255.255	N/A
AR3	GE0/0/1	10.2.3.3	255.255.255.0	N/A
	GE0/0/2	10.3.0.3	255.255.255.0	N/A
	Loop0	10.3.3.3	255.255.255.255	N/A
PC1	E0/0/1	10.1.0.100	255.255.255.0	10.1.0.1
PC2	E0/0/1	10.3.0.100	255.255.255.0	10.3.0.3

8.1.5 所需资源

3台路由器(支持华为Version 5.130版镜像的华为AR2200或同类路由器,或使用华为eNSP模拟器3.9及以上版本)。

2台PC(采用Windows 7、Windows 10操作系统的家用计算机或通过华为eNSP模拟器3.9及以上版本)。

8.1.6 实验任务列表

实验任务列表如表8-2所列。

表8-2 实验任务列表

序号	任务	子任务	应用场景
1	RIPv2配置基础	建立拓扑并初始化设备	RIP入门配置,RIP整个协议在现网中应用都不多
		配置基本的RIP	
2	RIPv2路由汇总	自动汇总配置与理解	现网中不会使用自动汇总,在需要汇总时,都会使用手动汇总的方式
		手动汇总的配置	
3	RIPv2默认路由	N/A	在网络的网关路由器上,通常都会产生一条默认路由,以此来路由所有可能的数据包
4	RIPv2认证的配置	明文认证的配置	现网中都应该使用认证,并且只应该使用密文认证以保证网络的安全
		密文认证的配置	

8.2 实验任务

8.2.1 配置思路

本实验由浅入深,从最基本的RIP配置开始,以实现全网互通为目的。然后再开始尝试实现RIP协议的各种特性。为了利于大家的理解,本实验的拓扑图力求简单,以助于更快、更轻松地掌握RIP的相关知识要点。

8.2.2 任务一——RIPv2基础配置

步骤1 设置拓扑并初始化设备。

(1) 插入相关板卡并建立如图8-1所示的网络拓扑。

(2) 表8-1所列为配置接口IP地址,保证所有直连IP皆可通信。

步骤2 配置RIPv2。

在AR1上:

```
[AR1]rip//  启用RIP的进程,默认的进程号为1,如下提示符所示
[AR1-rip-1]version 2  //修改RIP的版本为2,默认版本号为1
[AR1-rip-1]network 10.0.0.0  //宣告一个网段,RIP只能宣告直连网络的主类网络号
```

在AR2上:

```
[AR2]rip
[AR2-rip-1]version 2
[AR2-rip-1]network 10.0.0.0
```

在AR3上:

```
[AR3]rip
[AR3-rip-1]version 2
[AR3-rip-1]network 10.0.0.0
```

步骤3 查看RIP信息。

在AR1上查看配置的RIP相关信息。

```
[AR1]display rip
Public VPN-instance
        RIP process : 1  //进程号为1
        RIP version   : 2  //RIP版本号为2
        Preference      : 100  //RIP默认优先级为100
        Checkzero        : Enabled
        Default-cost  : 0
        Summary            : Enabled  //自动汇总默认情况是开启的
        Host-route     : Enabled
        Maximum number of balanced paths : 8
        Update time    : 30 sec                  Age time : 180 sec
        Garbage-collect time : 120 sec
        Graceful restart  : Disabled
        BFD                    : Disabled
        Silent-interfaces : None
        Default-route : Disabled
        Verify-source : Enabled
Networks :
        10.0.0.0  //宣告了10.0.0.0网段。
        Configured peers                : None
        Number of routes in database : 6
        Number of interfaces enabled : 2
        Triggered updates sent          : 0
        Number of route changes          : 3
        Number of replies to queries : 1
        Number of routes in ADV DB     : 5
  Total count for 1 process :
        Number of routes in database : 6
        Number of interfaces enabled : 2
        Number of routes sendable in a periodic update : 12
        Number of routes sent in last periodic update :
```

步骤4 查看路由表。

观察AR1通过RIP学习到的路由。

```
[AR1]display ip routing-table protocol rip
Route Flags: R - relay, D - download to fib
------------------------------------------------------------------------------
Public routing table : RIP
         Destinations : 4          Routes : 4
RIP routing table status : <Active>
         Destinations : 4          Routes : 4
Destination/Mask    Proto   Pre  Cost      Flags NextHop         Interface
   10.2.2.2/32      RIP     100  1           D   10.1.2.2        GigabitEthernet0/0/0
   10.2.3.0/24      RIP     100  1           D   10.1.2.2        GigabitEthernet0/0/0
   10.3.0.0/24      RIP     100  2           D   10.1.2.2        GigabitEthernet0/0/0
   10.3.3.3/32      RIP     100  2           D   10.1.2.2        GigabitEthernet0/0/0
RIP routing table status : <Inactive>
         Destinations : 0          Routes : 0
```

以上输出信息显示，AR1已经正常学习到了所有路由。

请根据以上输出思考下列问题。

（1）RIP协议的优先级是多少？静态路由的优先级又是多少？谁更优先？

RIP优先级为100，静态优先级为60，优先级的值越小，实际优先级越高，所以静态路由比RIP的路由更优先。

（2）RIP的更新方式有哪些？

RIP采用定时更新，触发更新，完整更新。

（3）RIP的度量方法是什么？

跳数。每经过一台路由设备即增加一跳，最大跳数为16跳，而最大有效跳数为15跳。

（4）RIP的防环机制包括哪些？

RIP的防环机制包括水平分割、最大跳数、触发更新和毒性反转。

步骤5 测试AR1与AR3之间环回接口的连通性。

在AR1上去ping AR3。

```
[AR1]ping -a 10.1.1.1 10.3.3.3
  PING 10.3.3.3: 56  data bytes, press CTRL_C to break
    Reply from 10.3.3.3: bytes=56 Sequence=1 ttl=254 time=40 ms
    Reply from 10.3.3.3: bytes=56 Sequence=2 ttl=254 time=30 ms
    Reply from 10.3.3.3: bytes=56 Sequence=3 ttl=254 time=40 ms
    Reply from 10.3.3.3: bytes=56 Sequence=4 ttl=254 time=20 ms
    Reply from 10.3.3.3: bytes=56 Sequence=5 ttl=254 time=30 ms
  --- 10.3.3.3 ping statistics ---
    5 packet(s) transmitted
    5 packet(s) received
    0.00% packet loss
round-trip min/avg/max = 20/32/40 ms
```

以上输出结果显示网络已经能够正常通信了。

8.2.3 任务二——RIPv2路由汇总配置

步骤1 观察RIPv2的自动汇总。

（1）查看RIPv2的状态，确认自动汇总已经开启。

在AR1上查看RIP协议的状态。

```
[AR1]display rip
Public VPN-instance
    RIP process : 1
        RIP version    : 2
        Preference     : 100
        Checkzero      : Enabled
        Default-cost   : 0
Summary            : Enabled  //表示自动汇总被开始
        Host-route     : Enabled
        Maximum number of balanced paths : 8
        Update time    : 30 sec                Age time : 180 sec
        Garbage-collect time : 120 sec
        Graceful restart   : Disabled
        BFD                : Disabled
        Silent-interfaces : None
        Default-route : Disabled
        Verify-source : Enabled
        Networks :
        10.0.0.0
        Configured peers            : None
        Number of routes in database : 7
        Number of interfaces enabled : 3
        Triggered updates sent       : 4
        Number of route changes      : 6
        Number of replies to queries : 2
        Number of routes in ADV DB   : 6
  Total count for 1 process :
        Number of routes in database : 7
        Number of interfaces enabled : 3
        Number of routes sendable in a periodic update : 21
        Number of routes sent in last periodic update : 7
```

（2）到AR2上查看学习到的AR1的路由。

```
[AR2]display ip routing-table protocol rip
Route Flags: R - relay, D - download to fib
------------------------------------------------------------------------------
Public routing table : RIP
         Destinations : 4          Routes : 4
RIP routing table status : <Active>
         Destinations : 4          Routes : 4
Destination/Mask    Proto   Pre   Cost  Flags NextHop     Interface
10.1.0.0/24         RIP     100   1       D   10.1.2.1    GigabitEthernet0/0/0
10.1.1.1/32         RIP     100   1       D   10.1.2.1    GigabitEthernet0/0/0
10.3.0.0/24         RIP     100   1       D   10.2.3.3    GigabitEthernet0/0/1
10.3.3.3/32         RIP     100   1       D   10.2.3.3    GigabitEthernet0/0/1
RIP routing table status : <Inactive>
         Destinations : 0          Routes : 0
```

以上输出信息显示AR2学习到的AR1的路由依然是明细路由，并没有被自动汇总。请根据课堂学习到的内容，解释这一现象的原因。

这是因为华为路由器对RIPv2做了优化，如果配置了水平分割或毒性反转后，路由自动汇总将失效，而水平分割又是默认开启的，所以我们看不到汇总的路由。

关闭AR1连接AR2接口的水平分割功能。

在AR1上：

```
[AR1]interface GigabitEthernet 0/0/0
[AR1-GigabitEthernet0/0/0]undo rip split-horizon
```

步骤2 在AR2上查看现象。

```
[AR2]display ip routing-table protocol rip
Route Flags: R - relay, D - download to fib
------------------------------------------------------------------------------
Public routing table : RIP
         Destinations : 3          Routes : 3
RIP routing table status : <Active>
         Destinations : 3          Routes : 3
Destination/Mask    Proto  Pre   Cost   Flags  NextHop      Interface
10.0.0.0/8          RIP    100   1        D    10.1.2.1     GigabitEthernet0/0/0
10.3.0.0/24         RIP    100   1        D    10.2.3.3     GigabitEthernet0/0/1
10.3.3.3/32         RIP    100   1        D    10.2.3.3     GigabitEthernet0/0/1
RIP routing table status : <Inactive>
         Destinations : 0          Routes : 0
```

以上输出信息显示，在把AR1连接AR2的接口水平分割关闭后，AR1发送给AR2的路由就是汇总路由了。

步骤3 让AR3也传递汇总路由。

（1）除了关闭水平分割可以让 RIP 传递汇总路由外，也可以使用以下命令让 AR3 传递汇总路由。

```
[AR3]rip
[AR3-rip-1]summary always
```

上面这条命令的意思是：总是(always)传递汇总的路由。

（2）在 AR3 上再创建一条路由，以便观察现象。

```
[AR3]interface LoopBack 1
[AR3-LoopBack1]ip address 3.3.3.3 32
[AR3-LoopBack1]quit
[AR3]rip
[AR3-rip-1]network 3.0.0.0
```

步骤 4　在 AR2 上观察现象。

```
[AR2]display ip routing-table protocol rip
Route Flags: R - relay, D - download to fib
------------------------------------------------------------------------------
Public routing table : RIP
         Destinations : 4          Routes : 4
RIP routing table status : <Active>
         Destinations : 4          Routes : 4
Destination/Mask   Proto   Pre  Cost    Flags NextHop       Interface
     3.0.0.0/8     RIP     100  1         D   10.2.3.3      GigabitEthernet0/0/1
    10.0.0.0/8     RIP     100  1         D   10.1.2.1      GigabitEthernet0/0/0
   10.3.0.0/24     RIP     100  1         D   10.2.3.3      GigabitEthernet0/0/1
   10.3.3.3/32     RIP     100  1         D   10.2.3.3      GigabitEthernet0/0/1
RIP routing table status : <Inactive>
         Destinations : 0          Routes : 0
```

上面阴影部分的路由均是从 AR3 传过来的，但是其中有一条依然是明细的，请解释以上现象的原因。

因为在一个连续子网的环境中，默认情况下不汇总，只有当到达主类网络的边界时，路由设备才会执行汇总。

什么是连续子网？什么是主类网络边界？

连续子网与主类网络边界是两个相关的概念。当两个子网是连续子网时，它们之间即不存在主类网络的边界，一旦处于主类网络的边界，子网即不连续了。连续子网，具体指的是当前链路的子网和下一条链路的子网，它们同属于一个主类网络。上述这样的子网结构即为连续子网。在这样的网络中，即使启用了自动汇总，也是传递的明细路由。

步骤 5　配置手动汇总。

步骤 6　观察自动汇总带来的问题。

（1）在AR3连接AR2的接口(G0/0/1)上关闭RIP水平分割。

```
[AR3]interface GigabitEthernet 0/0/1
[AR3-GigabitEthernet0/0/1]undo rip split-horizon
```

（2）管理员在大多数情况下都需要关闭自动汇总。这是因为自动汇总会让路由表变得混乱。假设AR1和AR3都向AR2发送了一条汇总路由，那么，AR2上就会学习到去往同一目的网络的两条路由，但是它们却分别指向左右两条路径，如下所示。

```
[AR2]display ip routing-table protocol rip
Route Flags: R - relay, D - download to fib
------------------------------------------------------------------------------
Public routing table : RIP
         Destinations : 2          Routes : 3
RIP routing table status : <Active>
         Destinations : 2          Routes : 3
Destination/Mask    Proto   Pre  Cost      Flags NextHop         Interface
    3.0.0.0/8       RIP     100  1           D   10.2.3.3        GigabitEthernet0/0/1
   10.0.0.0/8       RIP     100  1           D   10.1.2.1        GigabitEthernet0/0/0
                    RIP     100  1           D   10.2.3.3        GigabitEthernet0/0/1
RIP routing table status : <Inactive>
         Destinations : 0          Routes : 0
```

以上路由表明显是不正常的。

（3）如果AR2去往AR3穿过两条链路，那么，这条路由就仅仅会指向AR1，此时AR2将不能到达AR3了，我们可以通过修改接口的度量值来实现类似的效果。

```
[AR2]interface GigabitEthernet 0/0/1
[AR2-GigabitEthernet0/0/1]rip metricin 2
[AR2-GigabitEthernet0/0/1]quit
[AR2]display ip routing-table protocol rip
Route Flags: R - relay, D - download to fib
------------------------------------------------------------------------------
Public routing table : RIP
         Destinations : 2          Routes : 2
RIP routing table status : <Active>
         Destinations : 2          Routes : 2
Destination/Mask    Proto   Pre  Cost      Flags   NextHop         Interface
    3.0.0.0/8       RIP     100  3           D     10.2.3.3        GigabitEthernet0/0/1
   10.0.0.0/8       RIP     100  1           D     10.1.2.1        GigabitEthernet0/0/0
RIP routing table status : <Inactive>
         Destinations : 0          Routes : 0
```

（4）在AR2上再去ping AR3。

```
[AR2]ping 10.3.3.3
  PING 10.3.3.3: 56  data bytes, press CTRL_C to break
    Request time out
    Request time out
    Request time out
    Request time out
    Request time out
  --- 10.3.3.3 ping statistics ---
    5 packet(s) transmitted
    0 packet(s) received
    100.00% packet loss
```

以上输出结果显示,自动汇总可能导致网络故障。

(5) 删除与自动汇总的相关配置。

在AR1上:

```
[AR1]rip
[AR1-rip-1]undo summary
[AR1-rip-1]quit
[AR1]interface GigabitEthernet 0/0/0
[AR1-GigabitEthernet0/0/0]rip split-horizon
在AR2上:
[AR2]rip
[AR2-rip-1]undo summary
在AR3上:
[AR3]rip
[AR3-rip-1]undo summary
[AR3-rip-1]quit
[AR3]interface GigabitEthernet 0/0/1
[AR3-GigabitEthernet0/0/1]rip split-horizon
```

(6) 在AR1上配置多条路由。

```
[AR1]interface loopback 1
[AR1-LoopBack1]ip address 10.1.1.2 32
[AR1-LoopBack1]quit
[AR1]interface loopback 2
[AR1-LoopBack2]ip address 10.1.1.3 32
```

(7) 查看AR2上的路由表。

```
[AR2]display ip routing-table protocol rip
Route Flags: R - relay, D - download to fib
------------------------------------------------------------------------------
Public routing table : RIP
         Destinations : 5          Routes : 5
RIP routing table status : <Active>
         Destinations : 5          Routes : 5
Destination/Mask    Proto   Pre   Cost   Flags   NextHop     Interface
3.3.3.3/32          RIP     100   3      D       10.2.3.3    GigabitEthernet0/0/1
10.1.1.1/32         RIP     100   1      D       10.1.2.1    GigabitEthernet0/0/0
10.1.1.2/32         RIP     100   1      D       10.1.2.1    GigabitEthernet0/0/0
10.1.1.3/32         RIP     100   1      D       10.1.2.1    GigabitEthernet0/0/0
10.3.3.3/32         RIP     100   3      D       10.2.3.3    GigabitEthernet0/0/1
RIP routing table status : <Inactive>
         Destinations : 0          Routes : 0
```

上面的阴影部分显示，AR2学习到了AR1的3条路由。

（8）在AR1上连接AR2的接口，即是路由传递的出接口，把以上3条明细路由汇总为一条路由。

```
[AR1]interface GigabitEthernet 0/0/0
[AR1-GigabitEthernet0/0/0]rip summary-address 10.1.1.0 255.255.255.252
```

（9）再到AR2上查看汇总后的路由表。

```
[AR2]display ip routing-table protocol rip
Route Flags: R - relay, D - download to fib
------------------------------------------------------------------------------
Public routing table : RIP
         Destinations : 3          Routes : 3
RIP routing table status : <Active>
         Destinations : 3          Routes : 3
Destination/Mask    Proto   Pre   Cost   Flags   NextHop     Interface
   3.3.3.3/32       RIP     100   3      D       10.2.3.3    GigabitEthernet0/0/1
  10.1.1.0/30       RIP     100   1      D       10.1.2.1    GigabitEthernet0/0/0
  10.3.3.3/32       RIP     100   3      D       10.2.3.3    GigabitEthernet0/0/1
RIP routing table status : <Inactive>
         Destinations : 0          Routes : 0
```

以上阴影部分显示，路由器已经把3条明细路由汇总成了一条路由。

8.2.4 任务三——RIPv2默认路由配置

步骤1 在AR3上去掉环回接口上宣告的网络3.0.0.0。

（1）默认路由的作用，我们已经在静态路由的部分作过详细的解释，这里不再赘述。

（2）在AR3上去掉环回接口宣告的网络。

```
[AR3]rip
[AR3-rip-1]undo network 3.0.0.0
```

（3）再次测试AR1去往AR3的连通性。

```
[AR1]ping 3.3.3.3
  PING 3.3.3.3: 56  data bytes, press CTRL_C to break
    Request time out
    Request time out
    Request time out
    Request time out
    Request time out
--- 3.3.3.3 ping statistics ---
    5 packet(s) transmitted
    0 packet(s) received
100.00% packet loss
```

以上输出结果表示，AR1无法ping通AR3的Loopback1接口，因为路由器上现在已经没有了路由。

步骤2 在AR3上产生一条默认路由来代替明细路由实现连通性。

（1）在AR3上进行配置。

```
[AR3]rip
[AR3-rip-1]default-route originate
```

（2）在AR1上查看路由表。

```
[AR1]display ip routing-table protocol rip
Route Flags: R - relay, D - download to fib
------------------------------------------------------------------------------
Public routing table : RIP
         Destinations : 4        Routes : 4
RIP routing table status : <Active>
         Destinations : 4        Routes : 4
Destination/Mask    Proto   Pre  Cost      Flags NextHop         Interface
    0.0.0.0/0       RIP     100  4           D   10.1.2.2        GigabitEthernet0/0/0
   10.2.2.2/32      RIP     100  1           D   10.1.2.2        GigabitEthernet0/0/0
   10.2.3.0/24      RIP     100  1           D   10.1.2.2        GigabitEthernet0/0/0
   10.3.3.3/32      RIP     100  4           D   10.1.2.2        GigabitEthernet0/0/0
RIP routing table status : <Inactive>
         Destinations : 0        Routes : 0
```

以上阴影部分显示,AR1已经学到了默认路由。

(3) 再次测试连通性。

```
[AR1]ping 3.3.3.3
  PING 3.3.3.3: 56  data bytes, press CTRL_C to break
    Reply from 3.3.3.3: bytes=56 Sequence=1 ttl=254 time=110 ms
    Reply from 3.3.3.3: bytes=56 Sequence=2 ttl=254 time=30 ms
    Reply from 3.3.3.3: bytes=56 Sequence=3 ttl=254 time=20 ms
    Reply from 3.3.3.3: bytes=56 Sequence=4 ttl=254 time=30 ms
    Reply from 3.3.3.3: bytes=56 Sequence=5 ttl=254 time=20 ms
  --- 3.3.3.3 ping statistics ---
    5 packet(s) transmitted
    5 packet(s) received
    0.00% packet loss
    round-trip min/avg/max = 20/42/110 ms
```

8.2.5 任务四——RIPv2认证配置

RIP支持两种认证方式:一种是明文认证;另一种是密文认证。

步骤1 在AR1与AR2之间配置明文的认证。

在AR1上配置认证。

```
[AR1]interface GigabitEthernet 0/0/0
[AR1-GigabitEthernet0/0/0]rip authentication-mode simple huawei
```

步骤2 查看AR1与AR2之间的邻居关系。

```
[AR2]display rip 1 neighbor
---------------------------------------------------------------------------
 IP Address        Interface              Type    Last-Heard-Time
---------------------------------------------------------------------------
 10.1.2.1         GigabitEthernet0/0/0    RIP       0:1:44
 Number of RIP routes   : 1
 10.2.3.3         GigabitEthernet0/0/1    RIP       0:0:1
 Number of RIP routes   : 2
```

观察以上阴影部分,不难发现AR2与AR1之间的路由信息已经很久没有收到更新了,这是因为步骤1只在AR1上配置了认证,而没有在AR2上配置认证,这种做法导致认证失败。

步骤3 在AR2上配置相对应的认证。

(1) 在AR2上配置认证。

```
[AR2]interface GigabitEthernet 0/0/0
[AR2-GigabitEthernet0/0/0]rip authentication-mode simple huawei
```

（2）再次查看 AR1 与 AR2 之间的邻居关系。

```
[AR2]display rip 1 neighbor
---------------------------------------------------------------------------
 IP Address      Interface               Type   Last-Heard-Time
---------------------------------------------------------------------------
 10.1.2.1        GigabitEthernet0/0/0    RIP    0:0:2
 Number of RIP routes  : 1
 10.2.3.3        GigabitEthernet0/0/1    RIP    0:0:20
 Number of RIP routes  : 2
```

以上输出结果显示，AR2 再次收到了 AR1 的更新。

步骤 4 在 AR2 与 AR3 之间使用密文的认证。

（1）在 AR2 上：

```
[AR2]interface GigabitEthernet 0/0/1
[AR2-GigabitEthernet0/0/1]rip authentication-mode md5 nonstandard cipher huawei2 1
```

（2）在 AR3 上：

```
[AR3]interface GigabitEthernet 0/0/1
[AR3-GigabitEthernet0/0/1]rip authentication-mode md5 nonstandard cipher huawei2 1
```

管理员在命令 rip authentication mode 中选择关键字 md5，就表示使用了加密认证。在关键字 md5 后，管理员可以选择两种数据包加密格式：nonstandard（IETF 格式）和 usual（华为格式）。关键字 cipher 能够在配置中把密码进行加密。后面的 huawei2 是管理员使用的密码字符串，1 是 MD5 认证使用的密钥 ID，这两个值必须在认证的双方设备上保持一致。

（3）再次查看邻居关系。

```
[AR3]display rip 1 neighbor
---------------------------------------------------------------------------
 IP Address      Interface               Type   Last-Heard-Time
---------------------------------------------------------------------------
 10.2.3.2        GigabitEthernet0/0/1    RIP    0:0:28
 Number of RIP routes  : 3
```

8.3 命令汇总

本章相关命令如表 8-3 所列。

表8-3　本章命令汇总

命令	描述
rip [*process-id*]	创建RIP进程并进入RIP视图
network *network-address*	在指定网段接口上使能RIP
silent-interface {*interface-type* *interface-number* |**all**}	配置接口工作在抑制状态
version {1|2}	配置全局RIP版本
undo summary	关闭RIP-2自动路由聚合功能
rip split-horizon	使能水平分割功能
rip poison-reverse	使能毒性逆转功能
display rip *process-id*	显示RIP的当前运行状态及配置信息
display rip *process-id* **database**	显示RIP发布数据库的所有激活路由
display rip *process-id* **interface** [*interface-type* *interface-number*]	显示RIP的接口信息
display rip *process-id* **route** [*ip-address* {*mask*|*mask-length*}|**peer** *ip-address*|**statistics**]	显示指定RIP进程的路由信息

思考题

1. RIP路由为什么要采用防环机制？

2. 什么情况下可以使用汇总路由而不导致网络故障？

3. 在完成RIP动态路由配置后，最远两端能够ping通，请问网络中间的任意两点间也能ping通吗？为什么？

4. 静态路由和动态路由协议的区别是什么？

实验9　OSPF路由协议配置

9.1　实验介绍

9.1.1　关于本实验

开放式最短路径优先(Open Shortest Path First,OSPF)协议是一个内部网关协议(Interior Gateway Protocol,IGP),用于在单一自治系统(Autonomous System,AS)内决策路由。它是对链路状态路由协议的一种实现,隶属内部网关协议(IGP),故用于自治系统内部。著名的Dijkstra算法被用来计算最短路径树。OSPF支持负载均衡和基于服务类型的选路,也支持多种路由形式,如特定主机路由和子网路由等。OSPF协议作为常用动态路由协议,可以帮助学生更好、更快地理解动态路由协议的基本工作原理与配置方法,为将来学习其他动态路由协议打好基础。

9.1.2　实验目标

掌握OSPF配置基础;

掌握OSPF认证配置;

掌握OSPF多区域配置;

掌握OSPF特殊区域配置。

9.1.3　实验拓扑图

OSPF路由背景:某公司需要扩张销售规模,要求开设3个分公司,即分公司1、分公司2、分公司3,三者之间拓扑如图9-1所示,拟通过OSPF路由协议实现三者之间互通;其中分公司1位于area 0区域,分公司2位于area 1区域,分公司3位于area 2区域。

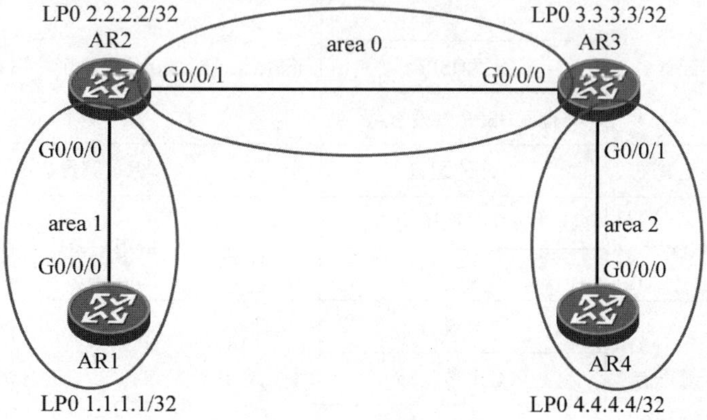

图9-1　OSPF实验拓扑图

9.1.4 地址规划

实验中的OSPF基础配置和OSPF认证配置的统一编址方式如表9-1所列。OSPF多区域配置和OSPF特殊区域配置的拓扑及地址规划有所不同,具体见任务中的拓扑规划。

表9-1 地址分配列表

设备	接口	IP地址	子网掩码	默认网关
AR1	G0/0/0	10.1.1.1	255.255.255.0	N/A
	Loop0	1.1.1.1	255.255.255.255	N/A
AR2	G0/0/0	10.1.1.2	255.255.255.0	N/A
	G0/0/1	10.1.2.1	255.255.255.0	N/A
	Loop0	2.2.2.2	255.255.255.255	N/A
AR3	G0/0/0	10.1.2.2	255.255.255.0	N/A
	G0/0/1	10.1.3.1	255.255.255.0	N/A
	Loop0	3.3.3.3	255.255.255.255	N/A
AR4	G0/0/1	10.1.3.2	255.255.255.0	N/A
	Loop0	4.4.4.4	255.255.255.255	N/A

9.1.5 所需资源

4台路由器(支持华为Version 5.130版镜像的华为AR2200或同类路由器,或使用华为eNSP模拟器3.9及以上版本)。

9.1.6 实验任务列表

实验任务列表如表9-2所列。

表9-2 实验任务列表

序号	任务	子任务	应用场景
1	OSPF基本配置	建立实验拓扑	OSPF入门配置,OSPF整个协议在现网中应用都不多
		配置OSPF	
		验证OSPF相关信息	
2	OSPF认证配置	认证的配置	保证路由表的安全
3	OSPF多区域配置	建立拓扑并初始化设备	适用于大规模的网络
		配置OSPF	
4	OSPF特殊区域配置	末节区域	进一步优化网络,减少特殊区域的LSA和路由数量
		完全末节区域	
		非纯末节区域	

9.2 实验任务

9.2.1 配置思路

本实验由浅入深,从最基本的OSPF配置开始,包括使能OSPF、创建进程、创建区域,以实现全网互通为目的。为了利于理解,本实验的拓扑图力求简单,以助于更快、更轻松地掌握OSPF的相关知识要点。

9.2.2 任务一——OSPF基础配置

步骤1 在路由器AR1、AR2、AR3、AR4的连接端口分别配置端口IP地址,使直连链路连通。

在AR1上:

```
<Huawei>sys
Enter system view, return user view with Ctrl+Z.
[Huawei]sys AR1
[AR1]int LoopBack 0
[AR1-LoopBack0]ip address 1.1.1.1 32
[AR2-LoopBack0]int g0/0/0
[AR1-GigabitEthernet0/0/0]ip address 10.1.1.1 24
```

在AR2上:

```
<Huawei>sys
[Huawei]sys AR2
[AR2]int LoopBack 0
[AR2-LoopBack0]ip address 2.2.2.2 32
[AR2-LoopBack0]int g0/0/0
[AR2-GigabitEthernet0/0/0]ip address 10.1.1.2 24
[AR2-GigabitEthernet0/0/0]int g0/0/1
[AR2-GigabitEthernet0/0/1]ip address 10.1.2.1 24
```

在AR3上:

```
<Huawei>sys
[Huawei]sys AR3
[AR3]int LoopBack 0
[AR3-LoopBack0]ip address 3.3.3.3 32
[AR3-LoopBack0]int g0/0/0
[AR3-GigabitEthernet0/0/0]ip address 10.1.2.2 24
[AR3-GigabitEthernet0/0/0]int g0/0/1
[AR3-GigabitEthernet0/0/1]ip address 10.1.3.1 24
```

在AR4上：

```
<Huawei>sys
[Huawei]sys AR4
[AR4]int LoopBack 0
[AR4-LoopBack0]ip address 4.4.4.4 32
[AR4-LoopBack0]int g0/0/0
[AR4-GigabitEthernet0/0/0]ip address 10.1.3.2 24
```

步骤2 在路由器AR1、AR2、AR3、AR4上分别使能OSPF、创建进程、创建区域。

骨干区域(area 0)：

在AR2上：

```
[AR2]router-id 2.2.2.2
[AR2]ospf
[AR2-ospf-1]area 0
[AR2-ospf-1-area-0.0.0.0]network 10.1.2.0 0.0.0.255
[AR2-ospf-1-area-0.0.0.0]network 2.2.2.2 0.0.0.0
```

在AR3上：

```
[AR3]router-id 3.3.3.3
[AR3]ospf
[AR3-ospf-1]area 0
[AR3-ospf-1-area-0.0.0.0]network 10.1.2.0 0.0.0.255
[AR3-ospf-1-area-0.0.0.0]network 3.3.3.3 0.0.0.0
```

非骨干区域(area 1)：

在AR1上：

```
[AR1]router-id 1.1.1.1
[AR1]ospf
[AR1-ospf-1]area 1
[AR1-ospf-1-area-0.0.0.1]network 10.1.1.0 0.0.0.255
[AR1-ospf-1-area-0.0.0.0]network 1.1.1.1 0.0.0.0
```

在AR2上：

```
[AR2]ospf
[AR2-ospf-1]area 1
[AR2-ospf-1-area-0.0.0.1]network 10.1.1.0 0.0.0.255
```

非骨干区域(area 2)：

在AR4上：

```
[AR4]router-id 4.4.4.4
[AR4]ospf
[AR4-ospf-1]area 2
[AR4-ospf-1-area-0.0.0.2]network 10.1.3.0 0.0.0.255
[AR4-ospf-1-area-0.0.0.2]network 4.4.4.4 0.0.0.0
```

在AR3上：

```
[AR3]ospf
[AR3-ospf-1]area 2
[AR3-ospf-1-area-0.0.0.2]network 10.1.3.0 0.0.0.255
```

可以看到我们直接输入OSPF命令后，默认启动的进程号是1号，该进程号用于区别不同的OSPF，只在本路由器中有效。

步骤3　在网络中的路由设备上使用命令，查看OSPF的路由信息。

配置完成，各路由器之间相互连通，可查看各路由器的接口信息display ospf interface，路由信息 display ospf routing，IP路由表中的OSPF路由display ip routing-table。

步骤4　结合查看到的路由信息，使用Wireshark抓包分析OSPF报文，并回答问题。

观察OSPF状态从邻居到邻接变化有哪些步骤?

Down：这是邻居的初始状态，表示没有在邻居失效时间间隔内收到来自邻居路由器的Hello数据包。

Attempt：此状态只在NBMA网络上存在，表示没有收到邻居的任何信息，但是已经周期性地向邻居发送报文，发送间隔为Hello lnterval。如果Router Dead lnterval间隔内未收到邻居的Hello报文，则转为Down状态。

Lnit：在此状态下，路由器已经从邻居收到了Hello报文，但是自己不在所收到的Hello报文的邻居列表中，尚未与邻居建立双向通信关系。

2-Way：在此状态下，双向通信已经建立，但是没有与邻居建立邻接关系。这是建立邻接关系以前的最高级状态。

ExStat：这是形成邻接关系的第一个步骤，邻居状态变成此状态以后，路由器开始向邻居发送DD报文。主从关系是在此状态下形成的，初始DD序列号也是在此状态下决定的。在此状态下，发送的DD报文不包含链路状态描述。

Exchange：此状态下路由器相互发送包含链路状态信息摘要的DD报文，描述本地LSDB的内容Loading：相互发送LSR报文请求LSA，发送LSU报文通告LSA Full：路由器的LSDB已经同步。

结合实验抓包说说OSPF的5种报文名称。

Hello报文：OSPF最常用的报文，作用为建立和维护跟邻接的关系，周期性地能在OSPF的接口上发送的报文包括以下定时器的数值、网络中的DR、BDR以及已经知道的邻居。

DD报文：两台设备在邻接关系初始化时，用DD报文描述本端设备的LSDB，进行数据库的同步。

LSR报文：两台设备交换过DD报文，需要发送LSR报文向对方请求更新LSA，内容包括所需要的LSA的报文信息。

LSU报文：LSU报文用来向对端设备发送其所需要的LSA或者泛洪本端更新的LSA，内容是多条LSA（全部内容）的集合，为了实现Flooding的可靠性传输，需要LSAck报文对其进行确认，对没有收到确认报文的LSA进行重传，重传的LSA是直接发送邻居的。

LSAck报文：LSAck报文用来对接收到的LSU报文进行确认，内容是需要确认的LSA的Header（一个LSAck报文可对多个LSA进行确认）。

9.2.3 任务二——OSPF认证配置

OSPF支持两种认证方式，分别为明文和加密的认证。密文的认证方法显然比明文的认证方法安全，因此，密文认证也是OSPF认证的最佳做法（Best Practice）。

在配置认证时，可以配置基于区域的认证，也可以配置基于接口的认证。具体使用哪一种需要根据实际情况而定。

步骤1 在area 2中添加路由器AR5，并在AR5上开启基于区域的密文认证，并且密码在配置文件中显示时也要加密。

（1）在AR5上配置认证。

```
[AR5]ospf 1
[AR5-ospf-1]area 2
[AR5-ospf-1-area-0.0.0.2]authentication-mode md5 1 cipher huawei
```

（2）查看配置文件。

```
<省略一部分输出内容>
ospf 1 router-id 10.0.0.5
 area 0.0.0.2
  authentication-mode md5 1 cipher %$%$Zgq~MY`l%@BV%H4Yne]%*;Er%$%$
  network 10.0.0.0 0.0.0.255
<省略一部分输出内容>
```

根据上面的输出信息可以看到，我们配置密码被加密了，这样可以更好地保护密码安全。

（3）再次查看AR5的邻居关系。

```
[AR5]display ospf peer
          OSPF Process 1 with Router ID 10.0.0.5
[AR5]
```

如上所示，鉴于只有AR5配置了密码，而AR4没有配置密码，所以AR5无法与它建立邻居关系。

步骤2　在AR4上配置基于区域的认证，密码在配置文件中以明文的形式显示。

（1）在AR4上配置认证。

```
[AR4]ospf 1
[AR4-ospf-1]area 2
[AR4-ospf-1-area-0.0.0.2]authentication-mode md5 1 plain huawei
```

（2）查看配置文件。

```
[AR4]display current-configuration
<省略一部分输出内容>
ospf 1 router-id 4.4.4.4
 area 0.0.0.2
  authentication-mode md5 1 plain huawei
  network 10.0.0.0 0.0.0.255
<省略一部分输出内容>
```

根据上面的输出信息可以看到，配置文件中的密码是用明文的形式显示出来的。这种显示方法虽然可以防止网络管理员忘记密码，但是密码的安全性却比较无法得到保障。

（3）配置完认证后，再次查看邻居是否正常建立。

```
[AR4]display ospf peer
        OSPF Process 1 with Router ID 4.4.4.4
                Neighbors
 Area 0.0.0.2 interface 10.0.0.5(GigabitEthernet0/0/2)'s neighbors
 Router ID: 10.0.0.5          Address: 10.0.0.5
   State: Full  Mode:Nbr is  Master  Priority: 1
   DR: 10.0.0.5  BDR: 10.0.0.4  MTU: 0
   Dead timer due in 26  sec
   Retrans timer interval: 5
   Neighbor is up for 00:20:13
   Authentication Sequence: [ 15009]
```

上面的输出结果显示，AR4与AR5之间已经正常建立了邻居。

步骤3　在AR2上配置与AR1接口的安全认证，密码在配置文件中显示时也要加密。

（1）在AR2上进行配置。在AR1上的配置命令与AR2相同。

```
[AR2]interface GigabitEthernet 0/0/0
[AR2-GigabitEthernet0/0/0]ospf authentication-mode md5 1 cipher huawei
```

（2）查看AR2与AR1之间的邻居关系。

```
[AR2]display ospf peer GigabitEthernet 0/0/0
          OSPF Process 1 with Router ID 2.2.2.2
                    Neighbors
 Area 0.0.0.1 interface 10.2.5.2(GigabitEthernet0/0/1)'s neighbors
 Router ID: 1.1.1.1          Address: 10.1.1.1
   State: Full  Mode:Nbr is  Master  Priority: 1
   DR: None   BDR: None   MTU: 0
   Dead timer due in 51  sec
   Retrans timer interval: 5
   Neighbor is up for 00:02:55
   Authentication Sequence: [ 17102]
```

上面的输出结果显示，AR2也与AR1正常建立了邻居关系。

9.2.4 任务三——OSPF多区域配置

结合任务一重新规划实验拓扑，如图9-2所示。

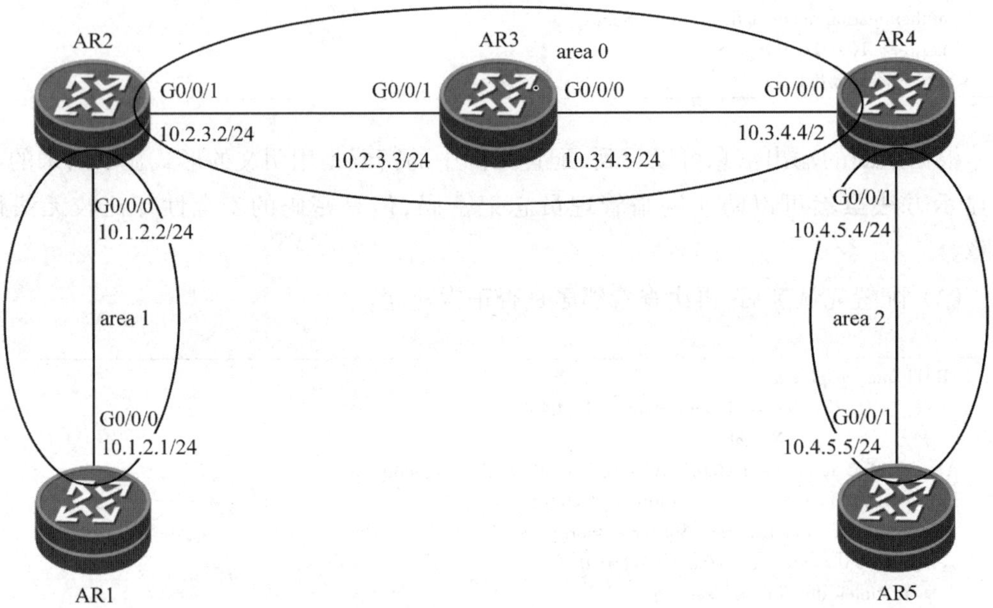

图9-2 多区域OSPF实验拓扑图

根据网络拓扑规划接口地址。

（1）所有地址都属于10.0.0.0/8网段，所有互联子网都是24位的掩码长度，所有环回接口都是32位的掩码长度。

（2）路由器直连网段的子网位使用两侧直连路由器的编号，按从小到大的顺序排列，如AR1与AR2之间网段就是10.1.2.0/24。

（3）路由器直连网段的主机位使用该路由器的编号，如AR1连接AR2的接口地址就是10.1.2.1/24，而对端AR2的地址则是10.1.2.2/24。

（4）路由器环回接口的子网位和主机位都使用路由器的编号，如AR2的环回接口地址就是10.2.2.2/32。

具体地址如表9-3所列。

表9-3 地址分配列表

设备	接口	IP地址	子网掩码	默认网关
AR1	GE0/0/0	10.1.2.1	255.255.255.0	N/A
	Loop0	10.1.1.1	255.255.255.255	N/A
AR2	GE0/0/0	10.1.2.2	255.255.255.0	N/A
	GE0/0/1	10.2.3.2	255.255.255.0	N/A
	Loop0	10.2.2.2	255.255.255.255	N/A
AR3	GE0/0/1	10.2.3.3	255.255.255.0	N/A
	GE0/0/0	10.3.4.3	255.255.255.0	N/A
	Loop0	10.3.3.3	255.255.255.255	N/A
AR4	GE0/0/0	10.3.4.4	255.255.255.0	N/A
	GE0/0/1	10.4.5.4	255.255.255.0	N/A
	Loop0	10.4.4.4	255.255.255.255	N/A
AR5	GE0/0/1	10.4.5.5	255.255.255.0	N/A
	Loop0	10.5.5.5	255.255.255.255	N/A

梳理选择实验资源：

5台路由器（支持华为Version 5.130版镜像的华为AR2200或同类路由器，或使用华为eNSP模拟器3.9及以上版本）。

配置步骤如下。

步骤1 建立如图9-2所示的网络。

（1）初始化设备并加载路由器。

（2）完成路由器基本配置，如配置路由器名称和接口IP地址等。

（3）测试直连接口的连通性，要求所有直连接口可达。

步骤2 配置AR2、AR3、AR4为骨干区域。

（1）在AR2、AR3、AR4之间配置单区域的OSPF，把直连接口及回环口均宣告进area 0。

在AR2上：

```
[AR2]ospf 1 router-id 10.2.2.2
[AR2-ospf-1]area 0
[AR2-ospf-1-area-0.0.0.0]network 10.2.3.2 0.0.0.0
[AR2-ospf-1-area-0.0.0.0]network 10.2.2.2 0.0.0.0
```

在AR3上：

```
[AR3]ospf 1 router-id 10.3.3.3
[AR3-ospf-1]area 0
[AR3-ospf-1-area-0.0.0.0]network 10.2.3.3 0.0.0.0
[AR3-ospf-1-area-0.0.0.0]network 10.3.4.3 0.0.0.0
[AR3-ospf-1-area-0.0.0.0]network 10.3.3.3 0.0.0.0
```

在AR4上：

```
[AR4]ospf 1 router-id 10.4.4.4
[AR4-ospf-1]area 0
[AR4-ospf-1-area-0.0.0.0]network 10.3.4.4 0.0.0.0
[AR4-ospf-1-area-0.0.0.0]network 10.4.4.4 0.0.0.0
```

（2）在AR3上查看邻居表。

```
[AR3]display ospf peer brief
        OSPF Process 1 with Router ID 10.3.3.3
                Peer Statistic Information
 ----------------------------------------------------------------------------
 Area Id          Interface                    Neighbor id      State
 0.0.0.0          GigabitEthernet0/0/1         10.2.2.2         Full
 0.0.0.0          GigabitEthernet0/0/0         10.4.4.4         Full
 ----------------------------------------------------------------------------
```

以上输出结果显示，AR2、AR3、AR4之间的OSPF邻居已经正常建立起来了。

（3）在AR2查看路由表。

```
[AR2]display ip routing-table protocol ospf
Route Flags: R - relay, D - download to fib
------------------------------------------------------------------------------
Public routing table : OSPF
        Destinations : 3        Routes : 3
OSPF routing table status : <Active>
        Destinations : 3        Routes : 3
Destination/Mask    Proto   Pre  Cost    Flags NextHop         Interface
   10.3.3.3/32      OSPF    10   1       D     10.2.3.3        GigabitEthernet0/0/1
   10.3.4.0/24      OSPF    10   2       D     10.2.3.3        GigabitEthernet0/0/1
   10.4.4.4/32      OSPF    10   2       D     10.2.3.3        GigabitEthernet0/0/1
OSPF routing table status : <Inactive>
        Destinations : 0        Routes : 0
```

以上输出结果显示，骨干区域已经能够正常学习到路由了。

步骤3　按照拓扑所示将AR1与AR2之间的网络配置为area 1。

（1）在AR2上把连接AR1的接口划入area 1。

```
[AR2]ospf 1
[AR2-ospf-1]area 1
[AR2-ospf-1-area-0.0.0.1]network 10.1.2.2 0.0.0.0
```

（2）把AR1上的所有接口均划入area 1。

```
[AR1]ospf 1 router-id 1.1.1.1
[AR1-ospf-1]area 1
[AR1-ospf-1-area-0.0.0.1]network 10.1.2.1 0.0.0.0
[AR1-ospf-1-area-0.0.0.1]network 10.1.1.1 0.0.0.0
```

（3）查看AR1的路由表。

```
[AR1]display ip routing-table protocol ospf
Route Flags: R - relay, D - download to fib
------------------------------------------------------------------------------
Public routing table : OSPF
         Destinations : 5          Routes : 5
OSPF routing table status : <Active>
         Destinations : 5          Routes : 5
Destination/Mask    Proto   Pre  Cost       Flags NextHop         Interface
    10.2.2.2/32     OSPF    10   1            D   10.1.2.2        GigabitEthernet0/0/0
    10.2.3.0/24     OSPF    10   2            D   10.1.2.2        GigabitEthernet0/0/0
    10.3.3.3/32     OSPF    10   2            D   10.1.2.2        GigabitEthernet0/0/0
    10.3.4.0/24     OSPF    10   3            D   10.1.2.2        GigabitEthernet0/0/0
    10.4.4.4/32     OSPF    10   3            D   10.1.2.2        GigabitEthernet0/0/0
OSPF routing table status : <Inactive>
         Destinations : 0          Routes : 0
```

以上输出结果表示，AR1已经学习到了骨干区域（即area 0）的所有路由。

（4）查看OSPF路由分类。

```
[AR1]display ospf routing
         OSPF Process 1 with Router ID 1.1.1.1
                  Routing Tables
 Routing for Network
 Destination        Cost  Type         NextHop        AdvRouter       Area
 10.1.1.1/32        0     Stub         10.1.1.1       1.1.1.1         0.0.0.1
 10.1.2.0/24        1     Transit      10.1.2.1       1.1.1.1         0.0.0.1
 10.2.2.2/32        1     Inter-area   10.1.2.2       10.2.2.2        0.0.0.1
 10.2.3.0/24        2     Inter-area   10.1.2.2       10.2.2.2        0.0.0.1
```

```
10.3.3.3/32      2    Inter-area   10.1.2.2     10.2.2.2     0.0.0.1
10.3.4.0/24      3    Inter-area   10.1.2.2     10.2.2.2     0.0.0.1
10.4.4.4/32      3    Inter-area   10.1.2.2     10.2.2.2     0.0.0.1
Total Nets: 7
Intra Area: 2  Inter Area: 5  ASE: 0  NSSA: 0
```

如上面的阴影部分所示，AR1学习到的路由类型为Inter-area，即区域间的路由。

步骤4 按照拓扑所示将AR4与AR5之间的网络配置为area 2。

（1）在AR4上：

```
[AR4]ospf 1
[AR4-ospf-1]area 2
[AR4-ospf-1-area-0.0.0.2]network 10.4.5.4 0.0.0.0
```

（2）在AR5上：

```
[AR5]ospf 1 router-id 10.5.5.5
[AR5-ospf-1]area 2
[AR5-ospf-1-area-0.0.0.2]network 10.4.5.5 0.0.0.0
[AR5-ospf-1-area-0.0.0.2]network 10.5.5.5 0.0.0.0
```

（3）查看AR5上学习到的区域间的路由。

```
[AR5]display ospf routing
          OSPF Process 1 with Router ID 10.5.5.5
                   Routing Tables
 Routing for Network
 Destination      Cost  Type        NextHop      AdvRouter     Area
 10.4.5.0/24      1     Transit     10.4.5.5     10.5.5.5      0.0.0.2
 10.5.5.5/32      0     Stub        10.5.5.5     10.5.5.5      0.0.0.2
 10.1.1.1/32      4     Inter-area  10.4.5.4     10.4.4.4      0.0.0.2
 10.1.2.0/24      4     Inter-area  10.4.5.4     10.4.4.4      0.0.0.2
 10.2.2.2/32      3     Inter-area  10.4.5.4     10.4.4.4      0.0.0.2
 10.2.3.0/24      3     Inter-area  10.4.5.4     10.4.4.4      0.0.0.2
 10.3.3.3/32      2     Inter-area  10.4.5.4     10.4.4.4      0.0.0.2
 10.3.4.0/24      2     Inter-area  10.4.5.4     10.4.4.4      0.0.0.2
 10.4.4.4/32      1     Inter-area  10.4.5.4     10.4.4.4      0.0.0.2
 Total Nets: 9
 Intra Area: 2  Inter Area: 7  ASE: 0  NSSA: 0
```

步骤5 测试连通性。

在AR5上测试去往与AR1环回接口之间的连通性。

```
[AR5]ping 10.1.1.1
  PING 10.1.1.1: 56  data bytes, press CTRL_C to break
    Reply from 10.1.1.1: bytes=56 Sequence=1 ttl=252 time=100 ms
    Reply from 10.1.1.1: bytes=56 Sequence=2 ttl=252 time=40 ms
    Reply from 10.1.1.1: bytes=56 Sequence=3 ttl=252 time=50 ms
    Reply from 10.1.1.1: bytes=56 Sequence=4 ttl=252 time=40 ms
    Reply from 10.1.1.1: bytes=56 Sequence=5 ttl=252 time=40 ms
  --- 10.1.1.1 ping statistics ---
    5 packet(s) transmitted
    5 packet(s) received
    0.00% packet loss
    round-trip min/avg/max = 40/54/100 ms
[AR5]tracert 10.1.1.1
 traceroute to  10.1.1.1(10.1.1.1), max hops: 30 ,packet length: 40,press CTRL_C to break
 1 10.4.5.4 30 ms  20 ms  30 ms
 2 10.3.4.3 30 ms  30 ms  30 ms
 3 10.2.3.2 40 ms  40 ms  40 ms
 4 10.1.2.1 30 ms  30 ms  50 ms
```

9.2.5　任务四——OSPF特殊区域配置

步骤1　如图9-2所示，将area 1配置为一个末节(Stub)区域。

(1) 在AR1上：

```
[AR1]ospf 1
[AR1-ospf-1]area 1
[AR1-ospf-1-area-0.0.0.1]stub
```

(2) 做出以上修改后，会发现AR1与AR2之间的邻居关系会断开，如下所示。

```
Jul 14 2017 17:45:22-08:00 AR1 %%01OSPF/3/NBR_CHG_DOWN(l)[0]: Neighbor event: neighbor state changed to Down. (ProcessId=256, NeighborAddress=2.2.2.10, NeighborEvent=KillNbr, NeighborPreviousState=Full, NeighborCurrentState=Down)
[AR1-ospf-1-area-0.0.0.1]
Jul 14 2017 17:45:22-08:00 AR1 %%01OSPF/3/NBR_DOWN_REASON(l)[1]:Neighbor state leaves full or changed to Down. (ProcessId=256, NeighborRouterId=2.2.2.10, NeighborAreaId=16777216, NeighborInterface=GigabitEthernet0/0/0, NeighborDownImmediate reason=Neighbor Down Due to Kill Neighbor, NeighborDownPrimeReason=Area reset, NeighborChangeTime=2017-07-14 17:45:22-08:00)
```

根据以上输出，请解释原因。

如果一个区域需要配置特殊区域，要求此区域的所有路由器均要配置；否则，该区域的路由器之间就无法建立邻居关系。在一台路由器上将某个区域设置为特殊区域后，路由器发送的Hello消息就会把特殊区域置位，其他路由器在建立邻居时需要检查这个字段。

(3) 在AR2上同样将area 1区域配置为Stub区域。

```
[AR2]ospf 1
[AR2-ospf-1]area 1
[AR2-ospf-1-area-0.0.0.1]stub
```

步骤2 在AR1上观察状态。

（1）查看邻居状态。

```
[AR1]display ospf peer brief
         OSPF Process 1 with Router ID 1.1.1.1
                  Peer Statistic Information
 ----------------------------------------------------------------------------
 Area Id          Interface                        Neighbor id      State
 0.0.0.1          GigabitEthernet0/0/0             10.2.2.2         Full
 ----------------------------------------------------------------------------
```

以上输出结果显示，AR1与AR2之间已经重新建立了邻居关系。

（2）查看区域状态。

```
[AR1]display ospf brief
<省略一部分输出内容>
Area: 0.0.0.1          (MPLS TE not enabled)
 Authtype: None    Area flag:   Stub
 SPF scheduled Count: 6
 ExChange/Loading Neighbors: 0
 Router ID conflict state: Normal
 Area interface up count: 2
<省略一部分输出内容>
```

上面的阴影部分表示，area 1已经被配置为了Stub区域。

（3）查看路由表的变化。

```
[AR1]display ospf routing
         OSPF Process 1 with Router ID 1.1.1.1
                  Routing Tables
 Routing for Network
 Destination        Cost  Type        NextHop       AdvRouter      Area
 10.1.1.1/32          0   Stub        10.1.1.1       1.1.1.1       0.0.0.1
 10.1.2.0/24          1   Transit     10.1.2.1       1.1.1.1       0.0.0.1
 0.0.0.0/0            2   Inter-area  10.1.2.2      10.2.2.2       0.0.0.1
 10.2.2.2/32          1   Inter-area  10.1.2.2      10.2.2.2       0.0.0.1
 10.2.3.0/24          2   Inter-area  10.1.2.2      10.2.2.2       0.0.0.1
 10.3.3.3/32          2   Inter-area  10.1.2.2      10.2.2.2       0.0.0.1
 10.3.4.0/24          3   Inter-area  10.1.2.2      10.2.2.2       0.0.0.1
 10.4.4.4/32          3   Inter-area  10.1.2.2      10.2.2.2       0.0.0.1
 10.4.5.0/24          4   Inter-area  10.1.2.2      10.2.2.2       0.0.0.1
 Total Nets: 9
 Intra Area: 2  Inter Area: 7  ASE: 0  NSSA: 0
```

以上输出信息表示，AR1不能再学到区域外部的路由了。

步骤3　在AR1上引入一条直连路由。

（1）在AR1上配置一个新的Loopback接口。

```
[AR1]interface LoopBack 1
[AR1-LoopBack1]ip address 100.1.1.1 32
```

（2）引入直连路由。

```
[AR1]ospf 1
[AR1-ospf-1]import-route direct
```

（3）查看OSPF的数据库。

```
[AR1]display ospf lsdb
         OSPF Process 1 with Router ID 1.1.1.1
                 Link State Database
                         Area: 0.0.0.1
 Type       LinkState ID    AdvRouter        Age  Len   Sequence   Metric
 Router     10.2.2.2        10.2.2.2         580  36    80000004    1
 Router     1.1.1.1         1.1.1.1           41  48    8000000A    1
 Network    10.1.2.1        1.1.1.1          576  32    80000002    0
 Sum-Net    0.0.0.0         10.2.2.2         588  28    80000001    1
 Sum-Net    10.3.4.0        10.2.2.2         588  28    80000001    2
 Sum-Net    10.4.5.0        10.2.2.2         588  28    80000001    3
 Sum-Net    10.4.4.4        10.2.2.2         588  28    80000001    2
 Sum-Net    10.2.3.0        10.2.2.2         588  28    80000001    1
 Sum-Net    10.2.2.2        10.2.2.2         588  28    80000001    0
 Sum-Net    10.3.3.3        10.2.2.2         588  28    80000001    1
```

以上输出信息表示，AR1上并没有成功引入外部路由。

Stub区域最本质的作用，就是拒绝类型5和类型4的LSA进入此区域。因此，引起的现象就是，从别的区域引入的外部路由，Stub区域不能学习，而Stub区域也不能引入外部的路由。

步骤4　配置area 1为完全末节区域(Totally Stub Area)。

（1）在area 1的ABR上，即AR2上配置完全末节区域。

```
[AR2]ospf 1
[AR2-ospf-1]area 1
[AR2-ospf-1-area-0.0.0.1]stub no-summary
```

（2）再次查看AR1上的路由表变化。

```
[AR1]display ospf routing
        OSPF Process 1 with Router ID 1.1.1.1
                Routing Tables
 Routing for Network
 Destination        Cost  Type         NextHop         AdvRouter       Area
 10.1.1.1/32        0     Stub         10.1.1.1        1.1.1.1         0.0.0.1
 10.1.2.0/24        1     Transit      10.1.2.1        1.1.1.1         0.0.0.1
 0.0.0.0/0          2     Inter-area   10.1.2.2        10.2.2.2        0.0.0.1
 Total Nets: 3
 Intra Area: 2  Inter Area: 1  ASE: 0  NSSA: 0
```

以上输出表示，AR1上不能收到任何区域间的路由了，取而代之的是，学习到了一条默认路由。根据以上步骤，请总结完全末节区域的特性。

完全末节区域继承了末节区域的特性，这个区域也拒绝接收5类和4类的LSA。配置完全末节区域只需要在末节区域的ABR上配置命令no-summary，这个区域就会变为完全末节区域，它也就不会接收到区域间的路由了。同时，ABR会自动产生一条用3类的LSA描述的默认路由，让完全末节区域通过此默认路由把数据转发给ABR。

步骤5 将area 1配置为非纯末节区域(Not-So-Stubby-Area，NSSA)。

(1) 在AR1上：

```
[AR1]ospf 1
[AR1-ospf-1]area 1
[AR1-ospf-1-area-0.0.0.1]nssa
Error: The specified area has been configured as a STUB area.
//如上所示，当直接配置NSSA区域时，系统提示错误，因为已经配置了末节区域
[AR1-ospf-1-area-0.0.0.1]undo stub
[AR1-ospf-1-area-0.0.0.1]nssa
```

(2) 在AR2上执行同样的配置。

```
[AR2]ospf 1
[AR2-ospf-1]area 1
[AR2-ospf-1-area-0.0.0.1]undo stub
[AR2-ospf-1-area-0.0.0.1]nssa
```

(3) 查看AR1的路由表。

```
[AR1]display ip routing-table protocol ospf
Route Flags: R - relay, D - download to fib
------------------------------------------------------------------------------
Public routing table : OSPF
         Destinations : 7        Routes : 7
OSPF routing table status : <Active>
         Destinations : 7        Routes : 7
```

```
Destination/Mask    Proto   Pre  Cost    Flags NextHop      Interface
     0.0.0.0/0      O_NSSA  150   1        D   10.1.2.2     GigabitEthernet0/0/0
    10.2.2.2/32     OSPF    10    1        D   10.1.2.2     GigabitEthernet0/0/0
    10.2.3.0/24     OSPF    10    2        D   10.1.2.2     GigabitEthernet0/0/0
    10.3.3.3/32     OSPF    10    2        D   10.1.2.2     GigabitEthernet0/0/0
    10.3.4.0/24     OSPF    10    3        D   10.1.2.2     GigabitEthernet0/0/0
    10.4.4.4/32     OSPF    10    3        D   10.1.2.2     GigabitEthernet0/0/0
    10.4.5.0/24     OSPF    10    4        D   10.1.2.2     GigabitEthernet0/0/0
OSPF routing table status : <Inactive>
         Destinations : 0          Routes : 0
```

上面的阴影部分表示，AR1上依然不会学习到区域外部的路由，同时，AR1可以通过一条NSSA区域的默认路由去访问区域外的地址。

（4）查看AR2的路由表。

```
[AR2]display ip routing-table protocol ospf
Route Flags: R - relay, D - download to fib
------------------------------------------------------------------------------
Public routing table : OSPF
         Destinations : 7          Routes : 7
OSPF routing table status : <Active>
         Destinations : 7          Routes : 7
Destination/Mask    Proto   Pre  Cost   Flags    NextHop      Interface
   10.1.1.1/32   OSPF     10    1      D       10.1.2.1     GigabitEthernet0/0/0
   10.3.3.3/32   OSPF     10    1      D       10.2.3.3     GigabitEthernet0/0/1
   10.3.4.0/24   OSPF     10    2      D       10.2.3.3     GigabitEthernet0/0/1
   10.4.4.4/32   OSPF     10    2      D       10.2.3.3     GigabitEthernet0/0/1
   10.4.5.0/24   OSPF     10    3      D       10.2.3.3     GigabitEthernet0/0/1
   100.1.1.1/32  O_NSSA   150   1      D       10.1.2.1     GigabitEthernet0/0/0
   100.5.5.5/32  O_ASE    150   1      D       10.2.3.3     GigabitEthernet0/0/1
OSPF routing table status : <Inactive>
         Destinations : 0          Routes : 0
```

以上阴影部分表示，AR1上引入的外部路由被AR2学习到了。

请根据以上实验步骤，总结NSSA区域的特性。

NSSA区域继承了Stub区域的特点，它也会拒绝4类和5类的LSA。但NSSA区域允许存在ASBR去引入外部的路由，这类外部路由用7类LSA来表示，再由NSSA区域的ABR把类型7的LSA转换为类型5的LSA在整个OSPF域泛洪。

步骤6　将area 1配置为完全NSSA区域。

（1）在NSSA区域的ABR，即AR2上配置。

```
[AR2]ospf 1
[AR2-ospf-1]area 1
[AR2-ospf-1-area-0.0.0.1]nssa no-summary
```

（2）再次查看AR1的路由表。

```
[AR1]display ip routing-table protocol ospf
Route Flags: R - relay, D - download to fib
------------------------------------------------------------------------------
Public routing table : OSPF
         Destinations : 1          Routes : 1
OSPF routing table status : <Active>
         Destinations : 1          Routes : 1
Destination/Mask    Proto   Pre  Cost      Flags NextHop         Interface
       0.0.0.0/0    OSPF    10   2           D   10.1.2.2        GigabitEthernet0/0/0
OSPF routing table status : <Inactive>
         Destinations : 0          Routes : 0
```

以上信息输出显示,AR1没有再学习区域间的路由。

(3) 再次查看AR2的路由表。

```
[AR2]display ip routing-table protocol ospf
Route Flags: R - relay, D - download to fib
------------------------------------------------------------------------------
Public routing table : OSPF
         Destinations : 7          Routes : 7
OSPF routing table status : <Active>
         Destinations : 7          Routes : 7
Destination/Mask    Proto   Pre  Cost      Flags NextHop         Interface
    10.1.1.1/32     OSPF    10   1           D   10.1.2.1        GigabitEthernet0/0/0
    10.3.3.3/32     OSPF    10   1           D   10.2.3.3        GigabitEthernet0/0/1
    10.3.4.0/24     OSPF    10   2           D   10.2.3.3        GigabitEthernet0/0/1
    10.4.4.4/32     OSPF    10   2           D   10.2.3.3        GigabitEthernet0/0/1
    10.4.5.0/24     OSPF    10   3           D   10.2.3.3        GigabitEthernet0/0/1
    100.1.1.1/32    O_NSSA  150  1           D   10.1.2.1        GigabitEthernet0/0/0
    100.5.5.5/32    O_ASE   150  1           D   10.2.3.3        GigabitEthernet0/0/1
OSPF routing table status : <Inactive>
         Destinations : 0          Routes : 0
```

上面的阴影部分显示,AR2依然可以学习到AR1引入的外部路由。

请根据以上实现现象,总结完全NSSA区域的特性。

完全NSSA继承了NSSA区域的特点,它也会拒绝4类和5类的LSA,但它允许存在ASBR引入外部的路由。同时,ABR上不会向完全NSSA区域中引入3类的LSA。

9.3 命令汇总

本章相关命令如表9-4所列。

表9-4 本章命令汇总

命令	描述
abr-summary	在区域边界路由器(ABR)上配置路由聚合

续表

命令	描述
area	创建并进入OSPF区域视图
asbr-summary	设置OSPF对引入的路由进行聚合
authentication-mode	指定OSPF区域所使用的验证模式及验证口令。配置该命令相当于在指定区域所有路由器接口下使用相同的验证
bandwidth-reference	设置通过公式计算接口开销所依据的带宽参考值需要检查所有路由器的参照带宽配置是否一致,需要检查所有路由器的参照带宽配置是否一致
default-cost	指定OSPF发送到Stub或NSSA区域的Type-3默认路由的开销
default-route-advertise	将默认路由通告到普通OSPF区域
description	为OSPF进程配置描述信息
display default-parameter ospf	显示OSPF默认配置信息
display ospf abr-asbr	显示OSPF的区域边界路由器和自治系统边界路由器信息
display ospf asbr-summary	查看OSPF的路由聚合信息
display ospf brief	查看OSPF的概要信息
display ospf error	查看OSPF的错误信息。在检查OSPF的故障原因时,可执行此命令获取错误相关信息。用户可以根据这些信息进行OSPF的故障诊断等
display ospf global-statistics	查看OSPF协议的全局统计信息。如果不指定OSPF进程号,该命令将显示所有OSPF进程的概要信息
display ospf graceful-restart	查看OSPF GR的状态
display ospf interface	显示OSPF的接口信息,此命令的输出信息有助于查看OSPF配置及运行状态,进行故障诊断并验证配置效果
display ospf lsdb	显示OSPF的链路状态数据库信息
display ospf nexthop	显示OSPF的下一跳信息
display ospf peer	显示OSPF中各区域邻居的信息
display ospf routing	显示OSPF路由表的信息
display ospf spf-statistics	查看OSPF进程下路由计算的统计信息
display ospf vlink	显示OSPF的虚连接信息
filter export	在ABR上配置对本区域出方向的Summary LSA进行过滤
filter import	在ABR上配置对进入本区域的Summary LSA进行过滤

续表

命令	描述
filter-policy export	设置OSPF规则，对import-route（OSPF）命令引入的路由信息向OSPF自治系统内部以5类LSA形式发布时进行过滤
filter-policy import	设置OSPF规则，对接收的OSPF区域内、区域间和自治系统外部的路由进行过滤
import-route	引入其他路由协议学习到的路由信息
maximum load-balancing	使能到达路由表中目的地址的等价路由的最大数量
maximum-routes {external|inter|intra } *number*	确定OSPF支持的路由最大数目，可以设置的路由类型为区域内路由、区域间路由和区域外部路由
network *address wildcard-mask* [**description** *text*]	指定运行OSPF协议的接口和接口所属的区域
nexthop *ip-address* **weight** *value*	设置等价路由的优先级。在OSPF算出等价路由后，再根据weight的权重值从这些等价路由中选择下一跳，值越小，优先级越高
nssa	配置一个区域为NSSA区域
ospf	创建并运行OSPF进程
ospf authentication-mode	设置相邻路由器之间的验证模式及验证字
ospf cost	配置接口上运行OSPF协议所需的开销
ospf dr-priority	设置接口在选举DR时的优先级
ospf filter-lsa-out	配置对OSPF接口出方向的LSA进行过滤
ospf mtu-enable	使能接口在发送DD（Database Description packet）报文时填MTU值
ospf network-type	设置OSPF接口的网络类型
ospf timer dead	设置OSPF的邻居失效时间
ospf timer hello	设置接口发送Hello报文的时间间隔
ospf timer retransmit	设置接口重传LSA的时间间隔
peer	配置NBMA网络上相邻路由器IP地址及DR优先级
preference	设置OSPF协议路由的优先级
prefix-priority	配置OSPF路由的收敛优先级
reset ospf process	重启OSPF进程
silent-interface	禁止接口接收和发送OSPF报文
spf-schedule-interval	设置OSPF路由计算时间间隔
stub	将一个区域设置为Stub区域
stub-router	配置Stub路由器
vlink-peer *router-id*	创建并配置虚连接

思考题

1. 对比RIP路由协议与OSPF路由协议的区别。
2. 简述OSPF协议中采用的掩码与子网掩码存在的区别。
3. 通过OSPF日志信息输出,简述OSPF工作过程。

实验10　IP协议与ICMP协议分析

10.1　实验介绍

10.1.1　关于本实验

IP协议(Internet Protocol)和ICMP协议(Internet Control Message Protocol)是在网络通信中起关键作用的两个协议。对于IP协议和ICMP协议分析实验,可以从以下几个方面展开:数据包捕获和分析、路由和转发、ICMP错误消息处理。

10.1.2　实验目标

分析IP协议头部;

分析IP协议头部变动(MAC地址每段改变,TTL改变,校验和);

了解IP协议分片;

掌握ICMP协议帧结构。

10.1.3　实验拓扑图

IP协议与ICMP协议实验拓扑图如图10-1所示。

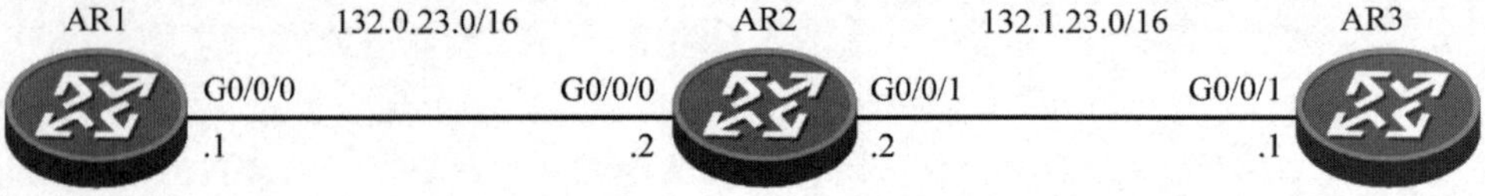

图10-1　IP协议与ICMP协议实验拓扑图

10.1.4　地址规划

具体地址如表10-1所列。

表10-1　地址分配列表

设备	接口	IP地址	子网掩码	默认网关
AR1	GE0/0/0	132.0.23.1	255.255.0.0	N/A
	Loo0	1.1.1.1	255.255.255.255	N/A
AR2	GE0/0/0	132.0.23.2	255.255.0.0	N/A
	GE0/0/1	132.1.23.2	255.255.0.0	N/A
	Loo0	2.2.2.2	255.255.255.255	N/A
AR3	GE0/0/1	132.1.23.1	255.255.0.0	N/A
	Loo0	3.3.3.3	255.255.255.255	N/A

10.1.5 所需资源

3台路由器(支持华为Version 5.130版镜像的华为AR2200或同类路由器,或使用华为eNSP模拟器3.9及以上版本)。

10.1.6 实验任务列表

实验任务列表如表10-2所列。

表10-2 实验任务列表

序号	任务	子任务	应用场景
1	IP协议	分析IP报文格式	指定部分数据包的通信行为;决定数据报是否应该转发以及如何转发
		IP数据包分片	
2	ICMP协议	抓包并分析ICMP报文	检查网络的连通性

10.2 实验任务

10.2.1 配置思路

本实验由浅入深,从最基本的接口地址及路由协议配置开始,模拟数据包在网络中的路由和转发过程,观察源IP地址、目标IP地址、协议类型、数据包长度、IP分片等信息,观察由路由器生成的ICMP错误消息,尝试在源主机上捕获和解析这些消息。希望通过以上实验,可以深入理解IP协议和ICMP协议在网络通信中的作用与机制。

10.2.2 任务一——接口地址及路由协议配置

步骤1 int g0/0/0接口配置。

```
[R1]ip add 132.0.23.1 255.255.0.0
```

网络号为132.0.23.0和132.1.23.0,其他接口配置过程IP同上。

步骤2 配置环回口和3台路由器的OSPF。

(1) 在R1上进行配置。

```
[R1]ospf 11 Router-id 1.1.1.1
[R1]area 0
[R1]network 1.1.1.1 0.0.0.0
[R1]network 132.0.0.0 0.0.255.255
```

(2) 在R2上进行配置。

```
[R2]ospf 22 Router-id 2.2.2.2
[R2]area 0
[R2]network 132.0.0.0 0.0.255.255
[R2]network 132.1.0.0 0.0.255.255
```

（3）在R3上进行配置。

```
[R3]ospf 33 Router-id 3.3.3.3
[R3]area 0
[R3]network 3.3.3.3 0.0.0.0
[R3]network 132.1.0.0 0.0.255.255
```

注意的是OSPF连接的不同的网络。

通过查看R1的路由表，发现有直连的，有通过R2与其他网络学习来的，如图10-2所示。

查看R2的OSPF邻接表。

```
Neighbor ID     Pri   State           Dead Time   Address         Interface
3.3.3.3           1   FULL/BDR        00:00:37    132.1.23.1      FastEthernet1/
0
1.1.1.1           1   FULL/DR         00:00:36    132.0.23.1      FastEthernet0/
0
```

图10-2 R2的OSPF邻接表

同样R3的邻居只有ID为2.2.2.2的网络，通过R2与其他网络学习来的

步骤3 在132.0.23.1 ping 132.1.23.1。

从132.0.23.1 ping 132.1.23.1，通过获取IP报文，可观察到TTL字段值从255起依次减1。

10.2.3 任务二——IP报文分析

IP协议是网络层的协议。IP协议是TCP/IP协议族的核心协议，其主要包含两个方面。一是IP头部信息，如图10-3所示。IP头部信息出现在每个IP数据报中，用于指定IP通信的源端IP地址、目的端IP地址，指导IP分片和重组，以及指定部分通信行为。二是IP数据报的路由和转发。IP数据报的路由和转发发生在除目标主机之外的所有主机和路由器上。它们决定数据报是否应该转发以及如何转发。

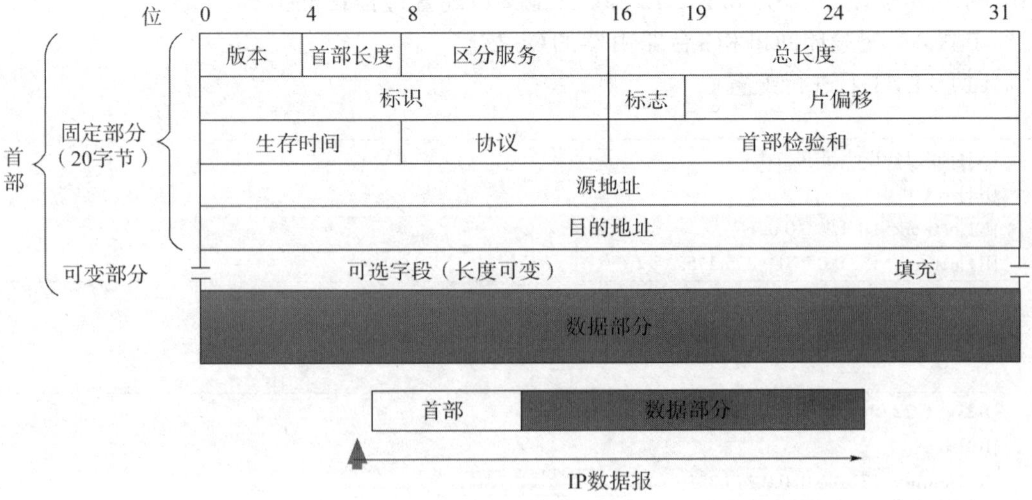

图10-3 IP数据报头字段

结合IP数据报，观察分析抓取到的IP报文总长度100字节，头部5×4字节，共20字节，ICMP报文长度为80字节。两个头部只有TTL和校验和不同。标示位相同。版本号为4(0100)，首部长度为5(0101)，保留位、不允许分片、更多分片位都为0，未发生变化。TTL因为中间经过了一个路由器，所以减1，如图10-4所示。

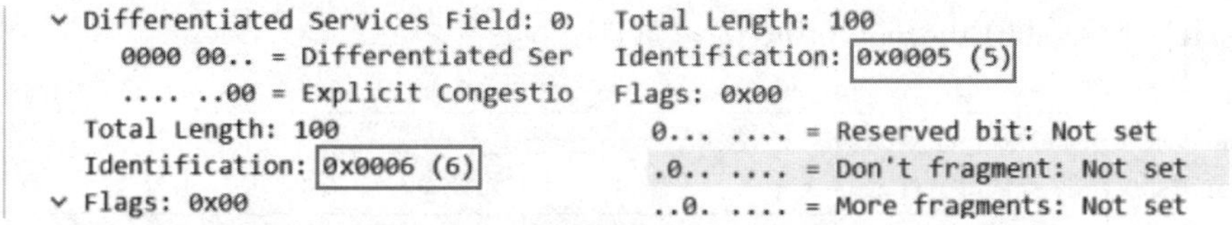

图10-4　抓取到的IP报文片段

在R1向R3的ping测试过程中，将产生两段不同的ICMP报文(标志位不同)MAC地址发生变化。R1到R2间报文目的MAC成为R2到R3报文的源MAC地址，如图10-5所示。

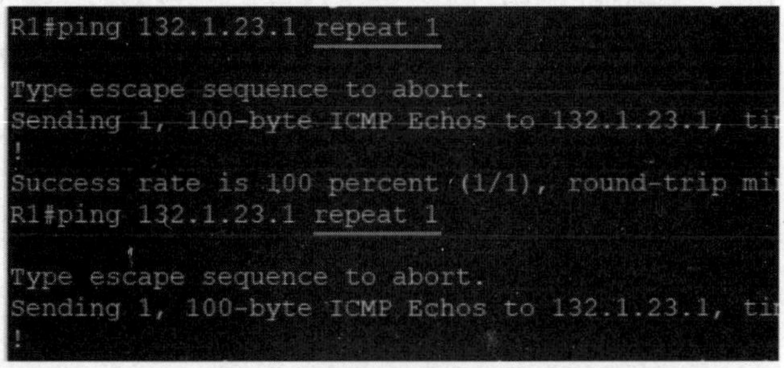

图10-5　在R1向R3的ping测试过程

通过每次ICMP报文发一个，查看IP报文，如图10-6所示。

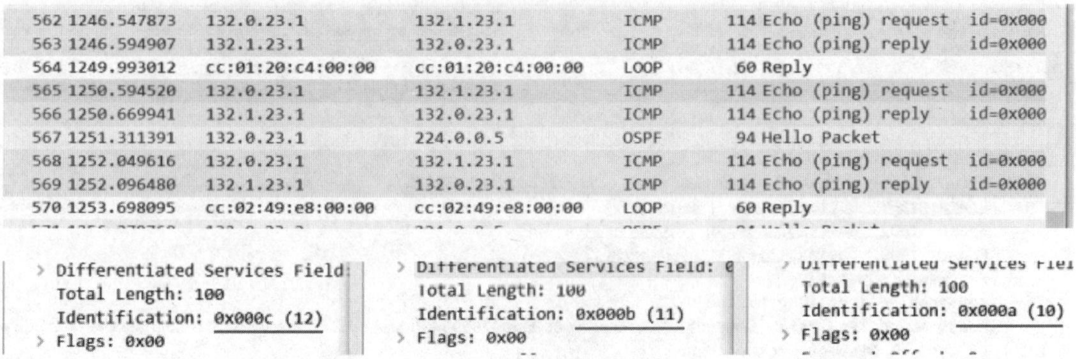

图10-6　三次ICMP的标志位不同

可以看出3次ICMP的标志位不同，而且是递增加1。

10.2.4　任务三——IP分片与ICMP报文分析

先查看接口MTU值，如图10-7所示。设计产生分片。IP报文长度为100，所以可以先发一个长度为200的包，查看分片情况。

```
[R1]Display interface GigabitEthernet 0/0/0 //显示接口信息
```

图 10-7　接口 MTU 值

设置 R1 的 GigabitEthernet 0/0/0 接口 MTU。

```
[R1]interface GigabitEthernet 0/0/0 // 进入接口
[R1]mtu 1300 // 设置接口 MTU 值的大小
```

接口设置好之后，通过 ping 包发现，抓到的数据包中包括 ICMP 报文。ICMP 协议是网络层协议，封装在 IP 数据报中。ICMP 报文都是以 8 位的类型（Type）和代码（Code）字段开始，其后的 16 位校验和（Checksum）字段涵盖了整个报文，如图 10-8 所示。主要功能就是 ping 命令，可以检查网络的连通性。ping 主机的 IP 地址后，得到不同的回复，对应不同的结果，分别无法访问目标主机、没有网关或缺少目标主机 MAC、请求超时、对方不在线或屏蔽（即对方防火墙拦截）、传输失败、未获取 MAC 地址导致无法进行 ICMP 封装。

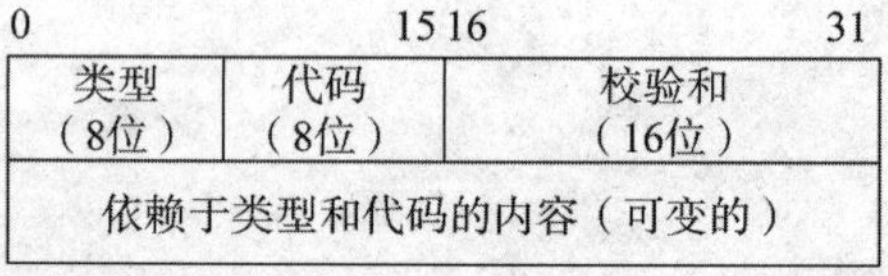

图 10-8　ICMP 报文格式

通过在 R1 的 GigabitEthernet 0/0/0 接口抓包如图 10-9 所示发现，我们可以通过抓包看到 ICMP 的报文格式，以及类型值，观察到在传输 ICMP reply 报文，在它之前 IP 分了 3 个分片，如图 10-10 所示。

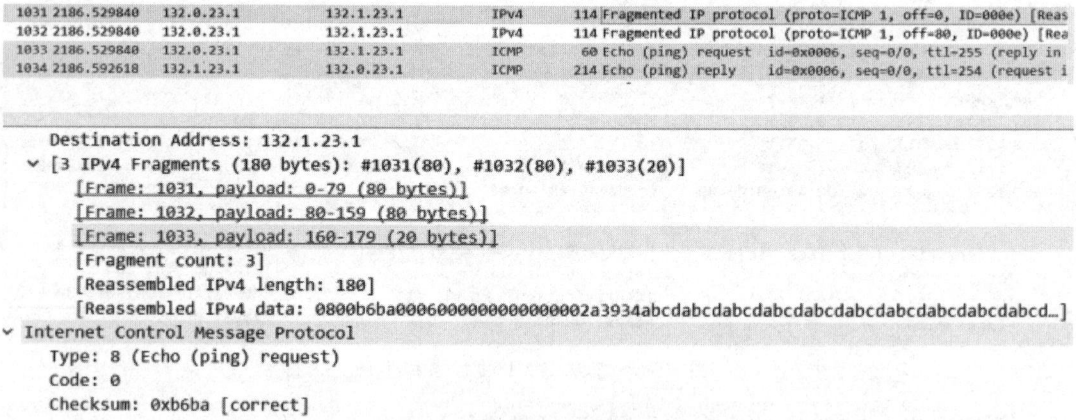

图 10-9　ICMP、IP 报文

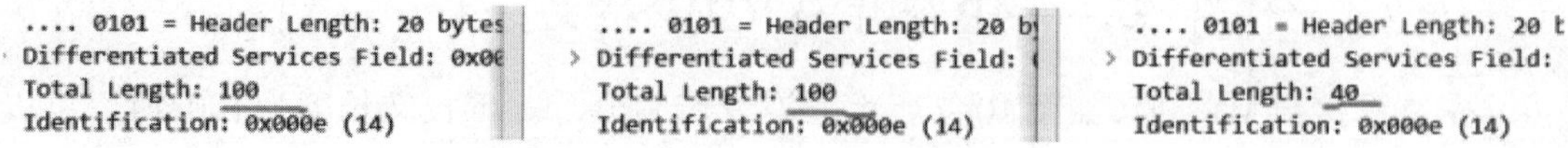

图 10-10　IP 报文的 3 个分片

3个分片数据部分加起来为80+80+20共180字节。

3个报文的更多分片位，如图10-11所示。

```
0... .... = Reserved bit: Not set
.0.. .... = Don't fragment: Not set
..1. .... = More fragments: Set
```

```
0... .... = Res
.0.. .... = Don
..1. .... = Mor
```

```
.0.. .... = Don't fragment: Not set
..0. .... = More fragments: Not set
Fragment Offset: 160
```

图10-11　IP报文的标志字段

如果路由器收到IP数据包，但是本地没有到此数据包目的的路径时就会丢弃数据包并回复ICMP主机不可达的信息。当在R1上ping 33.33.33.33，显示失败，但是R1到R2间并没有抓到ICMP包，这是因为没有配置路由的缘故。

步骤1　IP报文头部变化。

通过132.0.23.1 ping 132.1.23.1过程中的ICMP报文头部可以得出，一次ping过程中会发出多个ICMP报文，这时，每一个报文标志位不同，但是连续，通过R2路由器后的ICMP的TTL减1，因为跨网段。其中校验和位也发生变化（数据包经过一个路由器都要重新计算一下首部检验和），因为TTL发送变化，所以校验和肯定会发生变化。但是头部中如版本号、长度、保留位等没有变化，如图10-12所示。

```
0100 .... = Version: 4
.... 0101 = Header Length: 20 bytes (5)
∨ Differentiated Services Field: 0x00 (DSCP: CS0, ECN: Not-ECT)
    0000 00.. = Differentiated Services Codepoint: Default (0)
    .... ..00 = Explicit Congestion Notification: Not ECN-Capable Transport (0)
  Total Length: 100
  Identification: 0x0005 (5)
∨ Flags: 0x00
    0... .... = Reserved bit: Not set
    .0.. .... = Don't fragment: Not set
    ..0. .... = More fragments: Not set
  Fragment Offset: 0
  Time to Live: 255
  Protocol: ICMP (1)
  Header Checksum: 0x8590 [validation disabled]
  [Header checksum status: Unverified]
  Source Address: 132.0.23.1
  Destination Address: 132.1.23.1
> Internet Control Message Protocol
```

```
∨ Internet Protocol Version 4, Src: 132.0.23.1, Dst: 132.1.23.1
    0100 .... = Version: 4
    .... 0101 = Header Length: 20 bytes (5)
  ∨ Differentiated Services Field: 0x00 (DSCP: CS0, ECN: Not-ECT)
      0000 00.. = Differentiated Services Codepoint: Default (0)
      .... ..00 = Explicit Congestion Notification: Not ECN-Capable Transport (0)
    Total Length: 100
    Identification: 0x0005 (5)
  ∨ Flags: 0x00
      0... .... = Reserved bit: Not set
      .0.. .... = Don't fragment: Not set
      ..0. .... = More fragments: Not set
    Fragment Offset: 0
    Time to Live: 254
    Protocol: ICMP (1)
    Header Checksum: 0x8690 [validation disabled]
    [Header checksum status: Unverified]
    Source Address: 132.0.23.1
    Destination Address: 132.1.23.1
> Internet Control Message Protocol
```

图10-12　TTL字段的变化

步骤2 IP报文MAC地址变化。

MAC地址用来识别数据链路层中相连的节点。MAC地址每段链路都会改变，因为报文到达路由器之后，为了转发，路由器会先除去二层的MAC信息，根据报文的IP地址查找路由表，找到这个IP转发路径之后要再次封装报文，而封装时用的源MAC就是转发端口的MAC地址，此时，MAC地址就发生了变化，所以每次经过不同的链路MAC地址会改变，如图10-13所示。

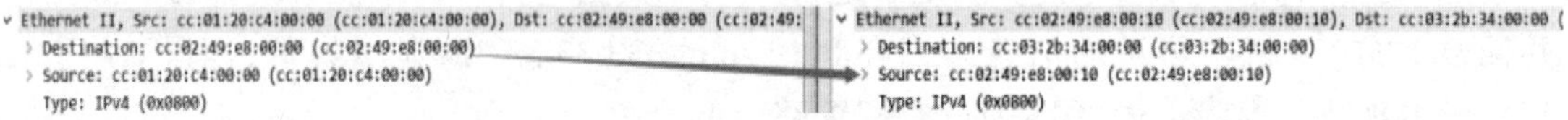

图10-13 MAC地址变化

就像这两个MAC地址，链路1上的目的IP成了转发链路2上报文的源MAC地址。

步骤3 IP报文分片。

如果数据包大小比MTU大，而且不分段标志位为0，表示可以分段。这次实验中设置的MTU为100。除去长度为20的头部大小，而且要是8的整数倍，所以这里可以是80，如图10-14所示。

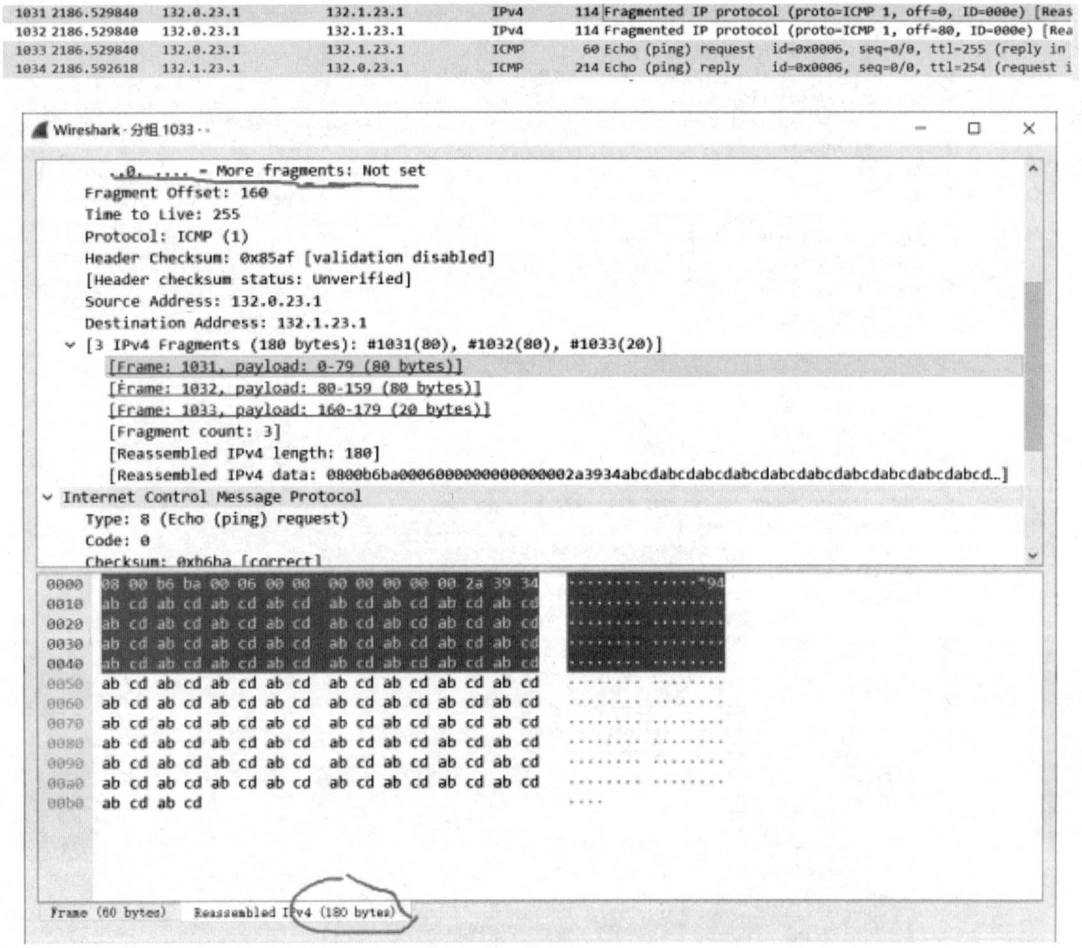

图10-14 IP报文分片

前面两段是IP报文，最后一片是ICMP报文（More fragment=0），而且data部分重组了所以分片，显示所有数据长度。最后一片之前的所有分片中More fragment位都是1。偏移量为0是第一片，如图10-15所示。

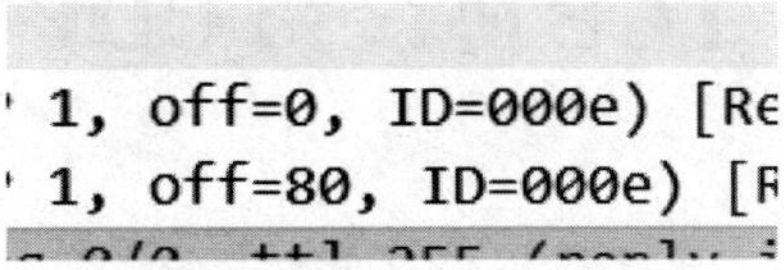

图10-15　IP报文中的ID字段

重组时按照相同的ID然后根据偏移量进行重组。

思考题

1. 发送方要怎样决定IP数据报分组大小，才能避免因为不同网络MTU不一致而引起分片呢？

2. IP协议为什么要提供对IP数据报首部的校验功能呢？

3. ICMP在实际应用中主要完成哪几个任务？

实验11　TCP协议与UDP协议分析

11.1　实验介绍

11.1.1　关于本实验

TCP(Transmission Control Protocol)和UDP(User Datagram Protocol)是在网络通信中常用的两种传输层协议。TCP协议使用“三次握手”建立连接,并使用序号和确认机制来保证数据的可靠传输。UDP协议不需要建立连接,数据被封装在数据报中直接发送,适用于对数据传输速度和实时性要求较高的应用场景。通过TCP和UDP实验,可以深入理解TCP和UDP协议的工作过程与适用场景,提高对网络通信协议的理解和应用能力。

11.1.2　实验目标

加深理解TCP报文结构;
能结合报文对整个通信过程进行分析;
理解与掌握TCP协议、UDP协议通信机制;
熟悉UDP协议报文结构、领会UDP协议通信机制;
能对比TCP、UDP协议主要特点。

11.1.3　实验拓扑图

实验拓扑如图11-1所示,该拓扑由一台路由器(请选用eNSP设备型号Router)和两台主机构成,各设备的IP地址配置如表11-1所列。

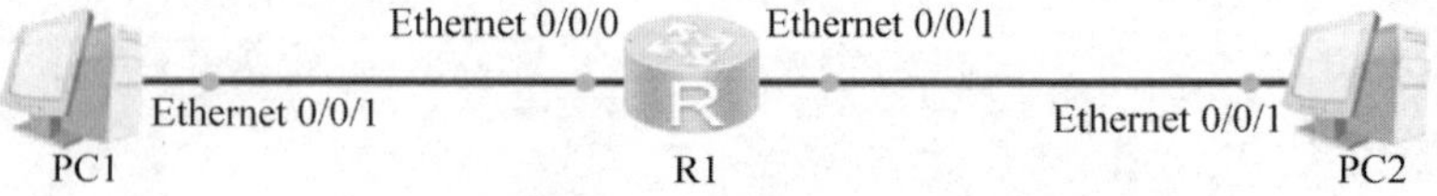

图11-1　实验拓扑图

11.1.4　地址规划

设备IP地址配置如表11-1所列。

表11-1　设备IP地址配置

设备名称	接口	IP地址
PC1	Ethernet 0/0/1	210.1.1.1/24
PC2	Ethernet 0/0/1	210.1.2.1/24
R1	Ethernet 0/0/0	210.1.1.254/24
	Ethernet 0/0/1	210.1.2.254/24

11.1.5　所需资源

1台路由器(支持华为Version 5.130版镜像的华为AR2200或同类路由器),2台PC;或使用华为eNSP模拟器3.9及以上版本,1台采用Windows 7、Windows 10操作系统的计算机;网络报文分析工具Wireshark。

11.1.6　实验任务列表

实验任务列表如表11-2所列。

表11-2　实验任务列表

序号	任务	子任务
1	TCP协议	分析“三次握手”的过程
		分析“四次挥手”的过程
2	UDP协议	分析各字段的含义

11.2　实验任务

11.2.1　配置思路

搭建网络拓扑环境,通过TCP和UDP的数据传输实验,观察连接建立的过程、数据传输的效果以及连接断开的情况。

11.2.2　任务一——TCP协议连接过程分析

TCP连接建立过程,双方会产生3个报文,俗称“三次握手”,如图11-2所示。

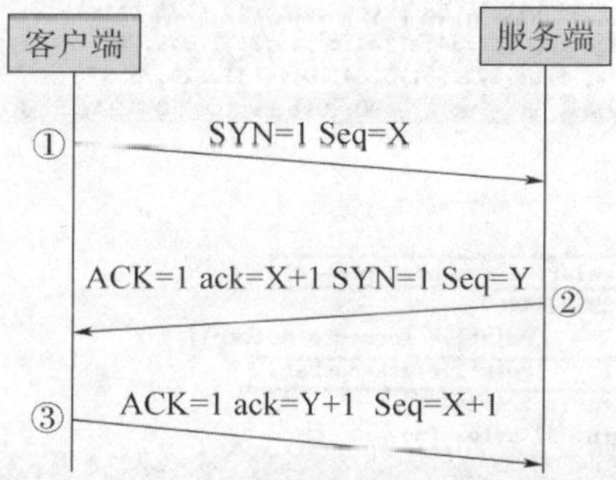

图11-2　TCP连接建立的“三次握手”过程

通过实验抓包得到TCP建立连接“三次握手”数据交互过程,如图11-3所示。

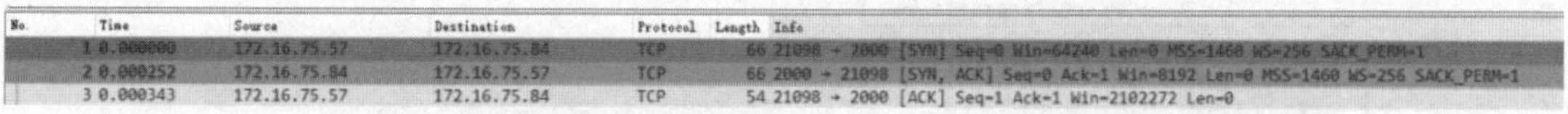

图11-3　TCP建立连接“三次握手”数据包

第一次握手:客户端将标志位SYN置为1,随机产生一个值Seq=X=0,并将该数据包发送给服务器,等待服务器确认,如图11-4所示。

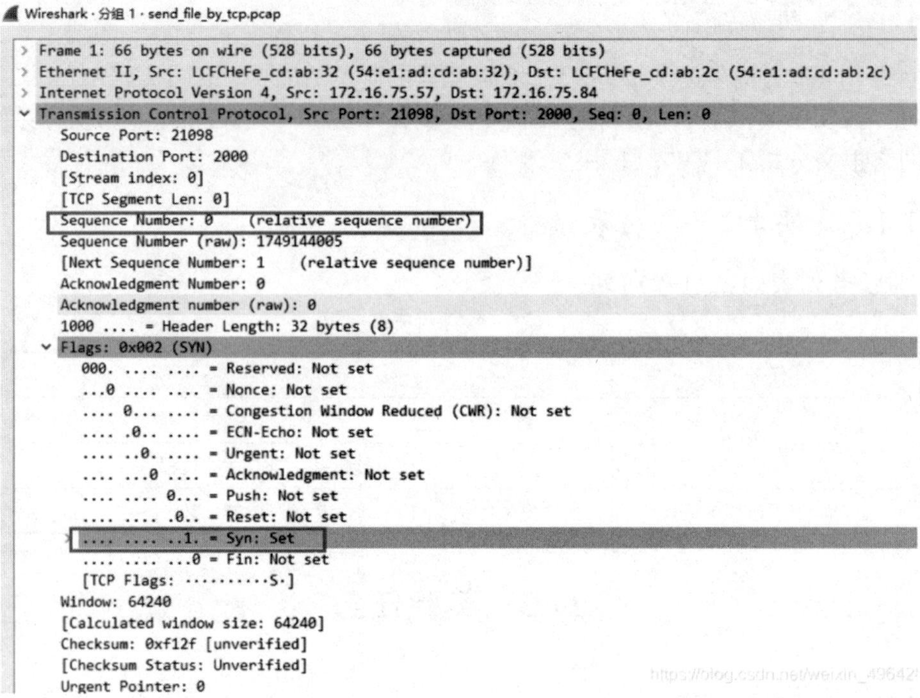

图 11-4　TCP 建立连接第一次握手

第二次握手：服务器收到数据包后由标志位SYN=1，直到客户端请求建立连接，服务器将标志位SYN和ACK都置为1，ACK=X+1=1，随机产生一个值Seq=Y=0，并将该数据包发送给客户端以确认连接请求，如图11-5所示。

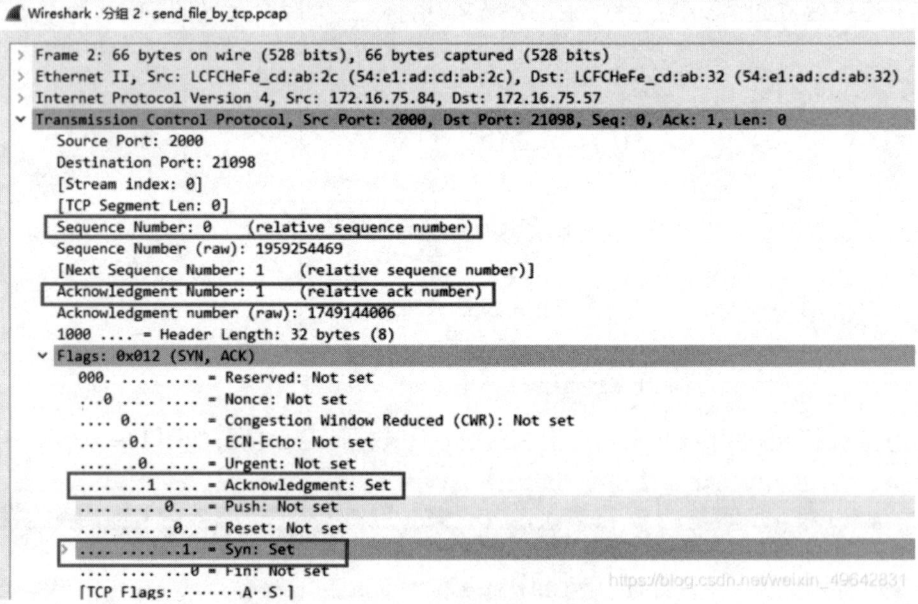

图 11-5　TCP 建立连接第二次握手

第三次握手：客户端收到确认后，检查ACK是否为X+1=1，如果正确则将标志位ACK

置为1,Seq=1,ACK=Y+1=1,并将该数据包发送给服务器,服务器检查ACK是否为1,如果正确则连接建立成功,后续开始传输数据,如图11-6所示。

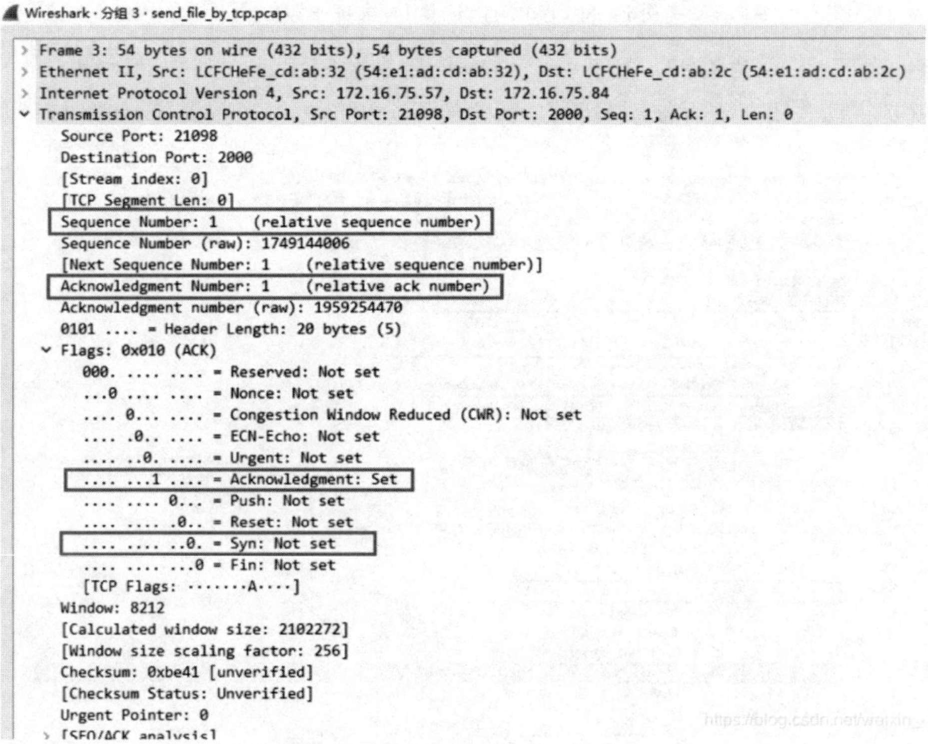

图11-6 TCP建立连接第三次握手

11.2.3 任务二——TCP协议关闭过程分析

TCP连接关闭过程,双方通常会产生4个报文,俗称“四次挥手”。有时,TCP连接关闭时,只能得到3个报文,这是因为第二次、第三次合并到一个报文里了,如图11-7所示。

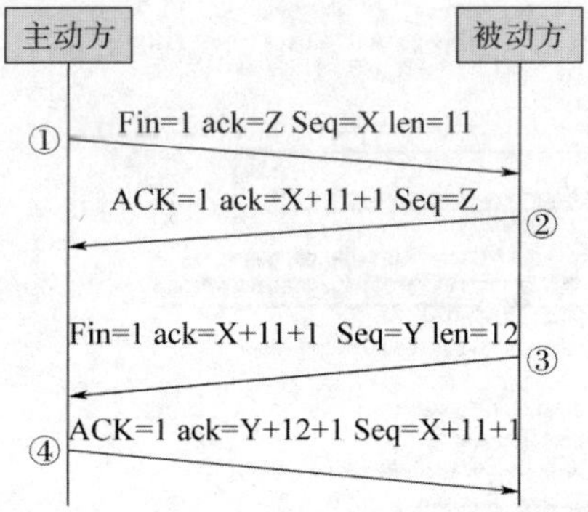

图11-7 TCP关闭的“四次挥手”过程

通过实验抓包得到TCP关闭连接“四次挥手”数据交互过程,如图11-8所示。

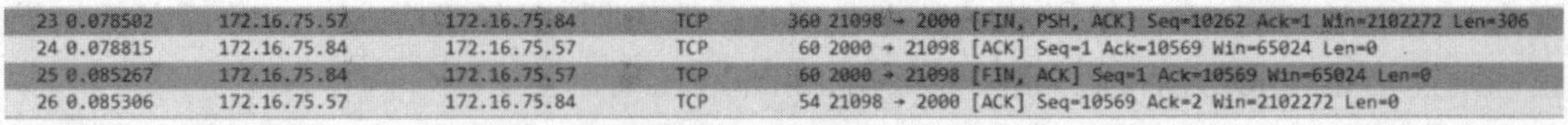

图 11-8 TCP关闭连接“四次挥手”包

第一次挥手：主动关闭方发送一个FIN=1，用来关闭主动方到被动关闭方的数据传送，也就是主动关闭方告诉被动关闭方：我已经不会再给你发送数据了，如图11-9所示。

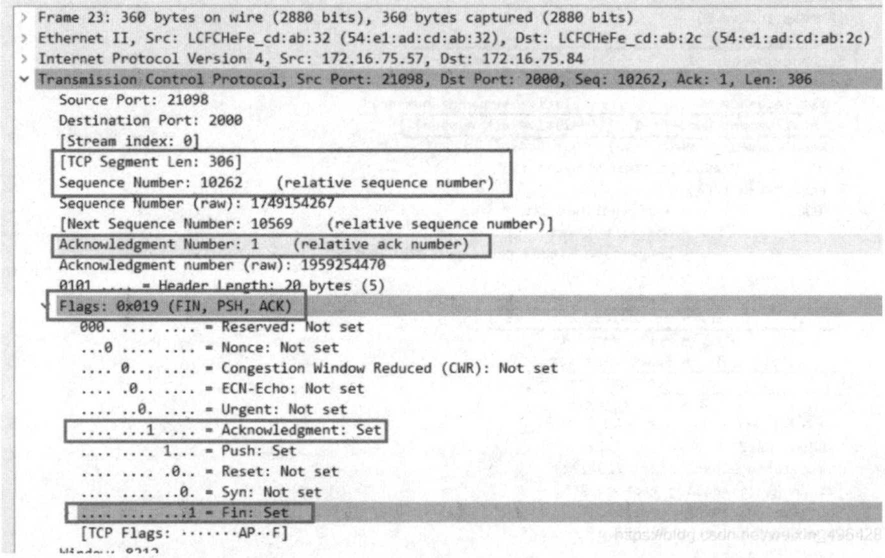

图 11-9 TCP关闭连接第一次挥手

第二次挥手：被动关闭方收到FIN=1包后，发送一个ACK=1给对方，确认序号为：收到报文序号Seq+收到报文所携带数据长度len+1=1。上一个报文可能“捎带”了主动关闭方发送的最后一块数据，其长度用字段len来表示，如图11-10所示。

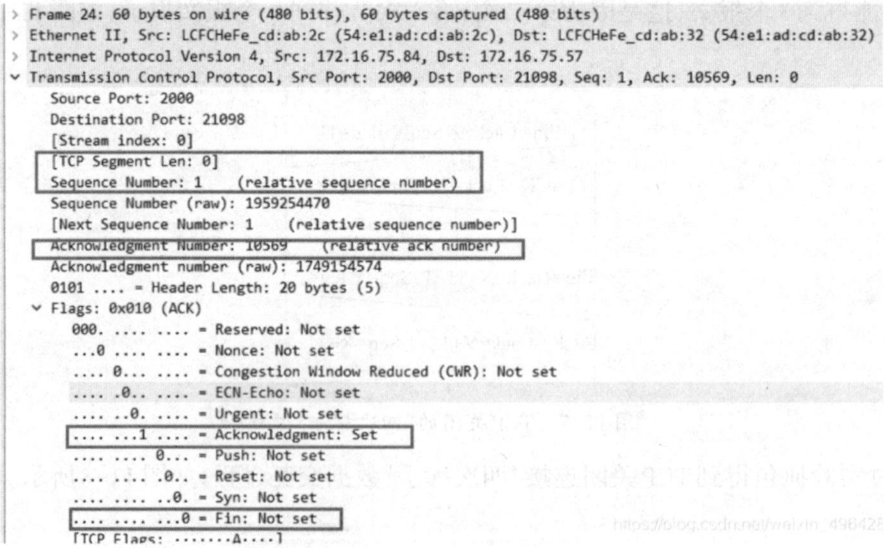

图 11-10 TCP关闭连接第二次挥手

第三次挥手：被动关闭方发送一个FIN=1，同时ACK=1，用来关闭被动关闭方到主动关闭方的数据传送，也就是告诉主动关闭方，我的数据也发送完了，不会再给你发送数据了，如图11-11所示。

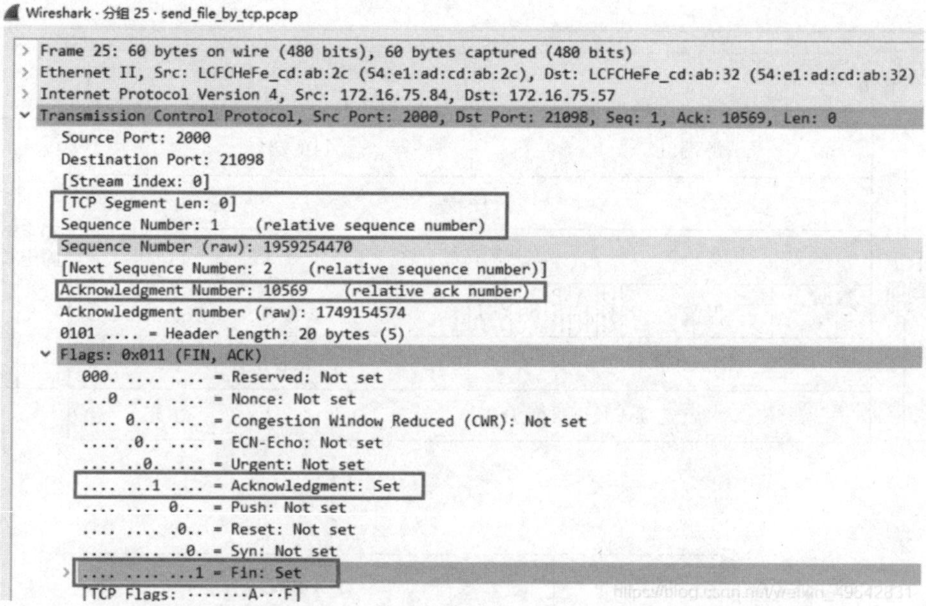

图11-11　TCP关闭连接第三次挥手

第四次挥手：主动关闭方收到FIN后，发送一个ACK给被动关闭方，确认序号为：收到报文的序号Seq+收到报文所携带数据长度len+1。至此，完成"四次挥手"，双向连接关闭，如图11-12所示。

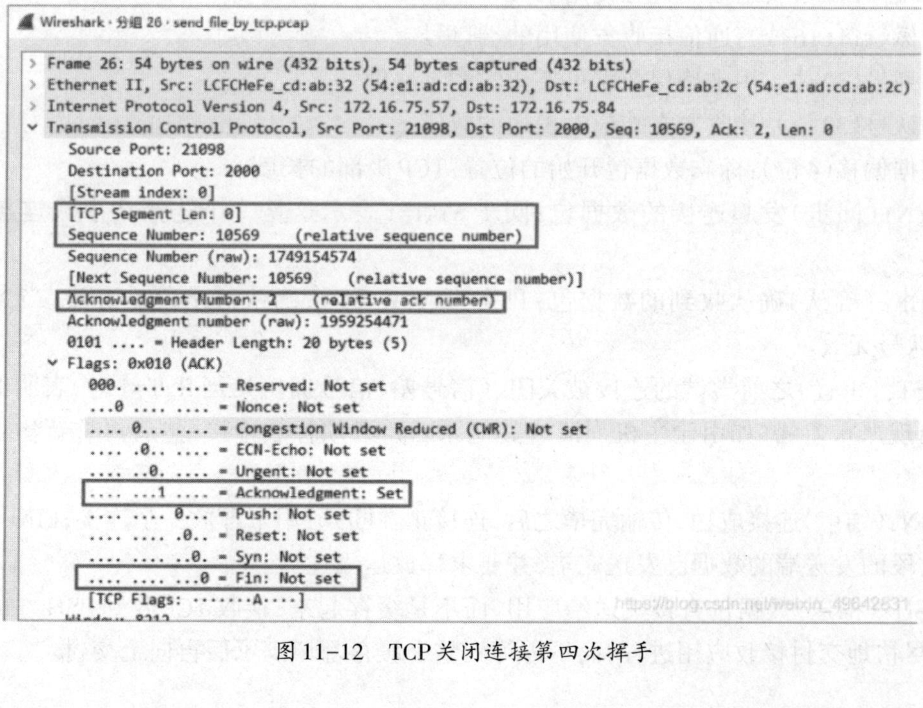

图11-12　TCP关闭连接第四次挥手

11.2.4 任务三——TCP协议报文分析

TCP首部格式如图11-13所示。SYN、ACK、RST、FIN、PSH、URG为标记字段，各占1位存储空间。其中各字段的含义如下。

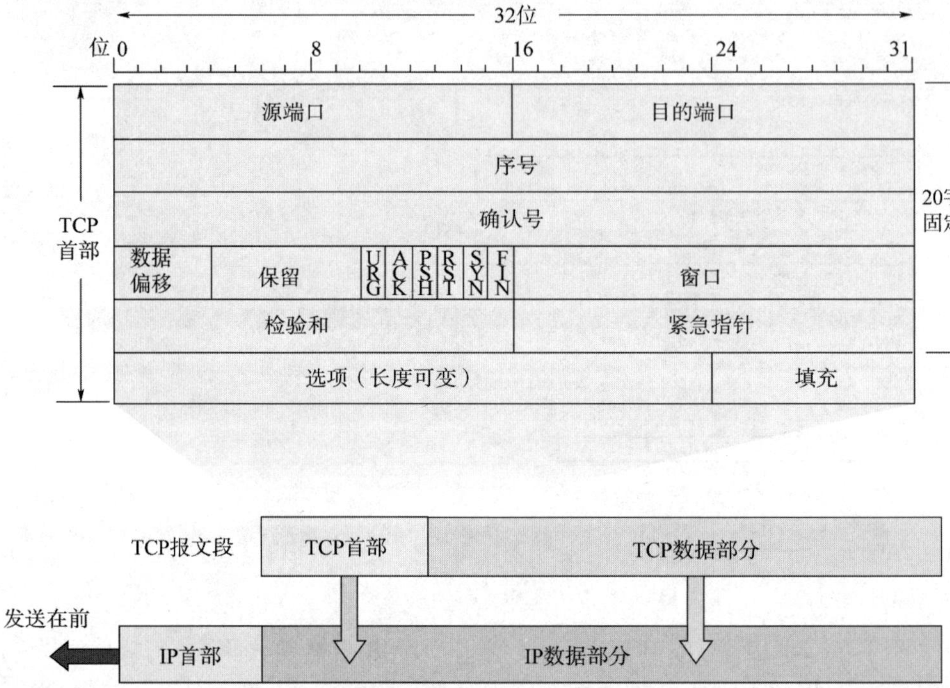

图11-13 TCP报文首部格式

源端口（16位）：通信发送方使用的端口号。

目标端口（16位）：通信接收方使用的端口号。

序列号（32位）：用来确保数据可靠传输的唯一值。

确认号（32位）：接收方在响应时发送的数值。

数据偏移（4位）：标志数据包开始的位置，TCP头部的长度。

SYN：（同步）发起连接的数据包：同步SYN=1表示这是一个连接请求或连接接受报文。

ACK：（确认）确认收到的数据包：只有当ACK=1时，确认号字段才有效；当ACK=0时，确认号无效。

RST：（重置）之前尝试的连接被关闭，（信号差，信号拥挤）：当RST=1时，表明TCP连接中出现严重差错（如由于主机崩溃或其他原因），必须释放连接，然后再重新建立运输连接。

FIN：（结束）连接成功，传输完毕之后，连接正在断开：用来释放一个连接，FIN=1表明此报文段的发送端的数据已发送完毕，并要求释放运输连接。

PSH：（推送）数据包直接发送给应用，而不是缓存起来：接收TCP收到PSH=1的报文段，就尽快地交付接收应用进程，而不再等到整个缓存都填满了后再向上交付。

URG:(紧急)数据包中承载的内容应该立即由TCP协议栈立即进行处理:当URG=1时,表明紧急指针字段有效。它告诉系统此报文段中有紧急数据,应尽快传送(相当于高优先级的数据)。

窗口大小(16位):匹配缓存区的大小。

校验和(16位):确认TCP数据段中的内容是否发生了变化。

紧急指针(16位):明确显示数据之前的16进制序列号。

结合实验,通过抓包软件得到TCP报文摘要,如图11-14所示。报文展开如图11-15所示。

```
6 0.012839    172.16.75.84    172.16.75.57    TCP    60 2000 → 21098 [ACK] Seq=1 Ack=1717 Win=65536 Len=0
```

图 11-14　TCP报文摘要

```
> Frame 6: 60 bytes on wire (480 bits), 60 bytes captured (480 bits)
> Ethernet II, Src: LCFCHeFe_cd:ab:2c (54:e1:ad:cd:ab:2c), Dst: LCFCHeFe_cd:ab:32 (54:e1:ad:cd:ab:32)
> Internet Protocol Version 4, Src: 172.16.75.84, Dst: 172.16.75.57
v Transmission Control Protocol, Src Port: 2000, Dst Port: 21098, Seq: 1, Ack: 1717, Len: 0
    Source Port: 2000
    Destination Port: 21098
    [Stream index: 0]
    [TCP Segment Len: 0]
    Sequence Number: 1    (relative sequence number)
    Sequence Number (raw): 1959254470
    [Next Sequence Number: 1    (relative sequence number)]
    Acknowledgment Number: 1717    (relative ack number)
    Acknowledgment number (raw): 1749145722
    0101 .... = Header Length: 20 bytes (5)
  v Flags: 0x010 (ACK)
      000. .... .... = Reserved: Not set
      ...0 .... .... = Nonce: Not set
      .... 0... .... = Congestion Window Reduced (CWR): Not set
      .... .0.. .... = ECN-Echo: Not set
      .... ..0. .... = Urgent: Not set
      .... ...1 .... = Acknowledgment: Set
      .... .... 0... = Push: Not set
      .... .... .0.. = Reset: Not set
      .... .... ..0. = Syn: Not set
      .... .... ...0 = Fin: Not set
      [TCP Flags: ·······A····]
    Window: 256
    [Calculated window size: 65536]
    [Window size scaling factor: 256]
    Checksum: 0xd6a1 [unverified]
    [Checksum Status: Unverified]
    Urgent Pointer: 0
  v [SEQ/ACK analysis]
      [This is an ACK to the segment in frame: 5]
      [The RTT to ACK the segment was: 0.000509000 seconds]
      [iRTT: 0.000343000 seconds]
  v [Timestamps]
      [Time since first frame in this TCP stream: 0.012839000 seconds]
      [Time since previous frame in this TCP stream: 0.000509000 seconds]
```

图 11-15　TCP的6号报文展开展示

通过报文中各字段值,如图11-15所示,分析得到:

Source Port: 2000 // 请求端端口:2000

Destination Port: 21098 // 服务器端端口:21098

[Stream index: 0] // TCP流序号:0(Wireshark中对源于同一TCP流的包的标记)

[TCP Segment Len: 0] // TCP报文长度:0

Sequence Number: 1(relative sequence number) // 报文序列号:1(相对序号)

Sequence Number (raw): 1959254470 // 报文序列号:1959254470(绝对序号)

[Next Sequence Number: 1(relative sequence number)] // 下一序列号:1

Acknowledgment Number: 1717(relative ack number) // 确认号:1717(相对序号)

Acknowledgment number (raw): 1749145722 // 确认号:1749145722(绝对序号)

0101 ··· = Header Length: 20 bytes (5) // 报文头部长度(数据偏移):20字节

Flags : 0x010 (ACK) // 报文类型:ACK

000 = Reserved: Not set // 保留字段

···0 = Nonce: Not set// 随机数:无效(随机数(Nonce)是任意的或非重复的值,它包括在经过一个协议的数据交换中,通常为保证活跃度以及避免受重复攻击)

····0 = Congestion window Reduced (CWR): Not set// 拥塞窗口减少戳:无标记(TCP拥塞控制)

·····0 =ECN-Echo: Not set // 显式拥塞戳:无效(ECN-Echo与TCP拥塞控制)

······0 = Urgent: Not set // 紧急指针戳:无效

·······1 = Acknowledgment: Set // 确认号戳:有效

········0 = Push: Not set // 推送戳:无效

·········0 = Reset: Not set // 复位戳:无效

··········0. = Syn: Not set // 同步戳:无效

···········0 = Fin: Not set // 结束戳:无效

[TCP Flags ······ A······]

window: 256 // 窗口大小:256(TCP接收者缓冲的字节大小)

[Calculated window size: 65536] // 计算出的窗口大小(窗口大小单位×窗口大小)

[window size scaling factor: 256] // 窗口大小换算系数

Checksum: 0xd6a1 [unverified] // 校验和

[Checksum Status : Unverified] // 校验状态

Urgent Pointer: 0(如果设置了URG位,这个域将被检查作为额外的指令,告诉CPU从数据包的哪里开始读取数据)

[SEQ/ACK analysis]// 序列号及确认号的分析结果,当且仅当数据中含有ACK时,才有此项

[This is an ACK to the segment in frame: 5]// 这是对5号报文的回应

[The RTT to ACK the segment was: 0.00050900e seconds]// 往返时延

[iRTT: 8.000343000 seconds]// 互联网往返时延

[Timestamps]// 时间戳

[Time since first frame in this TCP stream: 0.012839000 seconds]// 从此TCP流中的第一帧开始的时间:0.012839000秒

[Time since previous frame in this TCP stream: 0.000509000 seconds]// 从此TCP流中的上一帧开始的时间:0.000509000秒

11.2.5 任务四——TCP报文序列号分析

A方(172.16.75.57)TCP报文序列号分析:

问题1:A方第1个报文的序列号(相对值)是多少?

A方第1个报文的序列号(相对值)是0,如图11-16所示。

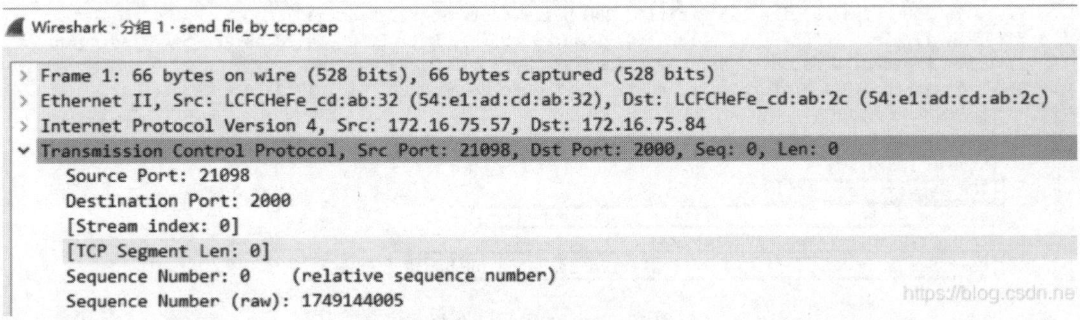

图11-16　A方第1个报文

问题2:A方第2个报文的序列号为什么是1?

因为在TCP建立连接的第二次握手中的确认号为ACK=X+1=1,A方第2个报文作为TCP建立连接的第三次握手,其序列号Seq=X+1=1,如图11-17、图11-18所示。

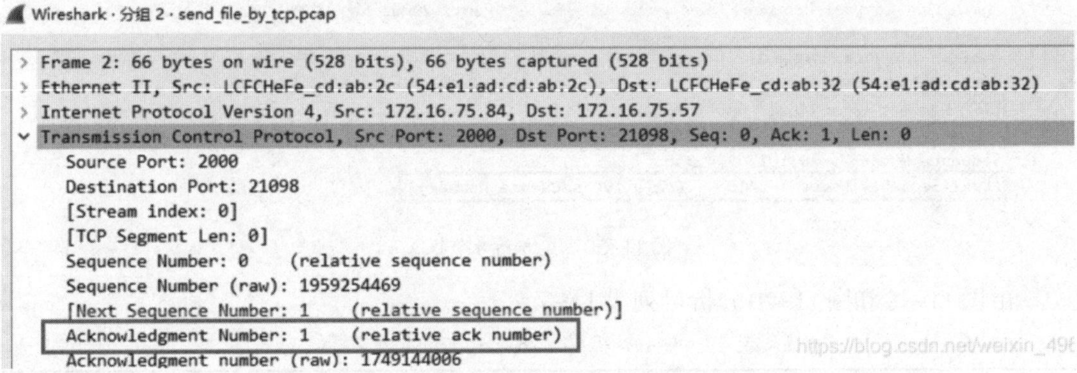

图11-17　TCP建立连接的第二次握手中的确认号

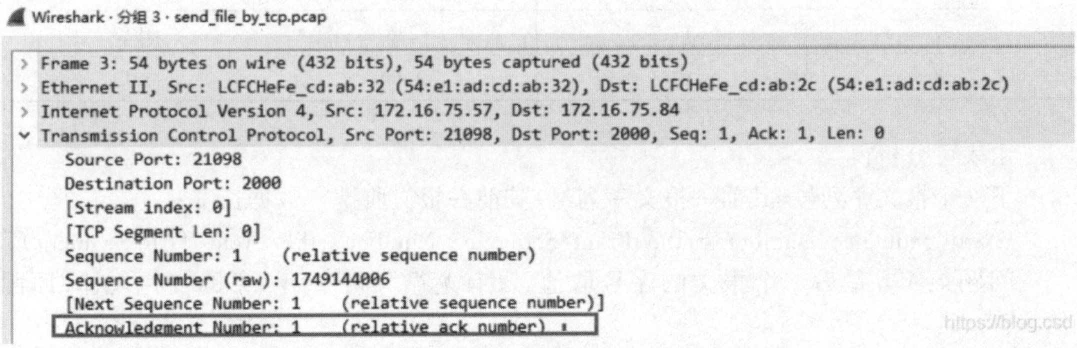

图11-18　A方第2个报文(TCP建立连接的第三次握手)

问题3:任取2个A方连续发送的报文(非连接建立或关闭期),分析前一个报文的序列号、所携带数据长度跟下一个报文序列号的关系,如图11-19、图11-20所示。

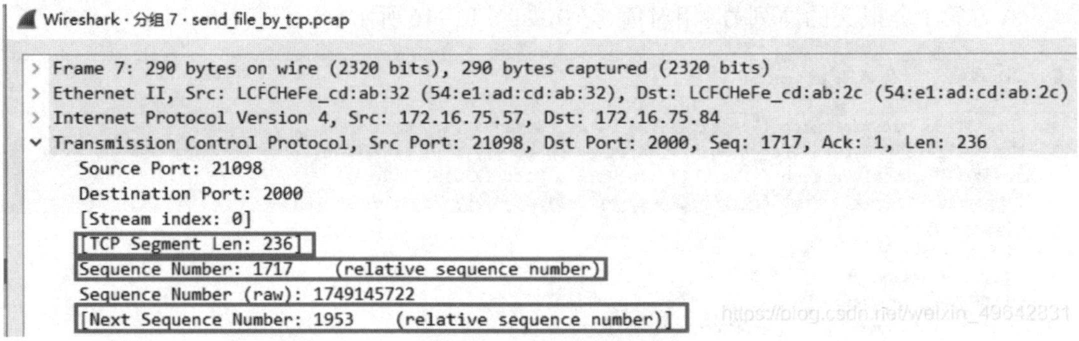

图 11-19 A方第7个报文

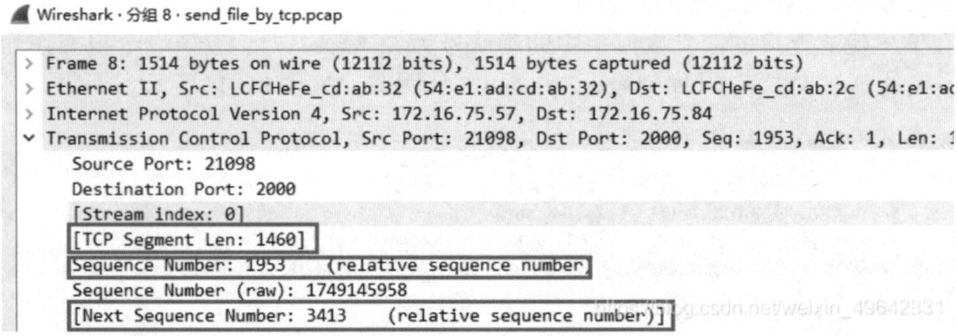

图 11-20 A方第8个报文

由图11-19和图11-20分析可列表11-3。

表 11-3 A方第7、8个报文部分内容

报文 (Frame)	序列号 (Sequence Number)	所携带数据长度 (TCP Segment)	下一个报文序列号 (Next Sequence Number)
7	1717	236	1953
8	1953	1460	3413

由表可分析得

下一个报文序列号=其前一报文序列号+其前一报文所携带数据长度

(Next Sequence Number = the Front Sequence Number +the Front TCP Segment)

问题4:A方最后一个报文的序号取值,没有遵循分析中第3条的变化规律,原因何在?

原因分析:在最后的TCP连接关闭时(第四次挥手),主动关闭方收到FIN后,会额外发送一个ACK给被动关闭方(这就是该26号报文的产生原因),此时,26号报文(A方最后一个报文的序号)+1即10568+1得到最终的报文序列号为10569,这就是Seq没有遵循分析中第3条的变化规律的原因,如图11-21、图11-22所示。

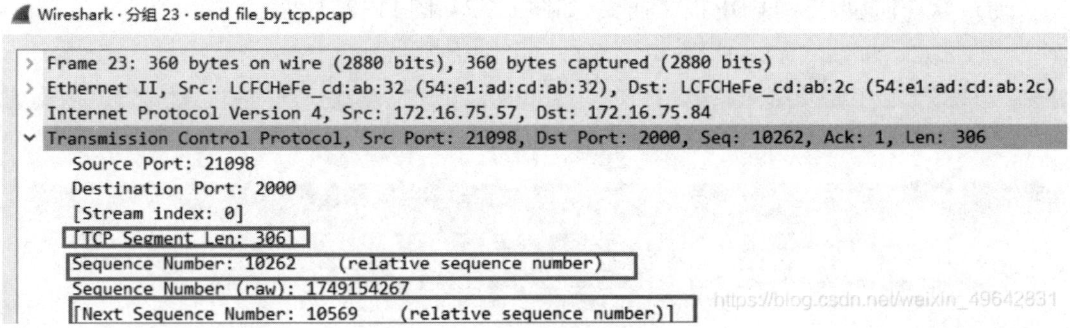

图11-21　A方第23个报文

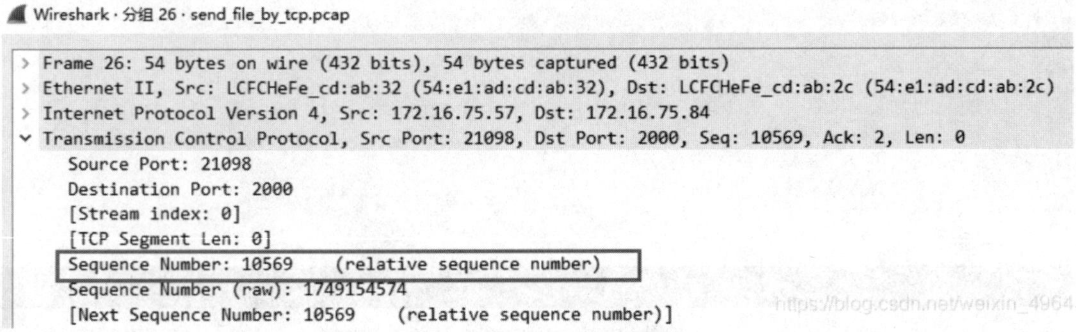

图11-22　A方第26个报文

11.2.6　任务五——UDP协议报文分析

如图11-23所示，UDP首部为8字节，由4个字段构成，每个字段都是2字节。

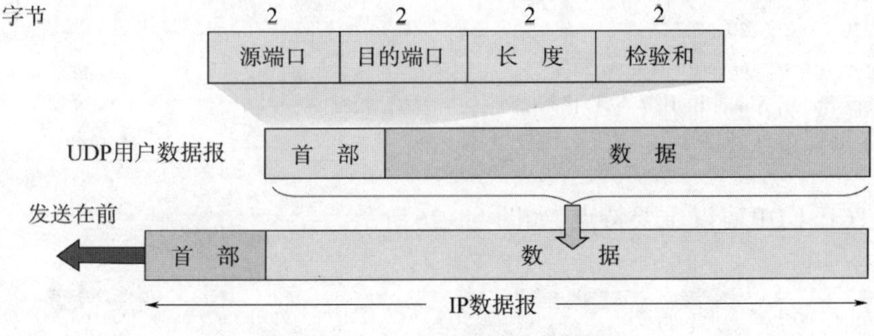

图11-23　UDP报文的首部格式

源端口：源端口号，需要对方回信时选用，不需要时全部置0。

目的端口：目的端口号，在终点交付报文的时候需要用到。

长度：UDP的数据报的长度(包括首部和数据)其最小值为8(只有首部)。字段记录了该UDP数据包的总长度(以字节为单位)，包括8字节的UDP头和其后的数据部分。最小值是8(报文头的长度)，最大值为65535字节。

校验和：检测UDP数据报在传输中是否有错，有错则丢弃。它的值是通过计算UDP数据报及一个伪包头而得到的。校验和的计算方法与通用的一样，都是累加求和。

通过软件抓包,得到UDP报文摘要,如图11-24、图11-25所示。

图11-24　UDP报文摘要

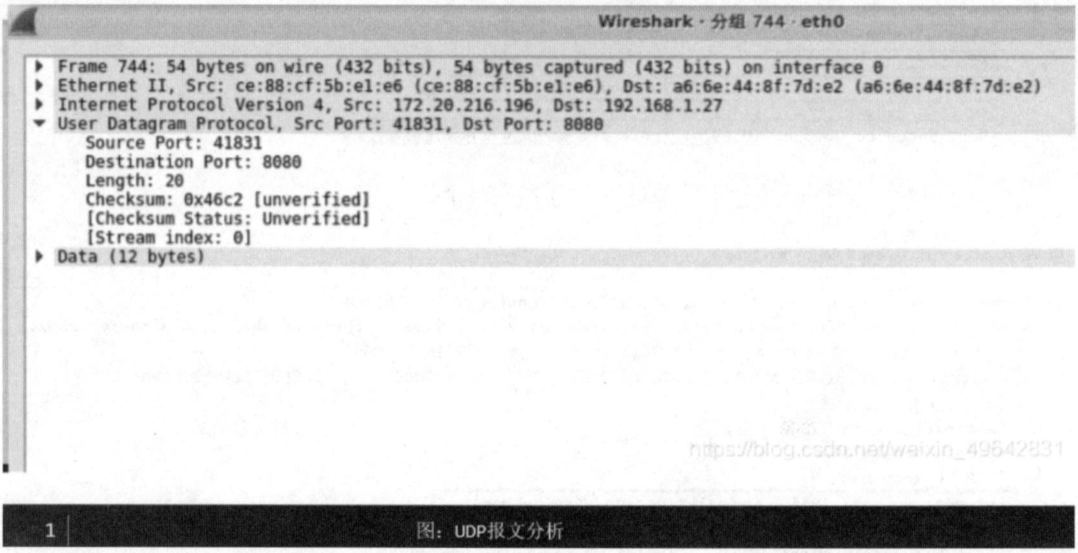

图11-25　UDP报文分析

查看UDP报文,分析得到:

```
User Datagram Protocol, Src Port: 41831,Dst Port: 8080// UDP协议
Source Port: 41831 // 请求方端口:41831
Destination Port: 8080 // 服务器端口:8080
Length: 20 // 长度:20
Checksum: 0x46c2 [unverified] // 校验和
[checksum Status: Unverified] // 校验状态
[Stream index: 0] // 流序号:0
```

分析TCP、UDP协议主要特点,如图11-26所示。

序号	特性	TCP协议的特点	UDP协议的特点
1	连接	面向连接	面向无连接
2	可靠性	高可靠	较可靠
3	实时性	一般	较好
4	网络开销	较大	较小
5	数据负载边界	面向字节流，以整个待传输的数据为边界，保证数据正确性	基于数据报，以每段报文为边界，不保证传输的数据顺序

图11-26　TCP和UDP协议特点

思考题

1. TCP协议建立连接过程为什么要“三次握手”而不是“两次握手”？

2. 为什么要使用UDP协议，让用户直接发送原始的IP数据报不就行了吗？

3. 通过TCP、UDP的抓包实验，结合工作原理，分析为什么UDP有时比TCP更有优势。

实验12　设备远程管理配置

12.1　实验介绍

12.1.1　关于本实验

在前面的实验中，我们已经非常详细地介绍了如何通过串行控制端口在本地连接华为设备。然而，在绝大数情况下，网络管理员在对设备实验管理时，都是通过网络远程连接到设备上来实现管理的。相比本地管理，远程管理有诸多优势，如连接方便、可以同时管理多台等。通常使用Telnet协议远程管理华为设备，本实验我们主要练习使用Telnet远程管理设备。

12.1.2　实验目标

认识和使用远程管理客户端软件；

通过Telnet远程管理设备；

使用Wireshark抓取Telnet的流量。

12.1.3　实验拓扑图

通过Telnet远程管理设备拓扑图如图12-1所示。

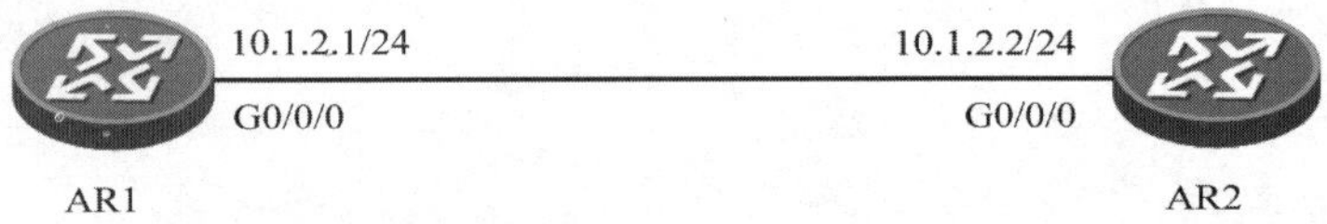

图12-1　通过Telnet远程管理设备拓扑图

12.1.4　地址规划

（1）路由器直连网段的子网位使用两侧直连路由器的编号，按从小到大的顺序排列，如AR1与AR2之间网段就是10.1.2.0/24。

（2）路由器直连网段的主机位使用该路由器的编号，如AR1连接AR2的接口地址就是10.1.2.1/24，而对端AR2的地址则是10.1.2.2/24。

具体地址如表12-1所列。

表12-1　地址分配列表

设备	接口	IP地址	子网掩码	默认网关
AR1	GE0/0/0	10.1.2.1	255.255.255.0	N/A
AR2	GE0/0/0	10.1.2.2	255.255.255.0	N/A

12.1.5　所需资源

2台路由器(支持华为Version 5.130版镜像的华为AR2200或同类路由器,或使用华为eNSP模拟器3.9及以上版本)。

1台PC(采用Windows 7、Windows 10操作系统的家用计算机)。

12.1.6　实验任务列表

实验任务列表如表12-2所列。

表12-2　实验任务列表

序号	任务	子任务	应用场景
1	使用Telnet协议远程连接华为设备	使用华为VRP系统提供的客户端功能连接设备	工作中常用的管理华为设备的连接方式。但这种方法的缺点是用明文传输数据,因此存在安全隐患
		使用SecureCRT软件的Telnet功能	
		使用Windows的Telnet组件	
		使用Wireshark分析Telnet流量	

12.2　实验任务

12.2.1　配置思路

本实验可以分为两个大的步骤,首先认识远程连接使用的软件,然后使用软件来完成Telnet连接。

12.2.2　任务一——远程连接设备

使用Telnet协议远程连接华为设备。

步骤1　设置拓扑并初始化设备。

(1) 建立如拓扑图12-1所示的网络。

(2) 如拓扑所示配置IP地址。

(3) 测试连通性。

```
[AR1]ping 10.1.2.2
  PING 10.1.2.2: 56  data bytes, press CTRL_C to break
    Reply from 10.1.2.2: bytes=56 Sequence=1 ttl=255 time=100 ms
    Reply from 10.1.2.2: bytes=56 Sequence=2 ttl=255 time=90 ms
    Reply from 10.1.2.2: bytes=56 Sequence=3 ttl=255 time=70 ms
    Reply from 10.1.2.2: bytes=56 Sequence=4 ttl=255 time=60 ms
    Reply from 10.1.2.2: bytes=56 Sequence=5 ttl=255 time=80 ms
  --- 10.1.2.2 ping statistics ---
    5 packet(s) transmitted
    5 packet(s) received
    0.00% packet loss
    round-trip min/avg/max = 60/80/100 ms
```

步骤2 配置华为设备的VTY线路。

(1) 简单地说,所谓VTY线路就是远程设备连接到华为设备的一个虚拟管理接口。

(2) 在AR1上直接Telnet AR2。

```
<AR1>telnet 10.1.2.2
  Press CTRL_] to quit telnet mode
  Trying 10.1.2.2 ...
  Connected to 10.1.2.2 ...
Don't support null authentication-mode.
  The connection was closed by the remote host
```

如上所示,AR1不能连接到AR2,因为在默认情况下,华为设备是没有开启远程登录的。

为什么默认情况下,华为设备是不能被Telnet的?

因为如果一台设备设置的默认行为是IP可达就允许人们发起远程连接,这台设备就会存在巨大的安全隐患,所以必须要在被连接端配置密码才能被远程登录。

(3) 在VTY接口下执行必要的配置需要通过本地登录来实现。所以,远程管理设备是有前提的,这个前提是管理员需要首先使用本地连接的方式对其进行相关的预配置。

下面我们将配置AR2为被连接端,即Telnet服务器。然后在AR1上使用Telnet命令去连接AR2。

AR2上的配置如下所示。

```
[AR2]user-interface vty ?
  INTEGER<0-4,16-20>  The first user terminal interface to be configured
```

以上信息显示了这台设备提供的VTY接口数量:共10个。每一个远程登录的用户都会占用一个接口。所以,在配置相应接口时,在这里输入选择合适的接口数即可。

如果仅有2个网络管理员需要同时管理设备,请配置合适的命令。

user-interface vty 0 1

接着完成以下的配置。

```
[AR2]user-interface vty 0  //表示只使能了一个虚拟接口
[AR2-ui-vty0]authentication-mode password  //表示VTY接口使用密码认证方式
Please configure the login password (maximum length 16):Huawei  //配置相应的密码为Huawei
```

至此,我们就完成了远程登录所必需的配置。

步骤3 使用华为VRP系统集成Telnet客户端连接远程设备。

(1) 再次到AR1上去Telnet AR2。

```
<AR1>telnet 10.1.2.2
  Press CTRL _]to quit telnet mode
  Trying 10.1.2.2 ...
  Connected to 10.1.2.2 ...
Login authentication
Password:*****  //输入相应的密码
<AR2>
```

以上信息显示,我们已经成功地实现了远程登录。

华为VRP系统自带的Telnet客户端程序可以给需要通过互联网远程管理网络设备的管理员带来哪些便利?

由于IPv4地址空间的限制,现在的互联网并不能实现所有网络设备都使用公网的IP地址。因此,当管理员希望通过互联网远程管理公司设备时,常常不能直接连接到所有设备。此时,管理员可以首先连接到公司的网关路由器上,因为这台路由器至少应该是公网可达的。接下来,我们再以此路由器为跳板,就可以管理公司内网中的其他设备了。

(2) 查看当前连接。

```
<AR2>display users
User-Intf        Delay      Type   Network Address     AuthenStatus     AuthorcmdFlag
0    CON 0        00:01:09                                        pass
Username : Unspecified
+ 129  VTY 0  00:00:00  TEL     10.1.2.1               pass
Username : Unspecified
```

以上显示信息表示目前设备上存在两个管理连接:一个是本地Console口连接;另一个是远程的Telnet连接。

(3) 主动退出当前Telnet连接,当完成配置后,管理员可以输入以下命令主动退出。

```
<AR2>quit  //输入退出命令即可
  Configuration console exit, please retry to log on
  The connection was closed by the remote host
<AR1>
```

也可以使用快捷键"Ctrl"+"]"断开与远端设备的连接。

(4) 管理员可以在AR2上通过Console口的管理访问断开远程的Telnet连接。这就是人们通常所说的"踢掉"别人发起的连接。

```
<AR2>free user-interface vty 0
Warning: User interface vty0 will be freed. Continue? [Y/N]:y  //选择确定
[OK]
<AR2>
Apr 12 2017 23:19:15-08:00 AR2 %%01LINE/3/CLR_ONELINE(l)[0]:The user chose Y when deciding
whether to disconnect the specified user interface.
```

再次观察AR1的连接情况。

```
<AR2>
  Configuration console exit, please retry to log on
  The connection was closed by the remote host
<AR1>
```

以上输出信息显示,AR1已经断开了与AR2的连接。

步骤4 远程连接的用户权限设置。

(1) 在默认情况下,远程连接的权限为0,是最低级别的权限。下面我们输入问号,查看一下管理员在这种权限下,可以输入哪些命令。

```
<AR2>?
User view commands:
  display          Display information
  hwtacacs-user    HWTACACS user
  local-user       Add/Delete/Set user(s)
  ping             Ping function
  quit             Exit from current mode and enter prior mode
  save             Save file
  super            Modify super password parameters
  telnet           Open a telnet connection
  tracert          <Group> tracert command group
```

如上所示,我们可以输入的命令当中不包括进入系统视图的命令。

(2) 在AR2上将用户设置为3级权限。

```
[AR2]user-interface vty 0
[AR2-ui-vty0]user privilege level 3
```

(3) 在AR1上再次Telnet AR2,并进入系统视图。

```
<AR1>telnet 10.1.2.2
  Press CTRL_] to quit telnet mode
  Trying 10.1.2.2 ...
  Connected to 10.1.2.2 ...
Login authentication
Password:
<AR2>system-view
Enter system view, return user view with Ctrl+Z.
[AR2]
```

如上所示，在3级权限下，管理员可以通过输入命令system-view进入系统视图。

步骤5 修改Telnet使用的端口号。

Telnet默认的端口号是23，不过管理员可以修改Telnet的端口号，让管理员通过另一个端口号对这台设备发起Telnet连接。如果希望执行这项设置，管理员需要在设备的系统视图下输入命令telnet server port，然后添加上新的Telnet端口号。

什么是知名端口、注册端口和动态端口？

TCP/UDP的端口号有3个种类：Well Known Ports（知名端口），the Registered Ports（注册端口）和Dynamic/Private Ports（动态/私有端口）。

知名端口的编号从0到1023，由互联网名称与数字地址分配机构（IANA）预留给相关协议，每种应用对应一个知名端口号。例如，Telnet为23，HTTP使用端口号80，POP3使用端口号110。

注册端口的编号从1024到49151，这个范围的端口除非向IANA进行了注册，否则不应该擅自使用。注册的流程参见文档资料[RFC4340]。

动态或私用端口是编号从49152到65535的端口，人们可以使用这其中的端口让自己的进程不与别的公用进程相冲突。

（1）修改AR2为Telnet分配的端口号。

```
[AR2]telnet server port 49152
  After the command is executed, logging in to the port through telnet fails, all the telnet users exit, and a new port is created. If you need to set the port through telnet again, wait for at least two minutes and then set the port again.
  Are you sure to continue?(y/n)[n]:y
```

在输入上面的配置后，设备弹出了一段冗长的告警信息。其意图是告诉管理员：在执行这条命令之后，通过Tclnct管理员这台设备的连接都会断开，所有Telnet用户都会退出登录，然后再会创建新的端口。如果想要再次设置Telnet端口，需要等待至少2min。

此时，输入y执行这条命令即可。

（2）到AR1上再次Telnet AR2。

```
<AR1>telnet 10.1.2.2
  Press CTRL_] to quit telnet mode
  Trying 10.1.2.2 ...
  Error: Can't connect to the remote host
<AR1>
```

如上所示，系统提示错误，表示无法连接。这是因为Telnet默认使用的端口为23，但此时AR2上使用的是49152。

（3）使用新的端口号Telnet AR2。

```
<AR1>telnet 10.1.2.2 49152
  Press CTRL_] to quit telnet mode
  Trying 10.1.2.2 ...
  Connected to 10.1.2.2 ...
Login authentication
Password:
<AR2>
```

以上表示正常连接了新的端口号。

步骤6 使用Wireshark抓取Telnet的流量。

（1）首先抓取AR1与AR2之间的数据，如图12-2所示。

图12-2 选择AR1接口G0/0/0并开始抓包

注释：关于这一步骤的具体过程，如有疑问请参考实验：Wireshark抓包分析数据包结构。

（2）在AR1上再次Telnet AR2，并配置一些基本命令，如下所示。

```
<AR1>telnet 10.1.2.2 49152
  Press CTRL_] to quit telnet mode
  Trying 10.1.2.2 ...
  Connected to 10.1.2.2 ...
Login authentication
Password:
<AR2>dis
<AR2>display cu
<AR2>display current-configuration
```

（3）选中产生的TCP流量，右键后选择追踪流，如图12-3所示。

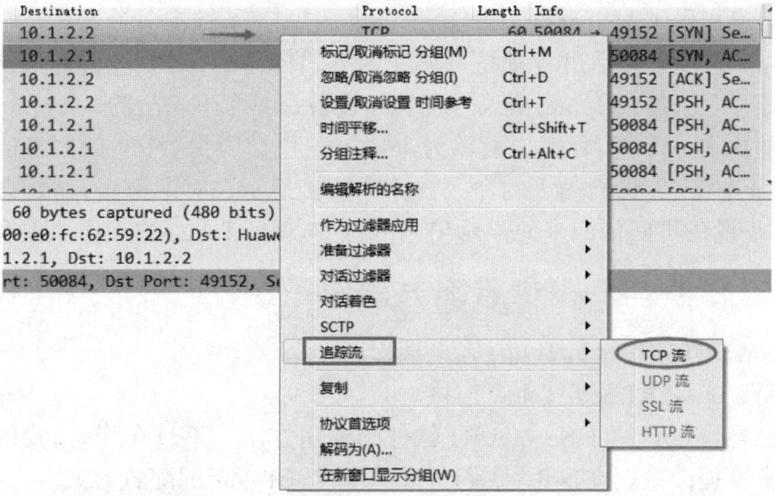

图 12-3　追踪流——TCP 流

（4）观察图 12-4 所示的结果，并写出你的结论。

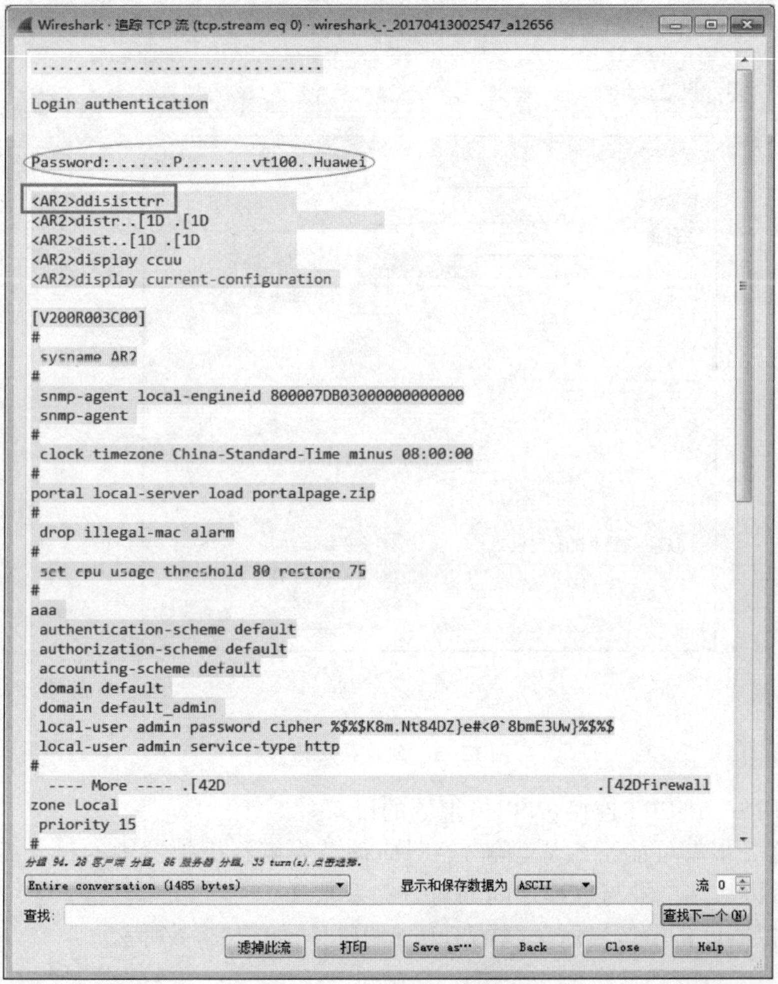

图 12-4　追踪到的 TCP 流

图中的信息提供了两个重点。

一是Telnet的整个会话过程都是以明文的方式传输的,其中包括密码、输入的命令、输出的配置等,因此,通过Telnet协议远程管理设备是非常不安全的。

二是在输入distr时,实际抓包显示为ddiissttrr,这是因为Telnet的回显造成的。也就是说,在Telnet连接下,我们输入的命令并不会直接显示在对话框里,而是会发送给远程设备,然后远程设备再回传回来而显示出来的,这对理解Telnet的工作原理有帮助。

12.2.3 任务二——运行客户端程序

使用SecureCRT软件运行Telnet客户端程序。

(1) 使用SecureCRT配置Telnet连接。

在前面已经详细介绍了SecureCRT软件的使用方法。不过在当时,我们使用的是串行连接方式来管理设备。在这里,我们再来介绍设置Telnet的配置方式。

首先,我们需要选择快速连接,然后在弹出的对话框主机名处设置相应的IP即可。如果管理员之前修改了Telnet端口号,还需要对端口号也进行修改,如图12-5所示。

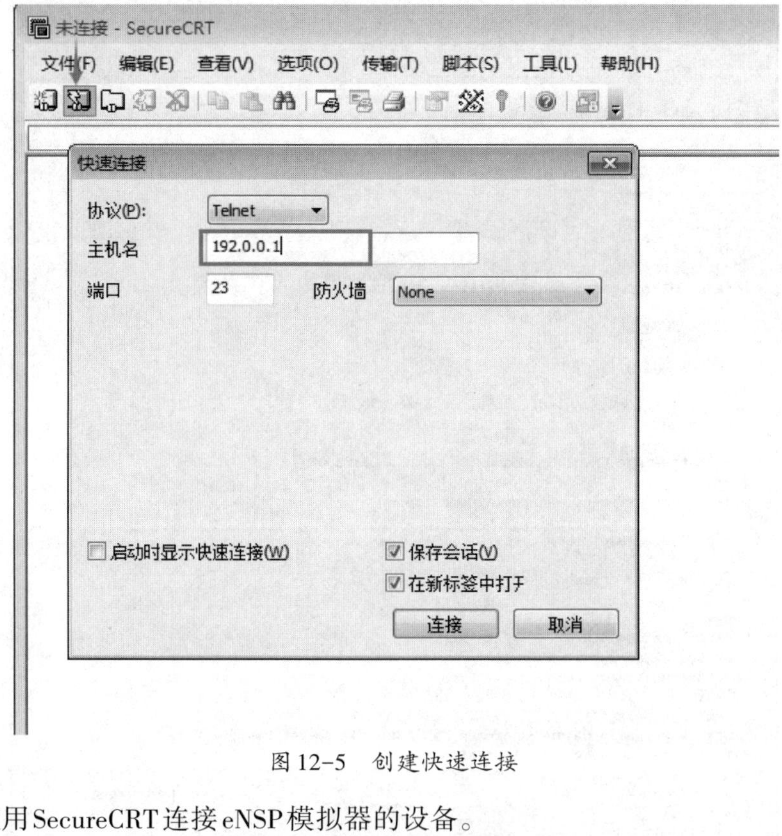

图12-5 创建快速连接

(2) 使用SecureCRT连接eNSP模拟器的设备。

提示:这一步有可能不容易理解,这时应该首先解释模拟器中的设备相当于一个应用进程,然后再从端口号与进程之间的对应关系入手。

观察模拟器设备串口号所关联的Telnet端口号,如图12-6所示。

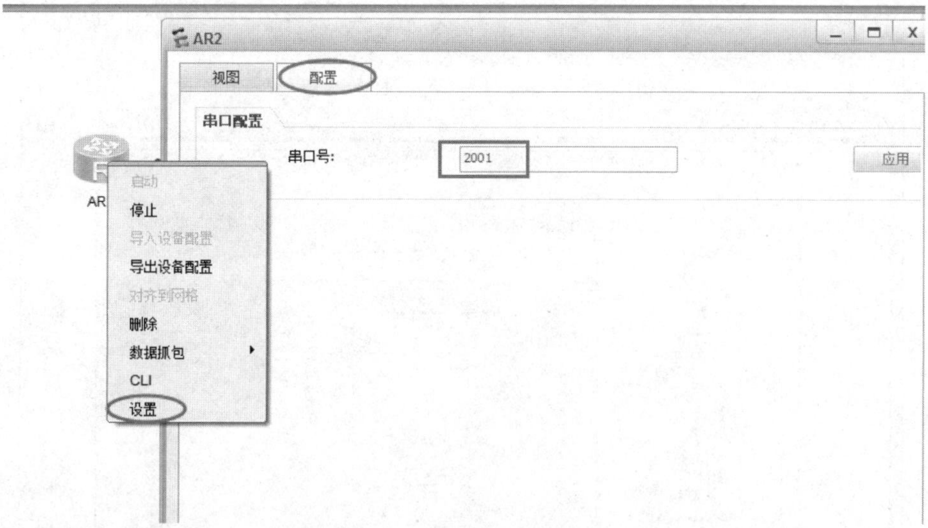

图12-6　观察模拟器设备串行接口号

以上信息表示,这台模拟器路由器的Console口被桥接到了本地计算机的Telnet 2001端口上。换句话说,当我们连接本地计算机的2001端口,也就相当于连接这台路由器的Console接口。

(3) 配置CRT,连接此模拟设备。

以上方框地址是本地回环地址,如图12-7所示,椭圆部分即桥接的端口号。

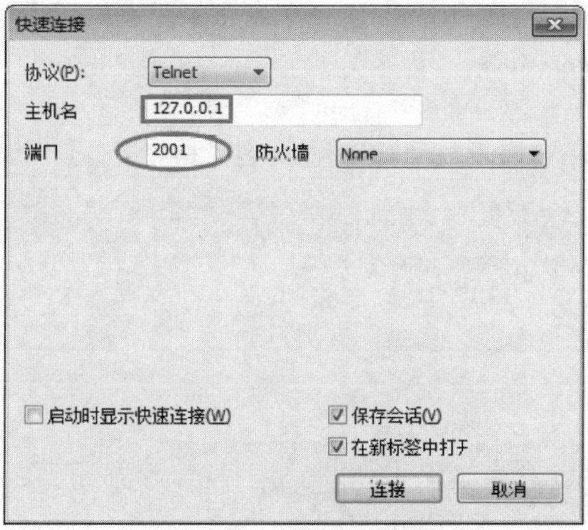

图12-7　连接模拟设备

本地回环地址我们并没有在配套教材中进行介绍,这里必须进行说明。

首先,本地回环地址并不是一个IP地址,而是一个地址段,即127.0.0.0/8,以上实验中,把目标地址设置为127.0.0.2也是可以连接到设备的,如图12-8所示。

本地回环地址是可以从字面上去理解的:本地的意思即指设备自身,回环的意思即指去往此地址的流量其实并没有被转发出去,而是转回给了自己。本地回环地址常用于应用程序要调用本地服务器的资源时使用,如实验中就是调用了本地计算机的Telnet服务资源。

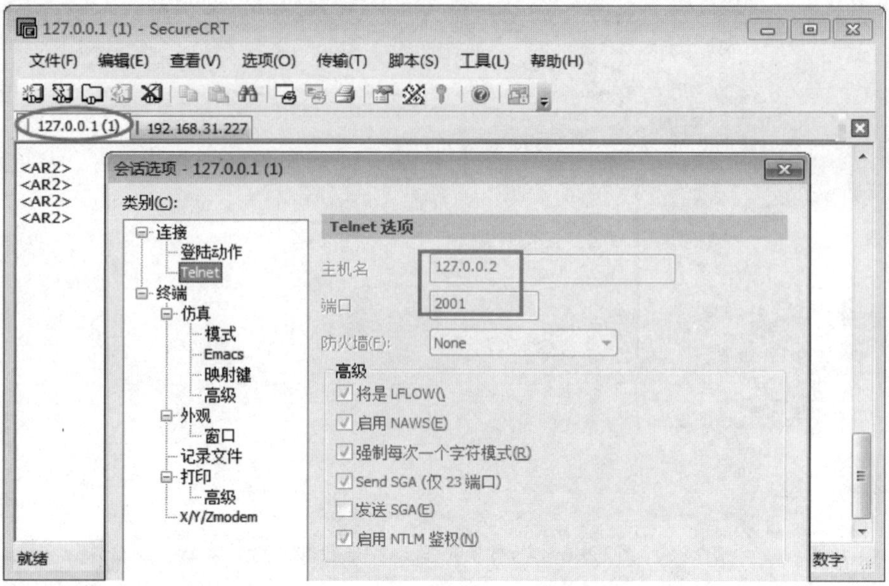

图 12-8　本地环回接口

还有一个与本地回环地址类似的概念，称为本地回环接口。这是管理员在配置网络设备中时常会配置的一个逻辑接口。虽然本地回环接口上可以配置任意一个IP地址，而不局限于127.0.0.0/8，但它也与本地回环地址的概念一样，即去往这类逻辑接口的所有流量最后都会被本地设备自己处理。由于这类接口是虚拟接口，因此只要设备工作正常，这种接口会一直处于UP状态，非常稳定，所以常常被用来执行测试或作为其他协议的核心参数，如OSPF的router-id等。

（4）观察结果。

如图12-9所示的信息表示，我们正确连接到了相关设备。

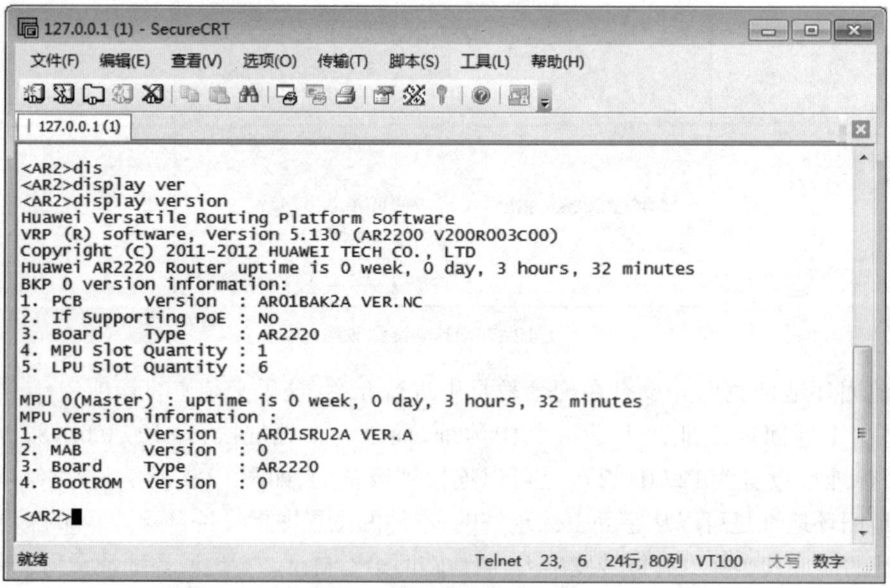

图 12-9　成功连接设备

（5）使用Windows自带的Telnet客户端程序，如图12-10所示，先打开Windows的Telnet功能组件。

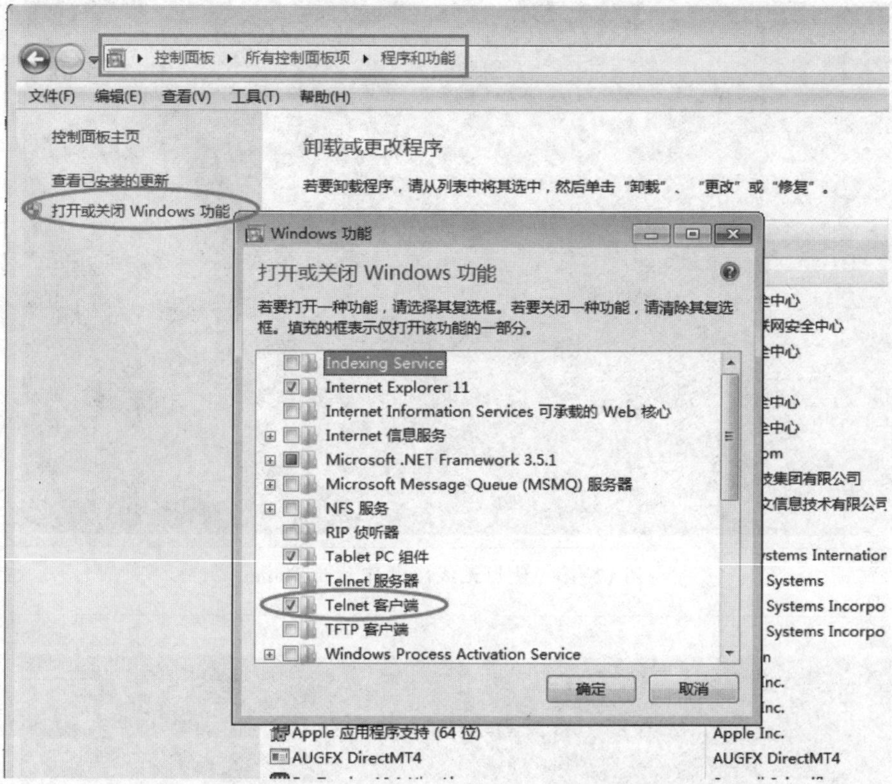

图12-10　打开Windows的Telnet功能组件

运行CMD命令行界面，直接Telnet本地的2001端口，如图12-11和图12-12所示。

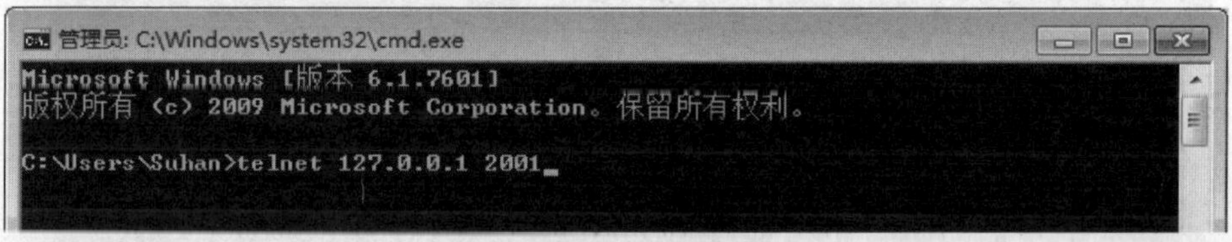

图12-11　Telnet本地2001端口

图12-12　Telnet成功

图12-12表示我们已经正确连接上了设备AR2。

（6）使用真实IP地址连接模拟器。

本地计算机的无线网卡接口IP地址为192.168.31.27。如果向这个IP地址发起Telnet管理连接，一样表示连接计算机自身，因此也可以通过这种方式连接到模拟器设备，如

图12-13和图12-14所示。

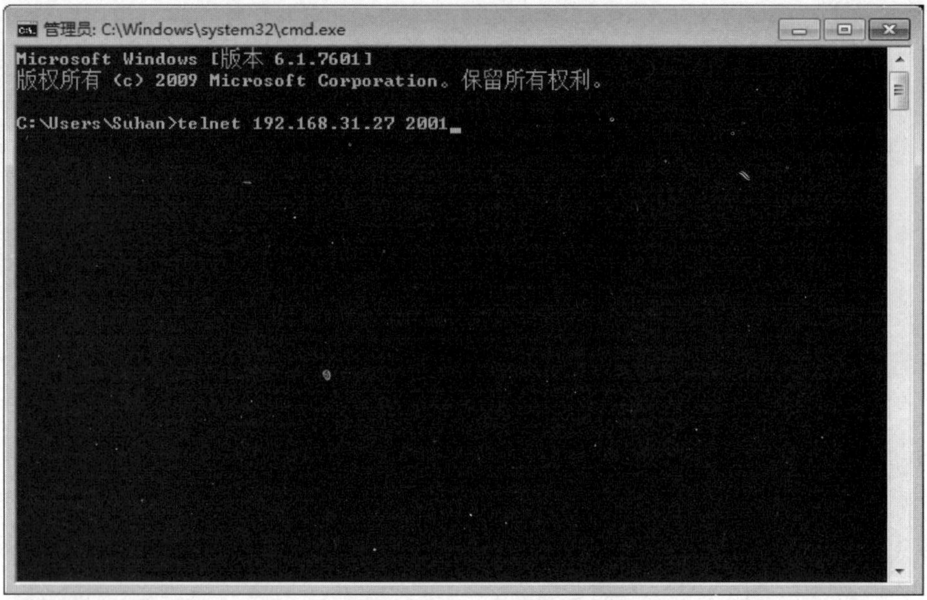

图12-13　使用无线网卡IP地址Telnet

图12-14　Telnet成功

图12-14表示我们已经正确地连接上了设备AR2。

12.3 命令汇总

本章所用命令如表12-3所列。

表12-3 本章命令汇总

命令	描述
telnet ip-address <port>	使用telnet通过指定端口连接指定地址设备
telnet server port integer	设置telnet默认端口号
user-interface vty integer<0-4,16-20>	启用并进入指定VTY设置视图
authentication-mode {password | aaa}	设置VTY连接模式为password或者aaa
free user-interface vty integer	释放指定VTY连接
user privilege level 3	设置当前VTY连接权限等级

思考题

1. 为什么Console连接权限大于Telnet连接?
2. Telnet连接适合于在何种网络环境下进行网络管理?
3. 分析Telnet端口连接失败的原因,并描述解决办法。

实验13　FTP与DNS协议配置

13.1　实验介绍

13.1.1　关于本实验

eNSP模拟器功能强大，使用该模拟器可以进行FTP实验，搭建实验拓扑，至少包括一个Server、一个Client，并进行简单的设置，即可实验FTP工作流程；通过该模拟器自带的抓包功能，使用Wireshark对Server和Client通信报文进行抓取，就可以分析FTP的业务流程，对理解FTP原理大有帮助。

DNS服务器是用于域名解析的。当PC访问网址时，这个网址会发送给DNS服务器，DNS服务器会将网址解析成IP地址返回给PC，然后PC拿着这DNS服务器返回来的IP地址，访问这个网址的服务器。若没有DNS，则无法使用域名访问网址。

13.1.2　实验目标

认识FTP协议；

掌握FTP业务模拟配置；

掌握DHCP与DNS配置；

了解HTTP与DNS配置。

13.1.3　实验拓扑图

本实验任务所使用网络拓扑结构如图13-1所示。

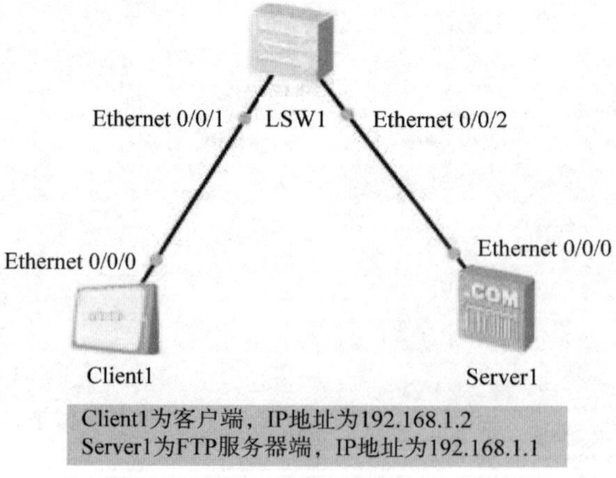

图13-1　网络结构拓扑图

13.1.4　地址规划

在网络拓扑结构中，1台交换机LSW1通过网线连接2台计算机，Client1作为客户端，Server1作为服务端，且2台计算机位于同一网段。具体IP地址设置如表13-1所列。

表13-1　IP地址设置

设备	IP地址	子网掩码	默认网关
Server 1	192.168.1.1	255.255.255.0	N/A
Client 1	192.168.1.2	255.255.255.0	N/A

13.1.5　所需资源

见具体配置任务中的网络拓扑图，确定所需网络资源。

13.1.6　实验任务列表

实验任务列表如表13-2所列。

表13-2　实验任务列表

序号	任务	子任务
1	FTP协议	FTP业务模拟
2	DNS协议	配置DHCP与DNS
		配置HTTP与DNS

13.2　实验任务

13.2.1　配置思路

本实验任务可以分为3个的步骤：首先配置FTP业务熟悉应用层的简单协议；其次完成DHCP与DNS配置；最后通过HTTP与DNS配置实现通过HTTP客户端获取到默认网页。

13.2.2　任务一——配置FTP业务

利用eNSP搭建如图13-1所示的网络拓扑结构，在网络拓扑结构中，1台交换机LSW1通过网线连接2台计算机，Client1作为客户端，Server1作为服务端，并且2台计算机位于同一网段。具体IP地址设置如下：

Server1　IP：192.168.1.1

Server1子网掩码：255.255.255.0

Client1　IP：192.168.1.2

Client1子网掩码：255.255.255.0

步骤1　配置计算机IP地址。

对于客户机Client1，其配置示意图如图13-2所示。

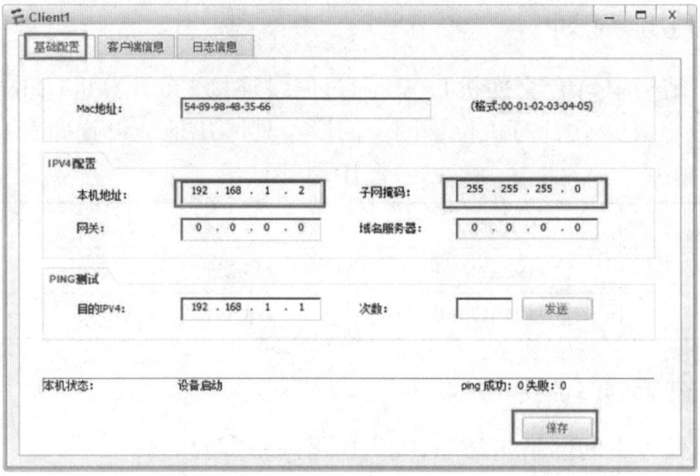

图13-2　客户机IP地址配置示意图

图13-2为客户端基础配置，同理将服务端配置好。

步骤2　进行ping命令测试。

在基础配置中找到ping测试工具，填入对端IP地址和ping测试次数单击“发送”，下方会显示是否成功，如图13-3所示。

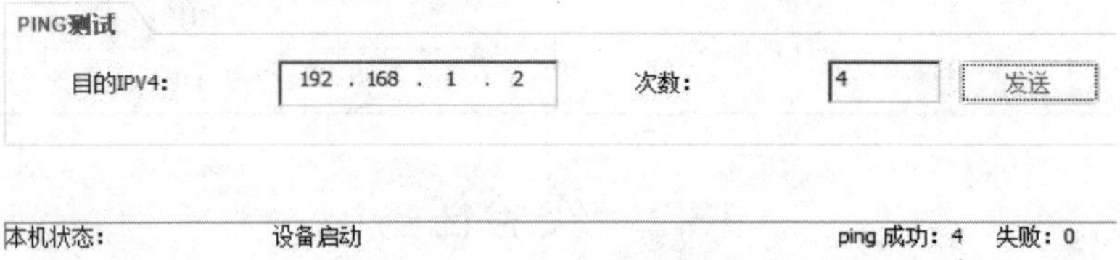

图13-3　ping测试工具

步骤3　FTP服务器配置。

ping测试成功后，我们进入服务端服务器信息页面，如图13-4所示。

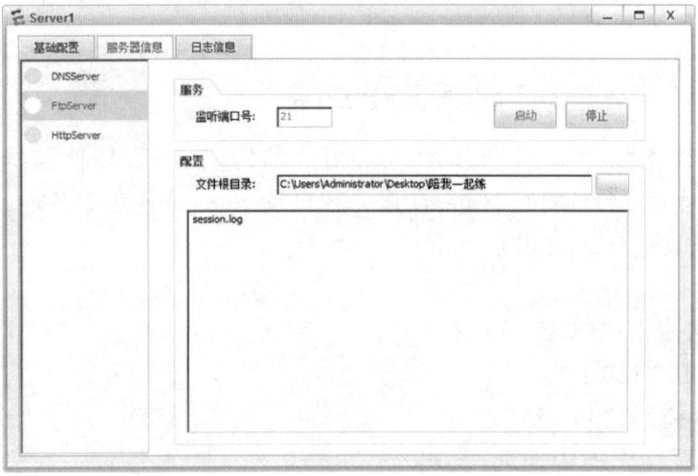

图13-4　FTP服务器信息配置界面

选择服务类型为FtpServer,文件根目录根据实际情况设置。我的文件根目录有一个文件名为session.log的文件,并启动FTP服务,设置好后,我们同样进入客户端的客户端信息页面,如图13-5所示。

图 13-5　客户端信息配置界面

步骤4　FTP客户端验证。

选择FtpClient,服务器地址填入192.168.1.1,其他项默认即可,并单击“登录”。此时,我们看到服务器文件列表里已经显示出服务器上的session.log文件了,证明实验成功。

13.2.3　任务二——配置DHCP与DNS

步骤1　在eNSP中创建一台服务器,如图13-6所示。

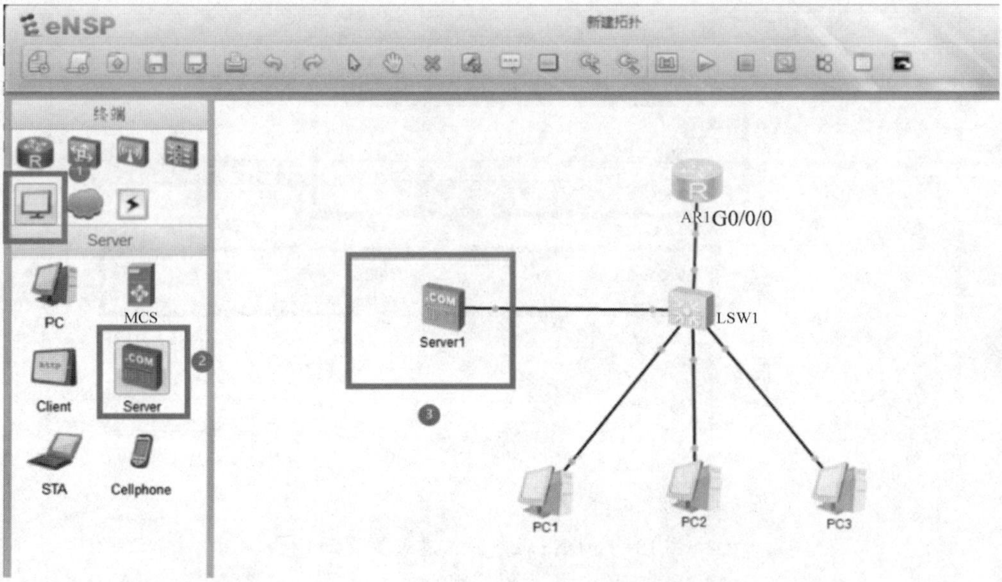

图 13-6　DHCP与DNS实验网络结构拓扑图

步骤2 打开服务器,配置DNS服务器。

搭建好服务器后,连接好交换机,开始配置服务器的信息。

(1)双击打开服务器完成基础配置,给服务器配置一个IP地址,如图13-7所示。

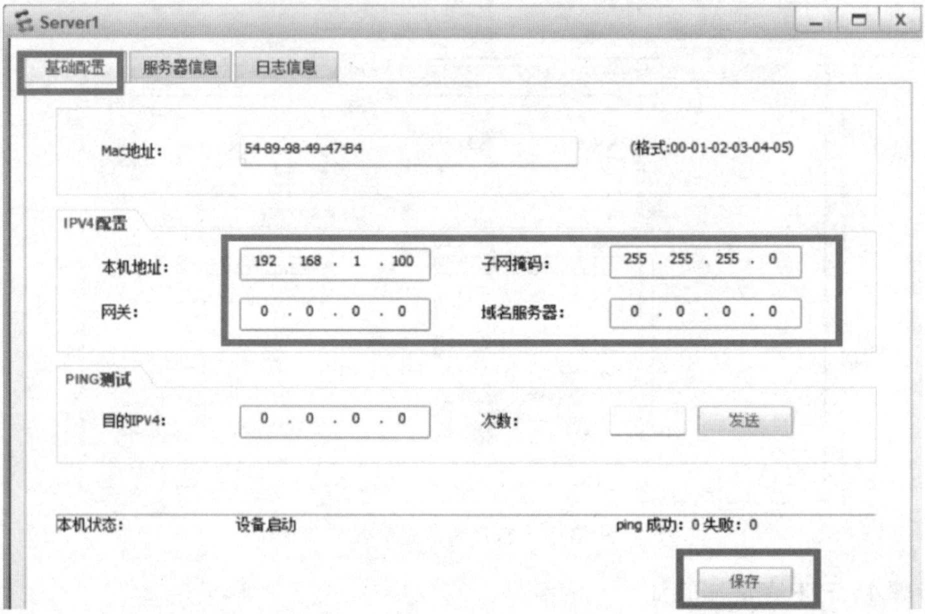

图13-7 服务器IP地址配置

(2)配置服务器的信息,配置DNS服务器,如图13-8所示。

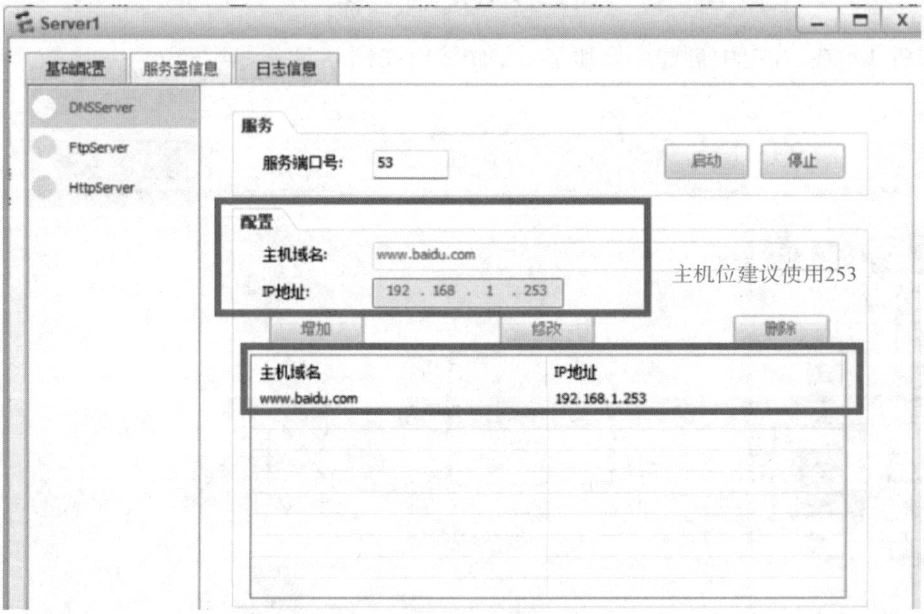

图13-8 DNS服务器信息配置界面

步骤3 进入路由器配置信息,如图13-9所示。

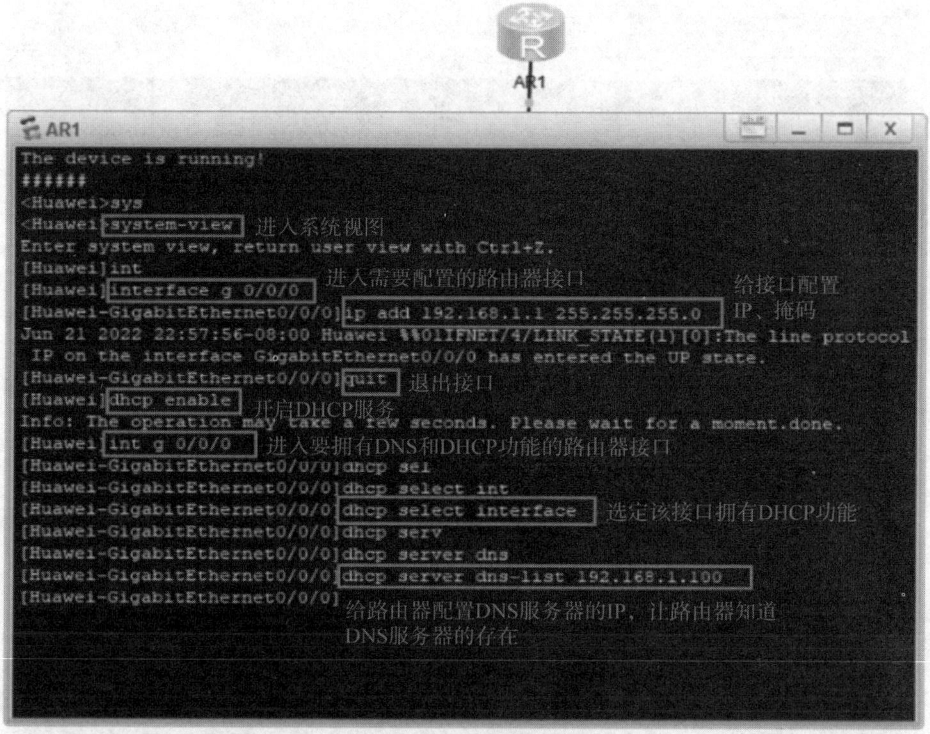

图13-9　配置路由器

步骤4　在PC中查看DNS服务器，并ping其域名。

（1）让PC的IP地址都靠配置的DHCP获取，如图13-10所示。

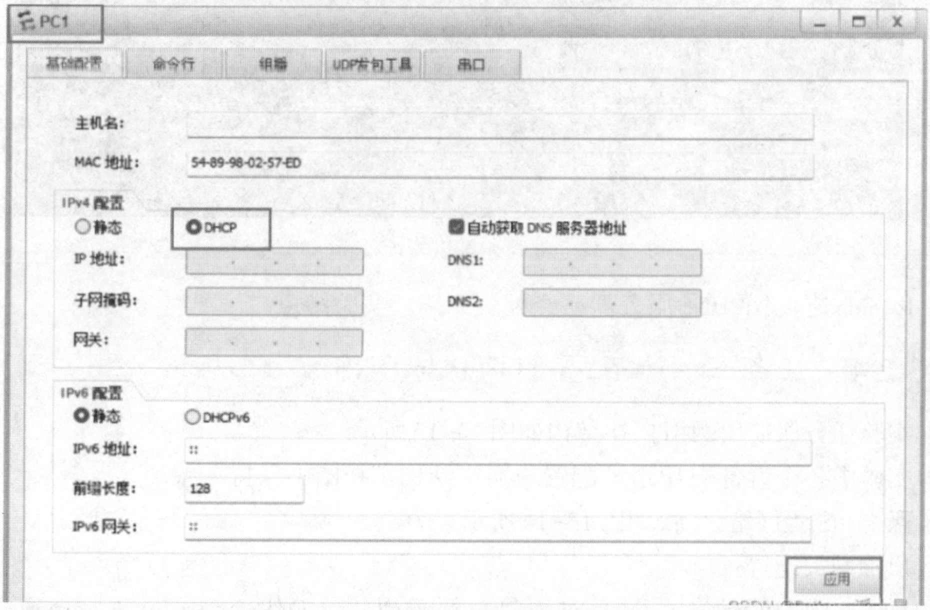

图13-10　设置PC通过DHCP获取IP地址

（2）打开PC命令行，输入ipconfig查看网络信息，如图13-11所示。

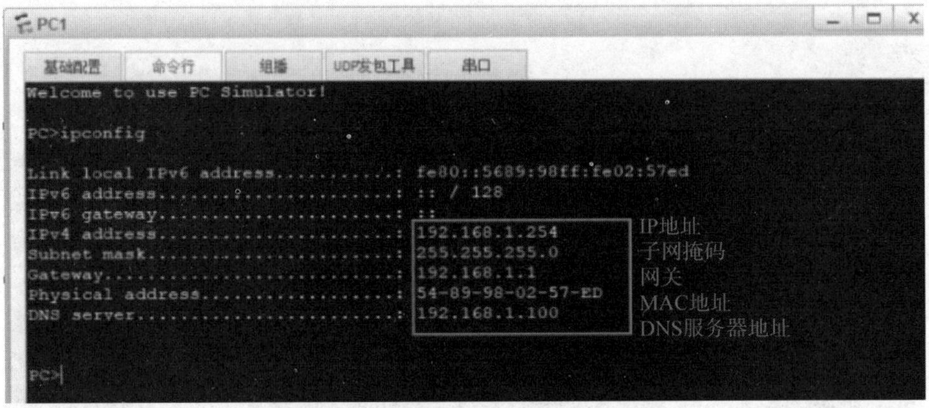

图 13-11　查看PC网络信息

（3）尝试能否ping通域名，如图13-12所示。

图 13-12　对服务器域名进行ping测试

可以ping通，表示DNS服务器已经配置完毕。实验结束。

13.2.4　任务三——配置HTTP与DNS

本实验任务所使用网络拓扑结构如图13-13所示。

本实验中各个设备的IP地址配置与网络结构拓扑图中保持一致。

步骤1　配置网络设备，如图13-14所示。

客户端网关配置：

interface GE 0/0/0　　//这是进入接口配置模式，GE代表Gigabit Ethernet（千兆以太网），0/0/0是接口编号，不同设备编号规则可能不同，但一般用来唯一标识一个物理接口。

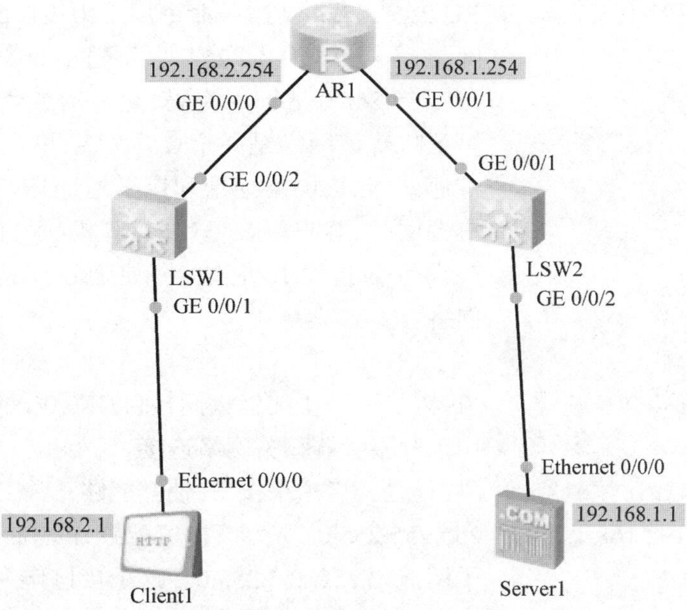

图13-13　网络结构拓扑图

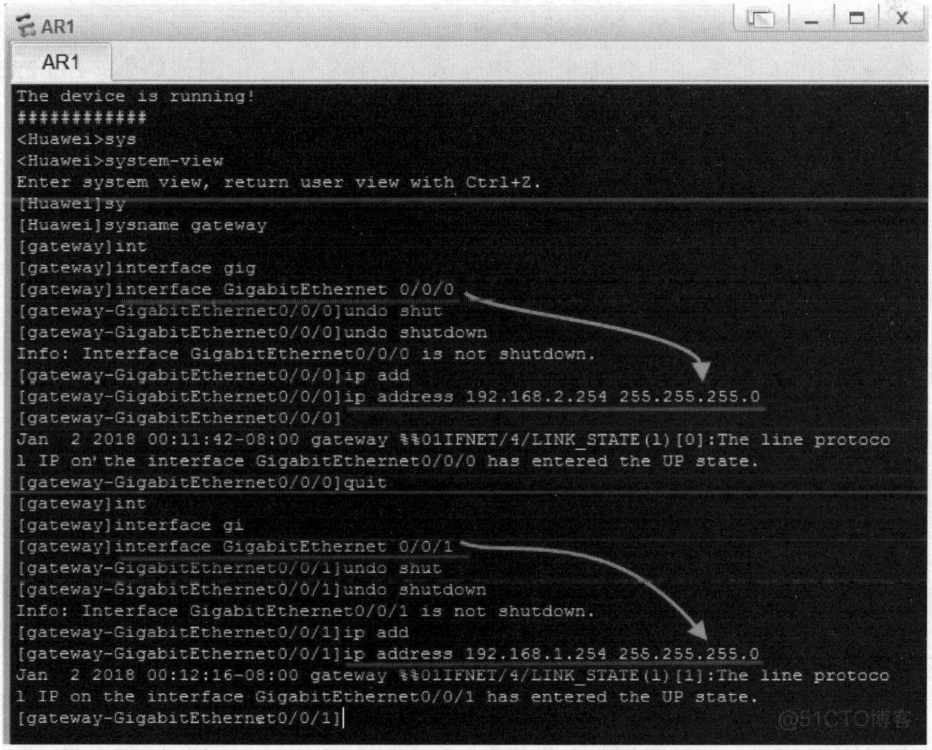

图13 14　网关路由器配置命令

undo shutdown　　　　//shutdown命令用于关闭接口，undo shutdown则是取消关闭，也就是开启这个接口。如果接口处于关闭状态，它是无法正常传输数据的，所以需要先开启接口。

ip address 192.168.2.254 255.255.255.0 //这条命令用于为接口配置IP地址和子网掩码。192.168.2.254是分配给该接口的IP地址，255.255.255.0是子网掩码，它表示这个网络的范围，这里意味着该网络是一个C类网络，可容纳254个可用主机地址（除去网络地址和广播地址）。这个接口作为客户端网关，客户端设备（如计算机、手机等）会将默认网关设置为这个IP地址，以便通过该接口连接到外部网络。

服务器网关配置：

interface GE 0/0/1 //进入另一个千兆以太网接口GE0/0/1的接口配置模式，用于和服务器相关网络连接。

undo shutdown //同样是开启这个接口，使其能够正常工作并传输数据。

ip address 192.168.1.254 255.255.255.0 //为该接口配置IP地址192.168.1.254和子网掩码255.255.255.0。这个接口作为服务器网关，服务器设备（如Web服务器、数据库服务器等）会将默认网关设置为这个IP地址，从而实现与其他网络通信。

步骤2 配置客户端主机，如图13-15所示。

选择使用IPV4配置，在“本机地址”中输入192.168.2.1，“子网掩码”为255.255.255.0（因为/24等同于该子网掩码），默认“网关”输入192.168.2.254。配置“域名服务器”为192.168.1.1。点击“保存”按钮保存设置。

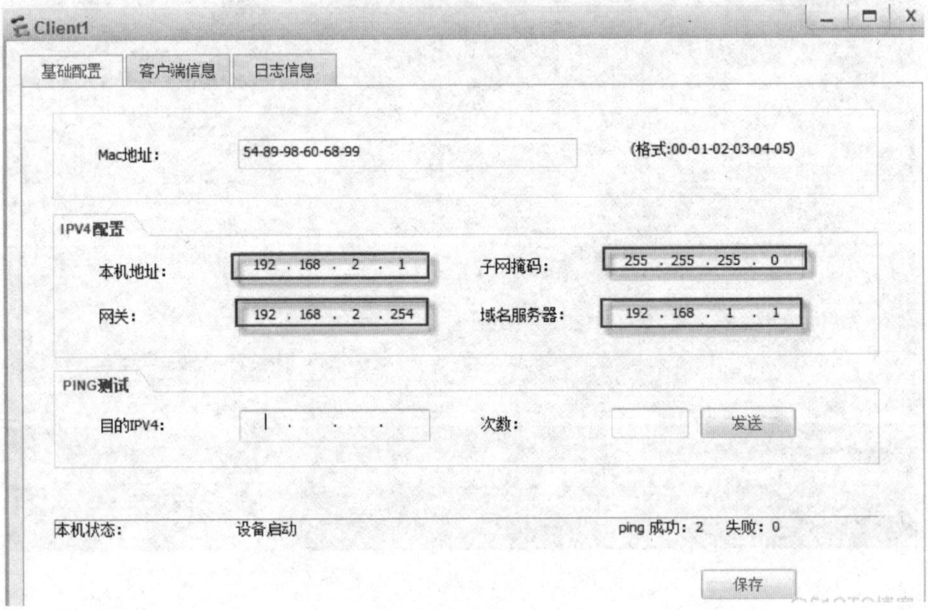

图13-15 客户端主机基础信息配置界面

步骤3 配置服务器主机，如图13-16所示。

基本IP地址配置。在“IPV4配置”中输入本机地址192.168.1.1，子网掩码

255.255.255.0以及网关192.168.1.254并保存。

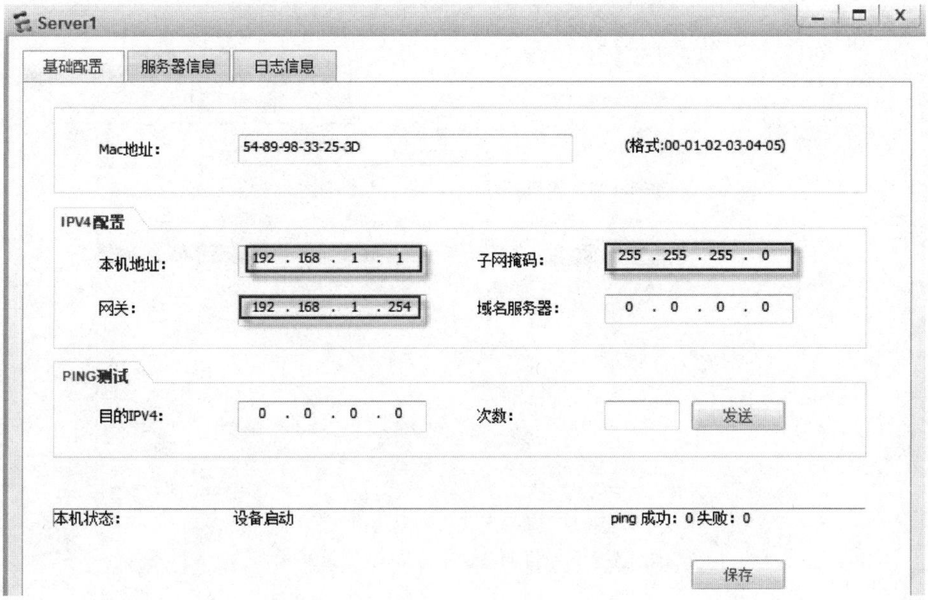

图13-16　服务器主机基础信息配置界面

DNS服务配置。在“服务器信息”中选择“DNSServer”，创建“主机域名”www.tedu.cn并添加映射条目，最后在“服务”管理器中启动 “DNS服务器”服务并设置自动启动，如图13-17所示。

HTTP服务配置。在“服务器信息”中选择“HttpServer”，在“文件根目录下”添加默认网页文件I:\随堂笔记\3，在“服务”管理器中启动并设置为自动启动，如图13-18所示。

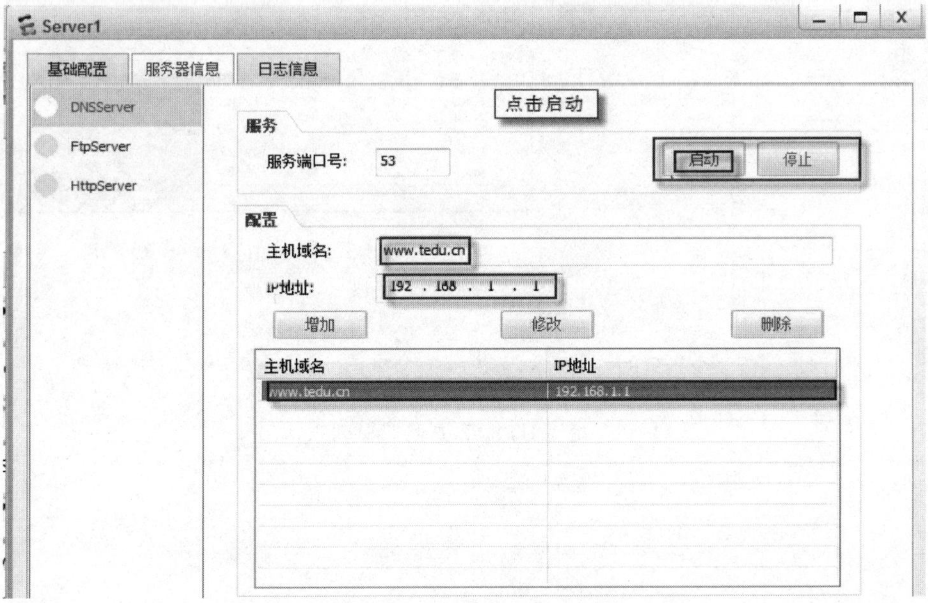

图13-17　DNS服务器信息配置界面

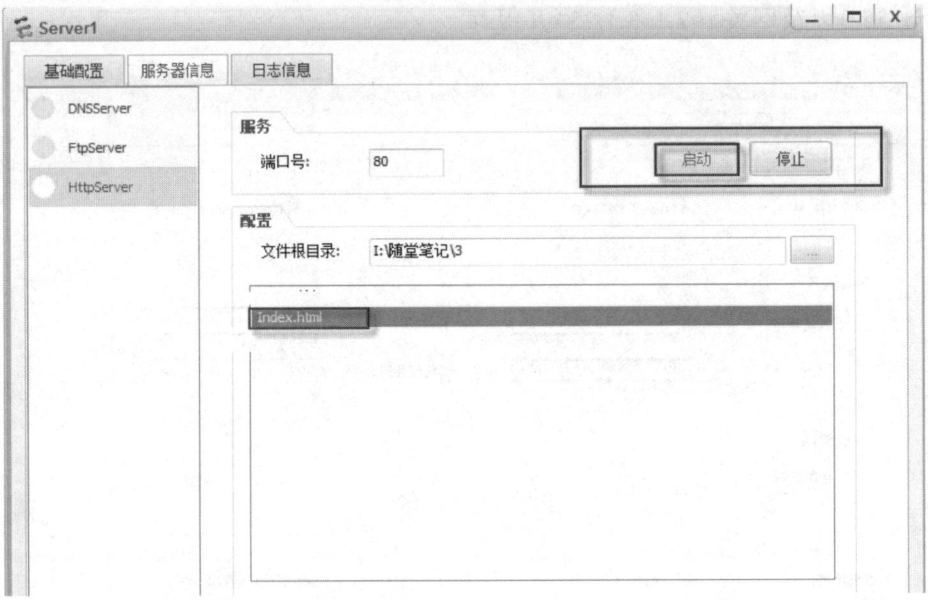

图 13-18　HTTP服务器信息配置界面

步骤4　验证与测试，如图13-19所示。

在客户端设备，选择HttpClient，在地址栏中输入www.tedu.cn，然后获取，就可以看到我们之前在服务器上上传的“默认网页”。

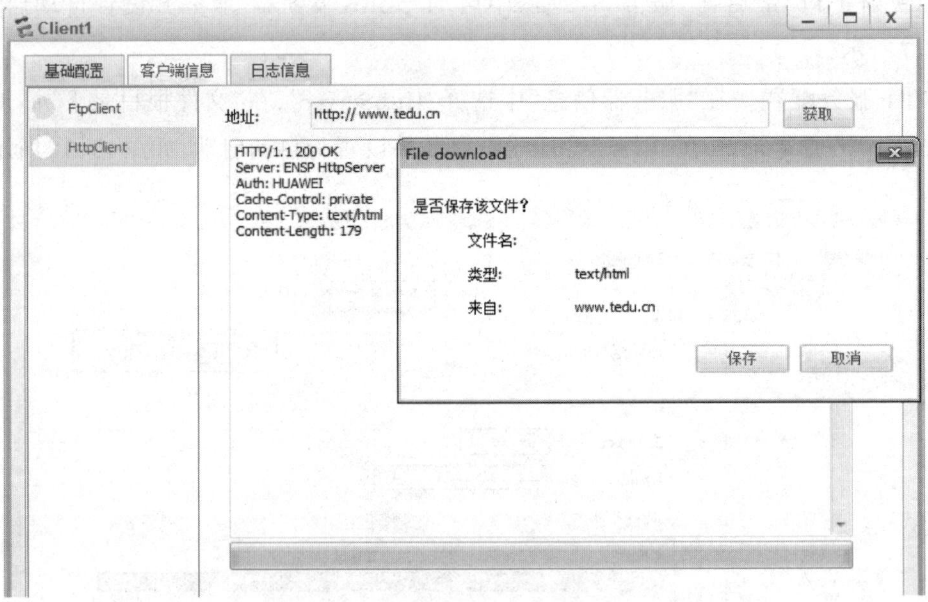

图 13-19　通过HTTP客户端获取到默认网页

思考题

1. HTTP报文分为哪两类?

2. IP地址的作用是什么,采取什么样的结构? DNS的作用是什么,IP地址与DNS有什么关系?

3. 没有DNS,我们输入的网址就没法转换成网站服务器的真实IP地址,当然就没法打开网站了。那我们如何来修复DNS呢?

实验14　路由交换综合实验

14.1　实验介绍

14.1.1　关于本实验

路由交换综合组网是检验学生计算机网络理论掌握情况与配置技能的关键一环，本实验在网络设备上涉及路由器和交换机，在路由协议上涉及OSPF协议和RIP协议，交换机配置上涉及VLAN配置，主要是Trunk、Access接口的配置，本实验综合性较强，能有效检验学生的学习情况。

14.1.2　实验目标

掌握路由交换综合组网的网络拓扑搭建方法；
掌握OSPF与RIP协议综合配置方法；
掌握基于端口的VLAN配置方法。

14.1.3　实验拓扑图

路由交换实验网络拓扑图如图14-1所示。

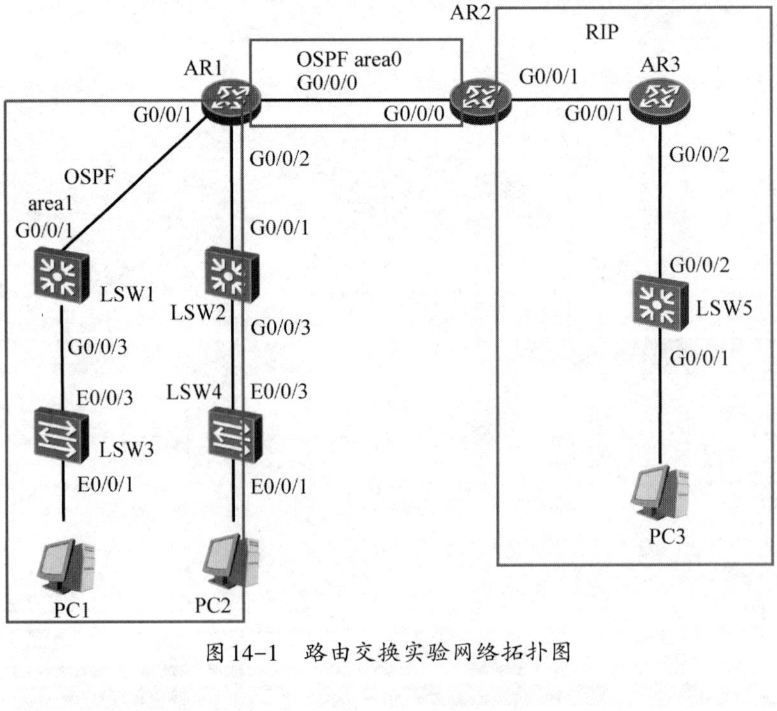

图14-1　路由交换实验网络拓扑图

14.1.4　地址规划

地址规划表如表14-1所列。

表14-1　地址规划表

设备	接口	IP地址	子网掩码	默认网关
AR1	GE0/0/0	10.1.2.1	255.255.255.0	N/A
	GE0/0/1	10.101.1.1	255.255.255.0	N/A
	GE0/0/2	10.102.1.1	255.255.255.0	N/A
AR2	GE0/0/0	10.1.2.2	255.255.255.0	N/A
	GE0/0/1	10.2.3.2	255.255.255.0	N/A
AR3	GE0/0/1	10.2.3.3	255.255.255.0	N/A
	GE0/0/2	10.105.3.3	255.255.255.0	N/A

14.1.5　所需资源

3台路由器(支持华为Version　5.130版镜像的华为AR2200或同类路由器,或使用华为eNSP模拟器3.9及以上版本)。

3台交换机(支持华为Version　5.110版镜像的华为S5700或同类交换机,或使用华为ESP模拟器3.9及以上版本)。

2台交换机(支持华为Version　5.110版镜像的华为S3700或同类交换机,或使用华为ESP模拟器3.9及以上版本)。

3台PC(采用Windows　7、Windows　10操作系统的家用计算机或通过华为eNSP模拟器3.9及以上版本)。

14.1.6　任务列表

实验任务列表如表14-2所列。

表14-2　实验任务列表

序号	任务	子任务	应用场景
1	ARP	N/A	
2	VLAN、Trunk、Access	N/A	
3	多区域OSPF	N/A	
4	RIP	N/A	
5	路由引入	N/A	

14.2　实验任务

14.2.1　任务一——ARP通信过程理解

实验环境搭建、理解ARP通信过程。

步骤1 完成基本配置。

完成路由器基本配置,按照拓扑配置路由器名称、接口IP地址等。

在AR1上:

```
<Huawei>system-view
[Huawei]sysname AR1
[AR1]interface GigabitEthernet 0/0/0
[AR1-GigabitEthernet0/0/0]ip address 10.1.2.1 24
[AR1-GigabitEthernet0/0/0]quit
[AR1]interface GigabitEthernet 0/0/1
[AR1-GigabitEthernet0/0/1]ip address 10.101.1.1 24
[AR1-GigabitEthernet0/0/1]quit
[AR1]interface GigabitEthernet 0/0/2
[AR1-GigabitEthernet0/0/2]ip address 10.102.1.1 24
```

在AR2上:

```
<Huawei>system-view
[Huawei]sysname AR2
[AR2]interface GigabitEthernet 0/0/0
[AR2-GigabitEthernet0/0/0]ip address 10.1.2.2 24
[AR2-GigabitEthernet0/0/0]quit
[AR2]interface GigabitEthernet 0/0/1
[AR2-GigabitEthernet0/0/1]ip address 10.2.3.2 24
```

在AR3上:

```
<Huawei>system-view
[Huawei]sysname AR3
[AR3]interface GigabitEthernet 0/0/1
[AR3-GigabitEthernet0/0/1]ip address 10.2.3.3 24
[AR3-GigabitEthernet0/0/1]quit
[AR3]interface GigabitEthernet 0/0/2
[AR3-GigabitEthernet0/0/2]ip address 10.105.3.3 24
```

在LSW1上:

```
<Huawei>system-view
[Huawei]sysname LSW1
```

在LSW2上:

```
<Huawei>system-view
[Huawei]sysname LSW2
```

在LSW3上：

```
<Huawei>system-view
[Huawei]sysname LSW3
```

步骤2　测试路由器直连接口的连通性，要求所有直连接口可达。

```
[AR2]ping 10.1.2.1
  PING 10.1.2.1: 56  data bytes, press CTRL_C to break
    Reply from 10.1.2.1: bytes=56 Sequence=1 ttl=255 time=50 ms
    Reply from 10.1.2.1: bytes=56 Sequence=2 ttl=255 time=10 ms
    Reply from 10.1.2.1: bytes=56 Sequence=3 ttl=255 time=20 ms
    Reply from 10.1.2.1: bytes=56 Sequence=4 ttl=255 time=20 ms
    Reply from 10.1.2.1: bytes=56 Sequence=5 ttl=255 time=20 ms
  --- 10.1.2.1 ping statistics ---
    5 packet(s) transmitted
    5 packet(s) received
    0.00% packet loss
    round-trip min/avg/max = 10/24/50 ms
[AR2]ping 10.2.3.3
  PING 10.2.3.3: 56  data bytes, press CTRL_C to break
    Reply from 10.2.3.3: bytes=56 Sequence=1 ttl=255 time=170 ms
    Reply from 10.2.3.3: bytes=56 Sequence=2 ttl=255 time=40 ms
    Reply from 10.2.3.3: bytes=56 Sequence=3 ttl=255 time=40 ms
    Reply from 10.2.3.3: bytes=56 Sequence=4 ttl=255 time=30 ms
    Reply from 10.2.3.3: bytes=56 Sequence=5 ttl=255 time=30 ms
  --- 10.2.3.3 ping statistics ---
    5 packet(s) transmitted
    5 packet(s) received
    0.00% packet loss
    round-trip min/avg/max = 30/62/170 ms
```

步骤3　理解ARP通信的过程。

（1）查看AR2上的ARP表项。

```
[AR2]display arp
IP ADDRESS   MAC ADDRESS    EXPIRE(M) TYPE   INTERFACE   VPN-INSTANCE   VLAN/CEVLAN PVC
------------------------------------------------------------------------------
10.1.2.2     00e0-fcd1-37f7           I -       GE0/0/0
10.1.2.1     00e0-fcb7-7d6c   3        D-0       GE0/0/0
10.2.3.2     00e0-fcd1-37f8           I -       GE0/0/1
10.2.3.3     00e0-fc52-7b87   19       D-0       GE0/0/1
------------------------------------------------------------------------------
Total:4      Dynamic:2      Static:0    Interface:2
```

请简述以上表项的基本含义。

以上表示AR2上目前总共有4条ARP信息，其中2条为动态学习的（10.1.2.1和10.2.3.3对应的条目）、2条为本设备接口IP所对应的ARP信息（10.1.2.2和10.2.3.2对应的条目）。

输出信息详解如下。

第1列：一个IP地址。

第2列：此IP所对应的MAC地址。

第3列：超时间。

第4列：类型，如I表示此接口本身，D表示动态学习的。

第5列：此ARP条目所对应的接口。

（2）清空ARP表项。

```
<AR2>reset arp all
Warning: This operation will reset all static and dynamic ARP entries, and clear the configurations of all static ARP, continue?[Y/N]:y
```

清空ARP表项后的AR2：

```
<AR2>system-view
Enter system view, return user view with Ctrl+Z.
[AR2]display arp
IP ADDRESS  MAC ADDRESS  EXPIRE(M) TYPE  INTERFACE  VPN-INSTANCE  VLAN/CEVLAN PVC
------------------------------------------------------------------------------
10.1.2.2        00e0-fcd1-37f7              I -        GE0/0/0
10.2.3.2        00e0-fcd1-37f8              I -        GE0/0/1
------------------------------------------------------------------------------
Total:2         Dynamic:0        Static:0       Interface:2
```

AR2自身接口的ARP条目信息是不会被清除的，只有动态学到的ARP信息才会被清除。

（3）取AR2与AR3之间的报文，观察ARP交互的过程，如图14-2所示。

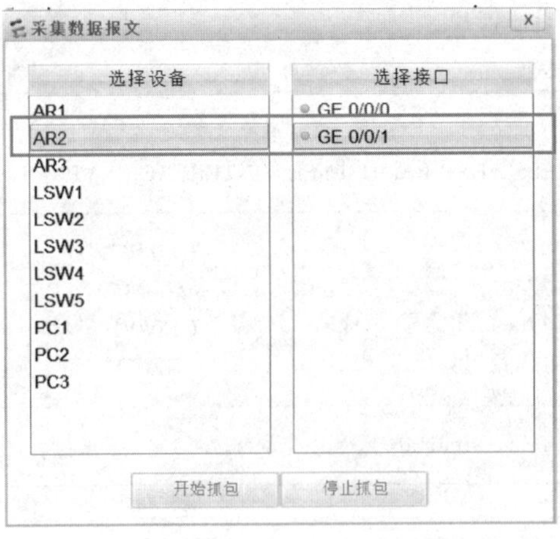

图14-2　抓取AR2与AR3之间的报文

（4）在AR2上再次ping AR3,观察ARP报文的交互。

```
[AR2]ping 10.2.3.3
  PING 10.2.3.3: 56  data bytes, press CTRL_C to break
  Reply from 10.2.3.3: bytes=56 Sequence=1 ttl=255 time=80 ms
  Reply from 10.2.3.3: bytes=56 Sequence=2 ttl=255 time=30 ms
  Reply from 10.2.3.3: bytes=56 Sequence=3 ttl=255 time=40 ms
  Reply from 10.2.3.3: bytes=56 Sequence=4 ttl=255 time=20 ms
  Reply from 10.2.3.3: bytes=56 Sequence=5 ttl=255 time=20 ms
  --- 10.2.3.3 ping statistics ---
    5 packet(s) transmitted
    5 packet(s) received
    0.00% packet loss
    round-trip min/avg/max = 20/38/80 ms
```

（5）查看抓取的ARP报文,如图14-3所示。

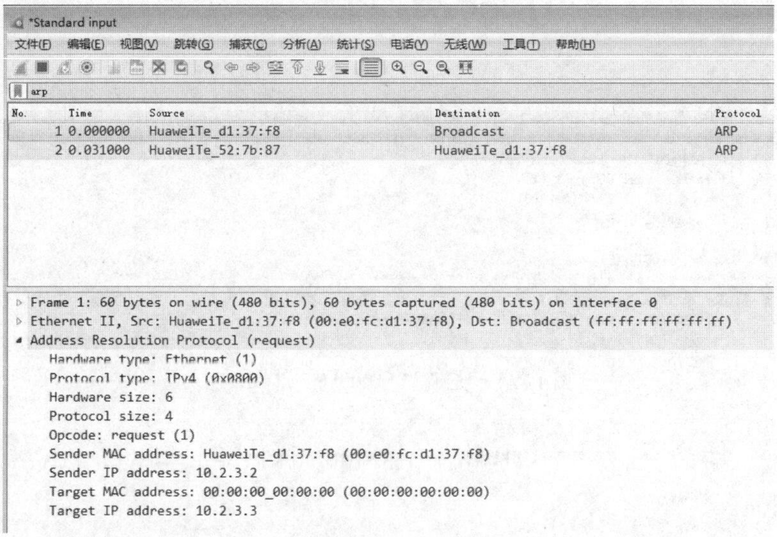

图14-3　查看抓取的ARP报文(一)

根据图14-3所示,思考以下问题。

问题1:图14-3所示是一个什么报文?

是ARP的Request报文。

问题2:此报文封装的目标地址是多少?

是一个广播帧,目标地址是全F的广播地址。

问题3:此报文是否可以让AR3生成ARP表项?

可以,AR3会读取此报文的Sender IP和Sender MAC地址,生成去往AR2的表项,也就是说,一个ARP的Request报文,也可以产生相应的ARP表项。

根据图14-4所示,思考以下问题。

问题1:图14-4所示是一个什么报文?

是ARP的Reply报文。

问题2:根据输出信息,请判读此报文是谁发送给谁的?

从Sender IP和Target IP可以得出,此报文是AR3收到AR2的请求后,回送给AR2的ARP报文。

问题3:完成整个实验后,在AR3上去访问AR2的身后网络时,AR3上是否需要去申请每一个目标IP地址所对应的MAC地址?为什么?

AR3不会去申请每一个目标IP地址所对应的MAC地址,AR3拥有去往目标地址的下一跳(即AR2)IP的MAC地址即可,也就是说,AR3去往AR2的所有身后网络时,在二层都会封装为AR2的MAC地址。

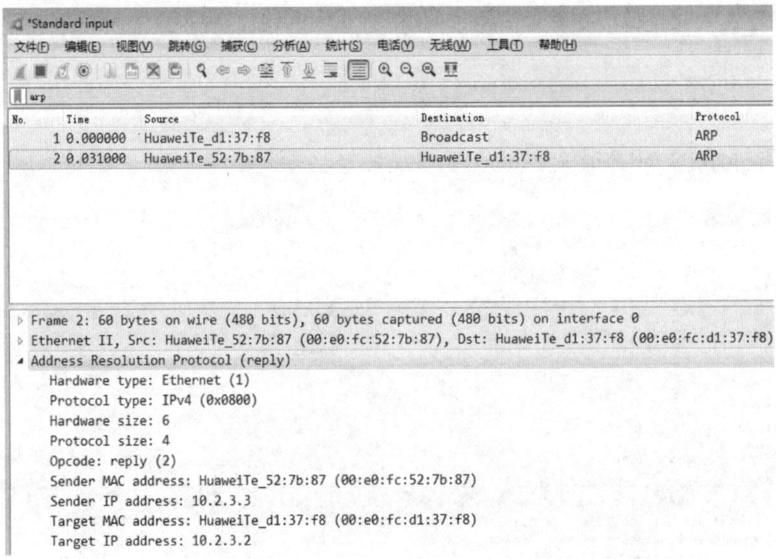

图14-4 查看抓取的ARP报文(二)

14.2.2 任务二——Trunk、Access接口配置

实验需求:

VLAN的配置是一个二层网络最基本的需求,请根据以下需求完成拓扑中所有交换机的VLAN的配置。

在交换机LSW5上创建VLAN 30。在交换机LSW1、LSW2、LSW3和LSW4上创建3个VLAN:VLAN 10、VLAN 20和VLAN 12。

把连接终端PC的交换机端口划入相应的VLAN,VLAN及端口对应表如表14-3所列。

表14-3 VLAN及端口对应表

LSW3	E0/0/1	VLAN 10
LSW4	E0/0/1	VLAN 20
LSW5	E0/0/1	VLAN 30

配置所有交换机之间的链路为Trunk模式。

配置SVI接口的IP地址如表14-4所列,掩码均为24位。

表14-4 SVI接口的IP地址

LSW3	VLANIF 10	10.10.0.1
	VLANIF 20	10.20.0.1
	VLANIF 12	10.12.0.1
LSW4	VLANIF 10	10.10.0.2
	VLANIF 20	10.20.0.2
	VLANIF 12	10.12.0.2
LSW5	VLANIF 30	10.30.0.1

步骤1 把LSW5连接PC3的接口划入VLAN 30，并配置SVI地址。

（1）在LSW5上：

```
[LSW5]vlan 30
[LSW5-vlan30]quit
[LSW5]interface GigabitEthernet 0/0/1
[LSW5-GigabitEthernet0/0/1]port link-type access
[LSW5-GigabitEthernet0/0/1]port default vlan 30
[LSW5-GigabitEthernet0/0/1]quit
[LSW5]interface VLANIF 30
[LSW5-VLANIF30]ip address 10.30.0.1 255.255.255.0
```

（2）验证配置：

```
[LSW5]display port vlan
Port                    Link Type    PVID  Trunk VLAN List
-------------------------------------------------------------------------------
GigabitEthernet0/0/1    access       30    -
GigabitEthernet0/0/2    hybrid       1     -
GigabitEthernet0/0/3    hybrid       1     -
GigabitEthernet0/0/4    hybrid       1     -
GigabitEthernet0/0/5    hybrid       1     -
GigabitEthernet0/0/6    hybrid       1     -
GigabitEthernet0/0/7    hybrid       1     -
GigabitEthernet0/0/8    hybrid       1     -
GigabitEthernet0/0/9    hybrid       1     -
GigabitEthernet0/0/10   hybrid       1     -
GigabitEthernet0/0/11   hybrid       1     -
GigabitEthernet0/0/12   hybrid       1     -
GigabitEthernet0/0/13   hybrid       1     -
GigabitEthernet0/0/14   hybrid       1     -
GigabitEthernet0/0/15   hybrid       1     -
GigabitEthernet0/0/16   hybrid       1     -
GigabitEthernet0/0/17   hybrid       1     -
GigabitEthernet0/0/18   hybrid       1     -
GigabitEthernet0/0/19   hybrid       1     -
GigabitEthernet0/0/20   hybrid       1     -
GigabitEthernet0/0/21   hybrid       1     -
GigabitEthernet0/0/22   hybrid       1     -
GigabitEthernet0/0/23   hybrid       1     -
GigabitEthernet0/0/24   hybrid       1     -
```

步骤2 在所有交换机上创建3个VLAN,分别为VLAN 10、VLAN 20和VLAN 12。

(1) 配置VLAN。

在LSW1上:

```
[LSW1]vlan batch 10 20 12
```

在LSW2上:

```
[LSW2]vlan batch 10 20 12
```

在LSW3上:

```
[LSW3]vlan batch 10 20 12
```

在LSW4上:

```
[LSW4]vlan batch 10 20 12
```

(2) 验证配置:

```
[LSW1]display vlan
The total number of vlans is : 4
--------------------------------------------------------------------------------
U: Up;          D: Down;         TG: Tagged;          UT: Untagged;
MP: Vlan-mapping;                ST: Vlan-stacking;
#: ProtocolTransparent-vlan;    *: Management-vlan;
--------------------------------------------------------------------------------
VID  Type     Ports
--------------------------------------------------------------------------------
1    common  UT:GE0/0/1(U)    GE0/0/2(U)     GE0/0/3(U)     GE0/0/4(D)
                GE0/0/5(D)    GE0/0/6(D)     GE0/0/7(D)     GE0/0/8(D)
                GE0/0/9(D)    GE0/0/10(U)    GE0/0/11(U)    GE0/0/12(D)
                GE0/0/13(D)   GE0/0/14(D)    GE0/0/15(D)    GE0/0/16(D)
                GE0/0/17(D)   GE0/0/18(D)    GE0/0/19(D)    GE0/0/20(D)
                GE0/0/21(D)   GE0/0/22(D)    GE0/0/23(D)    GE0/0/24(D)
10   common  TG:GE0/0/2(U)    GE0/0/3(U)     GE0/0/10(U)    GE0/0/11(U)
12   common  TG:GE0/0/2(U)    GE0/0/3(U)     GE0/0/10(U)    GE0/0/11(U)
20   common  TG:GE0/0/2(U)    GE0/0/3(U)     GE0/0/10(U)    GE0/0/11(U)
VID  Status  Property      MAC-LRN Statistics Description
--------------------------------------------------------------------------------
1    enable  default       enable  disable    VLAN 0001
10   enable  default       enable  disable    VLAN 0010
12   enable  default       enable  disable    VLAN 0012
20   enable  default       enable  disable    VLAN 0020
```

步骤3 在LSW3上，把连接PC1的接口配置为VLAN 10；在LSW4上，把连接PC2的接口配置为VLAN 20。

（1）在LSW3上：

```
[LSW3]interface Ethernet0/0/1
[LSW3-Ethernet0/0/1]port link-type access
[LSW3-Ethernet0/0/1]port default vlan 10
```

（2）在LSW4上：

```
[LSW4]interface Ethernet0/0/1
[LSW4-Ethernet0/0/1]port link-type access
[LSW4-Ethernet0/0/1]port default vlan 20
```

步骤4 配置交换机之间的链路为Trunk链路（连接链路的接口为Trunk接口）。

（1）在LSW3上：

```
[LSW3]interface Ethernet0/0/3
[LSW3-Ethernet0/0/3]port link-type trunk
[LSW3-Ethernet0/0/3]port trunk allow-pass vlan all
```

（2）在LSW4上：

```
[LSW4]interface Ethernet0/0/3
[LSW4-Ethernet0/0/3]port link-type trunk
[LSW4 Ethernet0/0/3]port trunk allow pass vlan all
```

（3）在LSW1上：

```
[LSW1]interface GigabitEthernet 0/0/3
[LSW1-GigabitEthernet0/0/3]port link-type trunk
[LSW1-GigabitEthernet0/0/3]port trunk allow-pass vlan all
```

（4）在LSW2上：

```
[LSW2]interface GigabitEthernet 0/0/3
[LSW2-GigabitEthernet0/0/3]port link-type trunk
[LSW2-GigabitEthernet0/0/3]port trunk allow-pass vlan all
```

（5）验证配置结果：

```
[LSW1]display port vlan
Port                    Link Type    PVID   Trunk VLAN List
-----------------------------------------------------------------------
GigabitEthernet0/0/1    hybrid       1      -
GigabitEthernet0/0/2    hybrid       1      -
GigabitEthernet0/0/3    trunk        1      1-4094
GigabitEthernet0/0/4    hybrid       1      -
GigabitEthernet0/0/5    hybrid       1      -
GigabitEthernet0/0/6    hybrid       1      -
GigabitEthernet0/0/7    hybrid       1      -
GigabitEthernet0/0/8    hybrid       1      -
GigabitEthernet0/0/9    hybrid       1      -
GigabitEthernet0/0/6    hybrid       1      -
GigabitEthernet0/0/7    hybrid       1      -
GigabitEthernet0/0/12   hybrid       1      -
GigabitEthernet0/0/13   hybrid       1      -
GigabitEthernet0/0/14   hybrid       1      -
GigabitEthernet0/0/15   hybrid       1      -
GigabitEthernet0/0/16   hybrid       1      -
GigabitEthernet0/0/17   hybrid       1      -
GigabitEthernet0/0/18   hybrid       1      -
GigabitEthernet0/0/19   hybrid       1      -
GigabitEthernet0/0/20   hybrid       1      -
GigabitEthernet0/0/21   hybrid       1      -
GigabitEthernet0/0/22   hybrid       1      -
GigabitEthernet0/0/23   hybrid       1      -
GigabitEthernet0/0/24   hybrid       1      -
```

其他设备配置不一一展示。

步骤5 在LSW1与LSW2上分别配置SVI接口。

（1）在LSW1：

```
[LSW1]interface VLANIF 10
[LSW1-VLANIF10]ip address 10.10.0.1 255.255.255.0
[LSW1-VLANIF10]quit
[LSW1]interface VLANIF 20
[LSW1-VLANIF20]ip address 10.20.0.1 255.255.255.0
[LSW1-VLANIF20]quit
[LSW1]interface VLANIF 12
[LSW1-VLANIF12]ip address 10.12.0.1 255.255.255.0
```

（2）在LSW2上：

```
[LSW2]interface VLANIF 10
[LSW2-VLANIF10]ip address 10.10.0.2 255.255.255.0
[LSW2-VLANIF10]quit
[LSW2]interface VLANIF 20
[LSW2-VLANIF20]ip address 10.20.0.2 255.255.255.0
[LSW2-VLANIF20]quit
[LSW2]interface VLANIF 12
[LSW2-VLANIF12]ip address 10.12.0.2 255.255.255.0
```

14.2.3 任务三——多区域OSPF配置

实验需求：

OSPF共分为两个区域：area 0和area 1。按以下需求配置OSPF v2。确保交换机与路由器之间的连通性，按表14-5进行配置。

表14-5 LSW1和LSW2上的VLANIF接口和IP地址

LSW1	VLANIF 101	10.101.1.101
LSW2	VLANIF 102	10.102.1.102

按拓扑所示，把相应的IP地址精确地宣告进相应的OSPF区域。

配置思路：

如拓扑所示，这是一个简单的多区域OSPF的基本配置，OSPF是应用最广泛的一个IGP协议。AR1与AR2位于骨干区域，AR1与LSW1、LSW2之间位于普通区域1。

在配置OSPF之前，必须要实现LSW1、LSW2与AR1之间的IP可达性，所以首先要在LSW1与LSW2上配置相应的SVI接口，并与AR1之间直连可达。

然后在OSPF进程下，把相应的接口宣告进相应的area里面，注意区域的配置，邻居之间如果区域配置错误，将无法建立邻居关系。

步骤1 配置交换机LSW1、LSW2与路由器AR1之间的链路及IP地址。

（1）在LSW1上：

```
[LSW1]vlan 101
[LSW2-vlan102]quit
[LSW1]interface GigabitEthernet 0/0/1
[LSW1-GigabitEthernet0/0/1]port link-type access
[LSW1-GigabitEthernet0/0/1]port default vlan 101
[LSW1-GigabitEthernet0/0/1]quit
[LSW1]interface VLANIF 101
[LSW1-VLANIF101]ip address 10.101.1.101 255.255.255.0
```

（2）在LSW2上：

```
[LSW2]vlan 102
[LSW2-vlan102]quit
[LSW2]interface GigabitEthernet 0/0/1
[LSW2-GigabitEthernet0/0/1]port link-type access
[LSW2-GigabitEthernet0/0/1]port default vlan 102
[LSW2-GigabitEthernet0/0/1]quit
[LSW2]interface VLANIF 102
[LSW2-VLANIF101]ip address 10.102.1.102 255.255.255.0
```

（3）测试直连通信：

```
[AR1]ping 10.101.1.101
  PING 10.101.1.101: 56  data bytes, press CTRL_C to break
    Reply from 10.101.1.101: bytes=56 Sequence=1 ttl=255 time=40 ms
    Reply from 10.101.1.101: bytes=56 Sequence=2 ttl=255 time=30 ms
    Reply from 10.101.1.101: bytes=56 Sequence=3 ttl=255 time=10 ms
    Reply from 10.101.1.101: bytes=56 Sequence=4 ttl=255 time=10 ms
    Reply from 10.101.1.101: bytes=56 Sequence=5 ttl=255 time=30 ms
  --- 10.101.1.101 ping statistics ---
    5 packet(s) transmitted
    5 packet(s) received
    0.00% packet loss
    round-trip min/avg/max = 10/24/40 ms
[AR1]ping 10.102.1.102
  PING 10.102.1.102: 56  data bytes, press CTRL_C to break
    Reply from 10.102.1.102: bytes=56 Sequence=1 ttl=255 time=30 ms
    Reply from 10.102.1.102: bytes=56 Sequence=2 ttl=255 time=30 ms
    Reply from 10.102.1.102: bytes=56 Sequence=3 ttl=255 time=20 ms
    Reply from 10.102.1.102: bytes=56 Sequence=4 ttl=255 time=30 ms
    Reply from 10.102.1.102: bytes=56 Sequence=5 ttl=255 time=20 ms
  --- 10.102.1.102 ping statistics ---
    5 packet(s) transmitted
    5 packet(s) received
    0.00% packet loss
    round-trip min/avg/max = 20/26/30 ms
```

步骤2 在LSW1、LSW2和AR1上配置OSPF area 1。

（1）在LSW1上：

```
[LSW1]ospf 1
[LSW1-ospf-1]area 1
[LSW1-ospf-1-area-0.0.0.1]network 10.12.0.1 0.0.0.0
[LSW1-ospf-1-area-0.0.0.1]network 10.101.1.101 0.0.0.0
[LSW1-ospf-1-area-0.0.0.1]network 10.10.0.1 0.0.0.0
[LSW1-ospf-1-area-0.0.0.1]network 10.20.0.2 0.0.0.0
```

（2）在LSW2上：

```
[LSW2]ospf 1
[LSW2-ospf-1]area 1
[LSW2-ospf-1-area-0.0.0.1]network 10.12.0.2 0.0.0.0
[LSW2-ospf-1-area-0.0.0.1]network 10.102.1.102 0.0.0.0
[LSW2-ospf-1-area-0.0.0.1]network 10.20.0.2 0.0.0.0
[LSW2-ospf-1-area-0.0.0.1]network 10.10.0.1 0.0.0.0
```

（3）在AR1上：

```
[AR1]ospf 1
[AR1-ospf-1]area 1
[AR1-ospf-1-area-0.0.0.1]network 10.101.1.1 0.0.0.0
[AR1-ospf-1-area-0.0.0.1]network 10.102.1.1 0.0.0.0
```

步骤3 在AR1和AR2上配置OSPF area 0。

（1）在AR1上：

```
[AR1]ospf 1
[AR1-ospf-1]area 0
[AR1-ospf-1-area-0.0.0.0]network 10.1.2.1 0.0.0.0
```

（2）在AR2上：

```
[AR2]ospf 1
[AR2-ospf-1]area 0
[AR2-ospf-1-area-0.0.0.0]network 10.1.2.2 0.0.0.0
```

步骤4 验证配置结果。

（1）在AR1上查看OSPF邻居表。

```
[AR1]display ospf peer brief
         OSPF Process 1 with Router ID 10.101.1.1
                  Peer Statistic Information
------------------------------------------------------------------------------
 Area Id        Interface                 Neighbor id      State
 0.0.0.0        GigabitEthernet0/0/0      10.1.2.2         Full
 0.0.0.1        GigabitEthernet0/0/1      10.10.0.1        Full
 0.0.0.1        GigabitEthernet0/0/2      10.10.0.2        Full
------------------------------------------------------------------------------
```

（2）在AR2上查看路由表。

```
[AR2]display ip routing-table protocol ospf
Route Flags: R - relay, D - download to fib
------------------------------------------------------------------------------
Public routing table : OSPF
         Destinations : 5          Routes : 5
OSPF routing table status : <Active>
         Destinations : 5          Routes : 5
Destination/Mask   Proto  Pre  Cost   Flags   NextHop       Interface
  10.10.0.0/24     OSPF   10    3      D     10.1.2.1      GigabitEthernet0/0/0
  10.12.0.0/24     OSPF   10    3      D     10.1.2.1      GigabitEthernet0/0/0
  10.20.0.0/24     OSPF   10    3      D     10.1.2.1      GigabitEthernet0/0/0
 10.101.1.0/24     OSPF   10    2      D     10.1.2.1      GigabitEthernet0/0/0
 10.102.1.0/24     OSPF   10    2      D     10.1.2.1      GigabitEthernet0/0/0
OSPF routing table status : <Inactive>
         Destinations : 0          Routes : 0
```

如上所示，AR2上已经学习到了所有相应的OSPF路由。

14.2.4　任务四——RIP路由协议配置

配置需求：

如拓扑所示，在AR2、AR3和LSW5之间运行RIP协议。确保交换机LSW5与路由器AR3之间的可达性，在LSW5上完成以下配置，如表14-6所列。

表14-6　LSW5上的VLANIF接口和IP地址

LSW5	VLANIF 105	10.105.3.105

在AR2、AR3和LSW5上分别配置RIP协议。

配置思路：

RIP是比较简单的IGP协议，适合小规模网络部署。由于本身设计的特点，RIP不适合在大规模的网络中部署，因为RIP受限于大量的定时更新路由、比较慢的收敛时间等。在本实验中，需要在AR2、AR3和LSW5之间运行RIP。

首先在配置RIP之前，也需要在LSW5上配置相应的SVI接口，让LSW5与AR3之间能够直连可达，然后再配置相应的RIP协议。

步骤1　在LSW5上配置相应的SVI接口，保证LSW5与AR3之间的可达性。

（1）在LSW5上：

```
[LSW5]vlan 105
[LSW5-vlan105]quit
[LSW5]interface GigabitEthernet 0/0/2
[LSW5-GigabitEthernet0/0/2]port link-type access
[LSW5-GigabitEthernet0/0/2]port default vlan 105
[LSW5-GigabitEthernet0/0/2]quit
[LSW5]interface VLANIF 105
[LSW5-VLANIF105]ip address 10.105.3.105 255.255.255.0
```

（2）测试可达性：

```
[AR3]ping 10.105.3.105
  PING 10.105.3.105: 56  data bytes, press CTRL_C to break
    Reply from 10.105.3.105: bytes=56 Sequence=1 ttl=255 time=90 ms
    Reply from 10.105.3.105: bytes=56 Sequence=2 ttl=255 time=20 ms
    Reply from 10.105.3.105: bytes=56 Sequence=3 ttl=255 time=30 ms
    Reply from 10.105.3.105: bytes=56 Sequence=4 ttl=255 time=10 ms
    Reply from 10.105.3.105: bytes=56 Sequence=5 ttl=255 time=30 ms
  --- 10.105.3.105 ping statistics ---
    5 packet(s) transmitted
    5 packet(s) received
    0.00% packet loss
    round-trip min/avg/max = 10/36/90 ms
```

步骤2　在AR2、AR3和LSW5上配置RIP协议。

（1）在AR2上：

```
[AR2]rip
[AR2-rip-1]version 2
[AR2-rip-1]network 10.0.0.0
```

（2）在AR3上：

```
[AR3]rip
[AR3-rip-1]version 2
[AR3-rip-1]network 10.0.0.0
```

（3）在LSW5上：

```
[LSW5]rip
[LSW5-rip-1]version 2
[LSW5-rip-1]network 10.0.0.0
```

步骤3 在AR2上查看RIP路由。

```
[AR2]display ip routing-table protocol rip
Route Flags: R - relay, D - download to fib
------------------------------------------------------------------------------
Public routing table : RIP
         Destinations : 2        Routes : 2
RIP routing table status : <Active>
         Destinations : 2        Routes : 2
Destination/Mask    Proto  Pre  Cost    Flags   NextHop      Interface
 10.30.0.0/24       RIP    100  2       D       10.2.3.3     GigabitEthernet0/0/1
10.105.3.0/24       RIP    100  1       D       10.2.3.3     GigabitEthernet0/0/1
RIP routing table status : <Inactive>
         Destinations : 0        Routes : 0
```

14.2.5 任务五——路由引入配置

配置需求：

Site1的OSPF协议与Site2的RIP协议在默认情况下是不能互相学习路由的，必须要在边界路由器(AR2)上配置路由相互引入。

如拓扑所示，因为网络中运行了两种不同的路由协议，在默认情况下，RIP区域与OSPF区域之间不能够通信，请在合适的位置配置路由双向引入。把OSPF区域的路由引入RIP里；把RIP区域的路由引入OSPF里。

配置思路：

在此实验中，分别运行了两种IGP协议——RIP和OSPF。两种协议使用不同的路由计算方法、度量计算方法等，默认情况是不能够直接通信的。要实现不同协议之间的通信，需要在边界路由器上分别实施双向的路由引入。

如拓扑所示，AR2位于RIP和OSPF协议之间的边界，AR2上运行了两套路由协议。需要在AR2上的不同路由协议进程里面分别做路由引入。

步骤1 在AR2上把RIP路由引入OSPF。

(1) 在AR2上：

```
[AR2]ospf 1
[AR2-ospf-1]import-route rip
```

(2) 在AR1上查看引入的路由条目。

```
[AR1]display ip routing-table protocol ospf
Route Flags: R - relay, D - download to fib
------------------------------------------------------------------------------
Public routing table : OSPF
         Destinations : 6          Routes : 7
OSPF routing table status : <Active>
         Destinations : 6          Routes : 7
Destination/Mask   Proto   Pre   Cost   Flags   NextHop         Interface
 10.2.3.0/24      O_ASE   150    1      D      10.1.2.2        GigabitEthernet0/0/0
 0.10.0.0/24      OSPF    10     2      D      10.101.1.101    GigabitEthernet0/0/1
 10.12.0.0/24     OSPF    10     2      D      10.101.1.101    GigabitEthernet0/0/1
                  OSPF    10     2      D      10.102.1.102    GigabitEthernet0/0/2
 10.20.0.0/24     OSPF    10     2      D      10.102.1.102    GigabitEthernet0/0/2
 10.30.0.0/24     O_ASE   150    1      D      10.1.2.2        GigabitEthernet0/0/0
 10.105.3.0/24    O_ASE   150    1      D      10.1.2.2        GigabitEthernet0/0/0
OSPF routing table status : <Inactive>
         Destinations : 0          Routes : 0
```

如以上阴影部分所示，RIP的路由已经被引入OSPF区域里。AR1学到了所有RIP区域的路由。

步骤2　在AR2上把OSPF路由引入RIP。

（1）在AR2上：

```
[AR2]rip
[AR2-rip-1]import-route ospf 1
```

（2）在AR3上查看引入的路由。

```
[AR3]display ip routing tablc protocol rip
Route Flags: R - relay, D - download to fib
------------------------------------------------------------------------------
Public routing table : RIP
         Destinations : 7          Routes : 7
RIP routing table status : <Active>
         Destinations : 7          Routes : 7
Destination/Mask   Proto   Pre   Cost   Flags   NextHop          Interface
 10.1.2.0/24       RIP    100    1      D      10.2.3.2         GigabitEthernet0/0/1
 10.10.0.0/24      RIP    100    1      D      10.2.3.2         GigabitEthernet0/0/1
 10.12.0.0/24      RIP    100    1      D      10.2.3.2         GigabitEthernet0/0/1
 10.20.0.0/24      RIP    100    1      D      10.2.3.2         GigabitEthernet0/0/1
 10.30.0.0/24      RIP    100    1      D      10.105.3.105     GigabitEthernet0/0/2
10.101.1.0/24      RIP    100    1      D      10.2.3.2         GigabitEthernet0/0/1
10.102.1.0/24      RIP    100    1      D      10.2.3.2         GigabitEthernet0/0/1
RIP routing table status : <Inactive>
         Destinations : 0          Routes : 0
```

如上所示，AR3学到了所有OSPF区域的路由。

附录 “计算机网络”课程实验报告

XXX实验报告

专 业：______________________________

班 级：______________________________

组 别：______________________________

姓 名：______________________________

学 号：______________________________

XXXXX大学XXXXXX学院

年 月 日

一、实验目的

（正文仿宋小四号字体，段落设置为单倍行距。）

二、实验内容

（一）　（楷体四号）

（二）

（三）

（四）

三、实验设计

（一）　实验方法（楷体四号）

（二）　实验步骤（楷体四号）

四、实验数据

五、实验分析与结论

（一）实验结果分析

（二）实验过程中遇到的问题以及解决方法

（三）实验体会

（实验报告格式要求：

1. 实验报告电子文档命名为“学号+姓名”。

2. 图和表格的大小统一为长度15.5cm，高度不限，保持图表的美观。图表名称、表格标题及表头采用黑体，五号字体，表内文字仿宋，五号字体。

3. 前接图名，则段前0.5行；如后接图，则段后0.5行。

4. 前接表名，则段前0.5行；如后接表，则段后0.5行。

5. 所有的数字及英文字符采用Times New Roman字体，正文用仿宋小四号字体，单倍行距。）

参考文献

[1] Kurose J F,Ross K W. 计算机网络:自顶向下方法 [M]. 陈鸣,译. 北京:机械工业出版社,2022.

[2] Tanenbaum A S. 计算机网络 [M]. 严伟,潘爱民,译. 北京:清华大学出版社,2012.

[3] 谢希仁. 计算机网络 [M].8版. 北京:电子工业出版社,2021.

[4] 申普兵. 计算机网络与通信 [M]. 北京:人民邮电出版社,2012.

[5] 新华三大学. 路由交换技术详解与实践(第1卷上、下册) [M]. 北京:清华大学出版社,2017.

[6] 田果,刘丹宁,余建威. 网络基础 [M]. 北京:人民邮电出版社,2021.

[7] 张举,耿海军. 计算机网络实验教程:基于eNSP+Wireshark [M]. 北京:电子工业出版社,2022.

[8] 郭雅,李泗兰. 计算机网络实验指导书 [M]. 北京:电子工业出版社,2022.

[9] 张举. 计算机网络实验教程:基于Packet Tracer [M]. 北京:电子工业出版社,2022.